园林景观与环境艺术设计研究

尚颖婷　周永慈　著

U0353249

吉林摄影出版社
·长春·

图书在版编目（CIP）数据

园林景观与环境艺术设计研究 / 尚颖婷, 周永慈著

. -- 长春 : 吉林摄影出版社, 2023.12

ISBN 978-7-5498-6141-5

I. ①园… II. ①尚… ②周… III. ①园林设计－景

观设计－研究②园林设计－环境设计－研究 IV.

①TU986.2

中国国家版本馆CIP数据核字(2024)第014473号

园林景观与环境艺术设计研究
YUANLIN JINGGUAN YU HUANJING YISHU SHEJI YANJIU

作　　者	尚颖婷　周永慈
出 版 人	车　强
责任编辑	金　怡　贺子刚
封面设计	周书意
开　　本	710mm×1000mm　1/16
字　　数	350千字
印　　张	22.75
版　　次	2023年12月第1版
印　　次	2024年1月第1次印刷

出　　版	吉林摄影出版社
发　　行	吉林摄影出版社
地　　址	长春市净月高新技术开发区福祉大路5788号
	邮编：130118
网　　址	www.jlsycbs.net
电　　话	总编办：0431-81629821
	发行科：0431-81629829
印　　刷	北京昌联印刷有限公司

ISBN 978-7-5498-6141-5　　　　定价：76.00元

前　言

近十年来，中国城市化的持续而快速，城市的建成区面积不断扩大，城市的功能和形象在变革的同时亦得到了提升，其中户外公共环境的创造及其品质的提高成了改善城市生活质量和提升城市整体形象的一种看似一举两得的有效手段。一时间，城市中有关于"景观"的建设实践来势凶猛，"景观"要从"贵族"走向"平民"。景观艺术设计仅在短短数年中已发展成为一个十分重要的设计领域。

园林景观设计在我国应该说是一门古老而又年轻的学科。说它古老，是因为我们的造园史可以追溯到几千年前，有一批在世界上堪称绝佳的传统园林范例，说它年轻，是由于这门学科在实践中发展、演变和与现代社会的融合接轨，又是近几十年的事。

随着城市功能的逐步健全，以公园、绿化广场、生态廊道、市郊风景区等愈加成为城市的现代标志，成为提升城市环境质量、改善生活品质和满足文化追求的必然途径，城市园林生态、景观、文化、休憩和减灾避险的功能定位逐步被业内认同，从传统园林到城市绿化，再到城郊一体化的大地景观，园林景观设计的观念在逐步深化和完善，领域也在拓宽。

随着社会的发展，环境艺术设计逐渐成为近年来人们关注的热门话题，我们可以看到，关于设计衍生出了众多风格，人们也越来越愿将自己的财力和精力花费在对环境的设计上。对现代人的环境艺术设计观念进行剖析可以发现，其中蕴含着十分丰富的设计因素，西方思想在中国百年来的传播和接受，让人们在传统理念之外求新求变，但是究其根本，可以看到人们进行环境设计的思想深处，还是以中国传统美学和哲学观念为主，体现了中华文化五千年的潜移默化的影响，而越来越开放包容的社会环境及传统文化和艺术美学自身的转型，也为传统美学与环境艺术设计的融合增添了动力。

目录

第一章 园林景观设计概述

第一节 概述

一、园林

园林是建造在地上的天堂，是一处最理想的生活场所模型。人类社会在文明初期就有着对美好居住环境的憧憬和向往，也从侧面反映了先民们对园林的理解。中国古代广为流传的西王母的"瑶池"和黄帝的"悬圃"，就有着美妙的园林。中国古典园林为代表的东方园林体系，其规则完全自由灵活而不拘一格，着重显示纯自然的天成之美，表现一种顺乎大自然景观构成规律的缩移和模拟。

二、景观

不同的专业、不同的学者对景观有着不同的看法。哈佛大学园林景观设计学博士、北京大学俞孔坚教授从景观的艺术性、科学性、场所性及符号性入手，揭示了景观的多层含义。

（一）景观的视觉美含义

如果从视觉这一层面来看，景观是视觉审美的对象，同时，它传达出人的审美态度，反映出特定的社会背景。

景观作为视觉美的感知对象，因此，那些特具形式美感的事物往往能引起人的视觉共鸣。桂林山水天色合一的景象，令人叹为观止；皖南宏村，村落依山傍水而建，建筑高低起伏，给人以极强的美感。

同时，视觉审美又传达出人类的审美态度。不同的文化体系，不同的社会阶段，不同的群体对景观的审美态度是不同的。如 17 世纪在法国建造的凡尔赛宫，它基于透视学，遵循严格的比例关系，是几何的、规则的，这是路易十四及其贵族们的审美态度和标准。而中国的古代帝王和士大夫以另一种标准——"虽由人作，宛自天开"来建造园林，它表达出封建帝王们对于宫苑的占有欲望。

（二）景观作为栖居场所的含义

从哲学家海德格尔的栖居的概念我们得知：栖居的过程实际上是人与自然、人与人相互作用，以取得和谐的过程。因此，作为栖居场所的景观，是人与自然的关系、人与人的关系在大地上的反映。如湘西侗寨，俨然一片世外桃源，它是人与这片大地的自然山水环境，以及人与人之间经过长期的相互作用过程而形成的。要深刻地理解景观，解读其作为内在人的生活场所的含义。

场所由空间的形式以及空间内的物质元素这两部分构成，这可以说是场所的物理属性。因此，场所的特色是由空间的形式特色以及空间内物质元素的特色所决定的。

内在人和外在人对待场所是不一样的。从外在人的角度来看，它是景观的印象；如果从生活在场所中的内在人的角度来看，他们的生活场所表达的是他们的一种环境理想。

场所具有定位和认同两大功能。定位就是找出在场所中的位置。如果空间的形式特色鲜明，物质元素也很有特色和个性，那么它的定位功能就强。认同就是使自己归属于某一场所，只有当你适应场所的特征，与场所中的其他人取得和谐，你才能产生场所归属感、认同感，否则便会无所适从。

场所是随着时间而变化的，也就是说场所具有时间性：它主要有两个方面的影响因素，一是由于自然力的影响，例如，四季的更替、昼夜的变化、光照、风向、云雨雾等气候条件；二是人通过技术而进行的有意识地改造活动。

（三）景观作为生态系统的含义

从生态学的角度来看，在一个景观系统中，至少存在着五个层次上的生态关系：第一是景观与外部系统的关系；第二是景观内部各元素之间的生态关系；第三是景观单元内部的结构与功能的关系，第四种生态关系存在于生命与环境之间；第五种生态关系则存在于人类与其环境之间的物质、营养及能量的关系。

（四）景观作为符号的含义

从符号学的角度来看，景观具有符号的含义。

符号学是由西方语言学发展起来的一门学科，是一种分析的科学。现代的符号学研究最早是在 20 世纪初由瑞士语言学家索绪尔、美国哲学家和实用主义哲学创始人皮尔士提出的。1969 年，在巴黎成立了国际符号学联盟，从此符号学成为心理、哲学、艺术、建筑、城市等领域的重要主题。

符号包括符号本体和符号所指。符号本体指的是充当符号的这个物体，通常用形态、色彩、大小、比例、质感等来描述；而符号所指讲的是符号所传达出来的意义。如甘肃黄河边上的这个雕塑传达的就是黄河作为中华母亲河的这个含义。

景观同文字语言一样，也可以用来读和书写，它借助的符号跟文字符号不同，它借助的是植物、水体、地形、景观建筑、雕塑和小品、山石这些实体符号，再通过对这些符号单体的组合，结合这些符号所传达的意义来组成一个更大的符号系统，便构成了"句子""文章"和充满意味的"书"。

第二节　园林艺术

一、园林艺术及特点

园林艺术在中国源远流长，其完整的理论体系早在公元 1631 年就见诸明代计成所著《园冶》一书中。该书流入日本，被誉为《夺天工》，可见对其评价之高。"造园"这一专用名词就是由他首先提出的，以后一直为日本所沿用。

在西方，16世纪的意大利、17世纪的法国和18世纪的英国，园林已被认为是一门非常重要的、融合各种艺术为一体的荟萃艺术。1638年，法国造园家布阿东索的名著《论园林艺术》问世，他的主要论点是："如果不加以条理化和安排整齐，那么人们所能找到的最完美的东西都是有缺陷的。"17世纪下半叶，法国造园学家勒·诺特尔持提出，要强迫自然接受均匀的法则，他主持设计的凡尔赛宫苑，利用地势平坦的特点，开辟大片草坪、花坛、河集，创造宏伟华丽的园林风格，被称为勒诺特风格。著名的德国古典哲学家黑格尔（1770~1831）在他美学著作中说："园林艺术替精神创造一种环境，一种第二自然。"他认为："园林有两种类型，一类是按绘画原则创造的，一类是按建筑原则建造的，因而必须把其中绘画原则和建筑的因素分别清楚"。前者力图模拟大自然，把大自然风景中令人心旷神怡的部分，集中起来，形成完美的整体，这就是园林艺术；后者则用建筑方式来安排自然事物，人们从大自然取来花草树木，就像一个建筑师为了营造氛围，从自然界取来石头、大理石和木材一样，所不同者，花卉树木是有生命的。用建筑方式来安排花草树木、喷泉、水池、道路、雕塑等，这就是园林艺术。由于艺术观点的不同，产生的园林风格迥异。然而作为上层建筑的园林艺术，本来就允许多种风格的存在，随着东西方文化交流，思想感情的沟通，各自的风格都在产生惟妙惟肖的变化，从而使国林艺术更趋于丰富多彩，日新月异。

园林艺术同其他艺术的共同点是，它也能通过典型形象反映现实，表达作者的思想感情和审美情趣，并以其特有的艺术魅力影响人们的情绪，陶冶人们的情操，提高人们的文化素养。所不同的是：园林不单纯是一种艺术形象，还是一种物质环境，园林艺术是对环境加以艺术处理的理论与技巧，因而园林艺术有其自身的特点。

1. 园林艺术是与功能相结合的艺术

在考虑园林艺术性的同时，要顾及其环境效益、社会效益和经济效益等多方面的要求，做到艺术性与功能性的高度统一。

2. 园林艺术是有生命的艺术

构成园林的主要素材是植物。利用植物的形态、色彩和芳香等作为园林造景的主题：利用植物的季相变化构成奇丽的景观。植物是有生命的，因而园林艺术具有生命的特征，它不像绘画与雕塑艺术那样，抓住瞬间形象凝固不变，而是随岁月流逝，不断变化着自身的形体以及因植物间相互消长而不断变化着园林空间的艺术形象，因而园林艺术是有生命的艺术。

3. 园林艺术是与科学相结合的艺术

园林艺术是与功能相结合的艺术，所以在规划设计时，首先要对其多种功能要求综合考虑，对服务对象、环境容量、地形、地貌、土壤、水源及其周围的环境等进行周密地调查研究，方能着手规划设计。园林建筑、道路、桥梁、挖湖堆山、给排水工程以及照明系统等都必须按严格的工程技术要求设计施工，才能保证工程质量。植物因其种类不同，其生态习性、生长发育规律以及群落演替过程等各异。只有按其习性，因地制宜，适地适树地予以利用，加上科学管理，才能达到生长健壮和枝繁叶茂，这是植物造景艺术的基础。综上所述，一个优秀的园林景观，从规划设计、施工到养护管理，无一不是依靠科学，只有依靠科学，园林艺术才能尽善尽美。所以说园林才术是与科学相结合的艺术。

4. 园林艺术是融会多种艺术于一体的综合艺术

园林是融文学、绘画、建筑、雕塑、书法、工艺美术等艺术门类于自然的一种独特艺术。它们为充分体现园林的艺术性而各自在自己的位置上发挥着作用。各门艺术的综合，必须彼此互相渗透，融会贯通，形成一个适合于新的条件，能够统辖全局的总的艺术规则，从而体现出综合艺术的木质。

从上面列举的四个特点可以看出，园林艺术不是任何一种艺术可以代替的，任何一个专家都不能完美地单独完成造园任务。有人说造园家如同乐队指挥或戏剧的导演，他虽然不一定是个高明的演奏家或演员，但他是乐队的灵魂，戏剧的统帅；他虽不是一个高明的画家、诗人或建筑师等，但他能运用造园艺术原理及其他各种艺术的和科学的知识统筹规划，把各个艺术角色安排在适宜的位置，使之互相协调，从而提高其整体艺术水平。因此，园林艺术的实现，是要靠多方面的艺术人才和工程技术人员，同力协作才能完成的。

园林艺术的上述特征，决定了这门艺术反映现实和反作用于现实的特殊性。一般来说，园林艺术不反映生活和自然中丑的东西，而反映的自然形象是经过提炼的令人心旷神怡的部分。古典园林中的园林景物的艺术形象通过愉悦感官，能引起心理上和情绪上的美感和喜悦，正所谓"始于悦目，夺目而归于动心"。

园林的思想内容和表现形式互相适应的幅度较大。同样一种形式，可容纳较广泛的思想内容。如中国的传统自然山水园林形式既可表现帝王或封建文人思想主题，也可为社会主义精神文明建设服务。但是这并不意味着它不反映社会现实，也不意味着它的形式和内容可以脱节。园林艺术形式是特定历史条件下政治、经济、文化以及科学技术的产物，它必然带有那个时代的精神风貌和审美情趣等。

总之，园林艺术主要研究园林创作的艺术理论，其中包括园林作品的内容和形式，园林景观设计的艺术构思和总体布局，园景创造的各种手法、形式美构图的各种原理在园林中的运用等。

二、园林美

要研究园林艺术，首先要懂得什么是美，什么是园林美。关于美的问题涉及哲学范畴，已有许多美学专著可供参考。在这里提出三个概念，将有助于对美的理解。第一，在公元前 6 世纪，古希腊的毕达哥拉斯学派认为：美就是一定数量的体现，美就是和谐，一切事物凡是具备和谐这一特点的就是美这一论点对以后西方文艺产生过深远的影响。第二，德国黑格尔（1770～1831）认为："美是理念的感情显现"，并且辩证地认为"客观存在与概念协调一致才形成美的本质"。第三，美是一种客观存在的社会现象，它是人类通过创造性的劳动实践，把具有真和善的品质的本质力量在对象中实现出来，从而使对象成为一种能够引起爱慕和喜悦的感情的观赏形象，就是美，辩证唯物主义美学家认为，没有美的客观存在，人们不可能产生美感，美存在于物质世界中。马克思认为，任何物种都有两个尺度，即任何物种的尺度和内在固有的尺度。这两个尺度都是物的尺度，是相对而言的。内在固有的尺度是指物的内在属性，内在特征。那么与之相对的任何物种的尺度是指物的外部形态，特定的具体物质形态。它作为特定物所特有的属性，这个属性不是它的共性、种属性所包括了的。通过对事物的这种关系属性的研究，可以给"美"下个定义：美是事物现象与本质的高度统一，或者说，美是形式与内容的高度统一，是通过最佳形式将它的内容表现出来。

1. 自然美

凡不加以人工雕琢的自然事物如泰山日出、钱江海潮、黄山云海、黄果树瀑布、峨眉佛光、云南石林、贵州将军洞等，或其声音、色泽和形状都能令人身心愉悦，产生美感，并能寄情于景的，都是自然美。

自然美来源于自然，唐代文学家柳宗元在《邕州柳中丞作马退山茅亭记》一文中提到"夫美不自美，因人而彰"。美的自然风光是客观存在的，离开了人类就无所谓美，只有当它与人类发生联系以后，才有美与丑的鉴别。黑格尔说："……有生命的自然事物之所以美，既不是为它本身，也不是由它本身为着显示美而创造出来的。自然只是为其他对象而美，这就是说，为我们，为审美意识而美。"这个观点与柳宗元的观点接近。自然美反映了人们的审美意识，只有和人发生了关系的自然，才能成为审美对象。

自然美美在哪里？自然界的事物并不是一切皆美的，只有符合美的客观规律的自然事物才是美的。宇宙无穷事物，美的毕竟是少数，所以世界著名的风景名胜并不甚多，作为自然之子的我国14多亿人口，在人体结构形式上，符合美的形式法则者，也是不多见的。世界各地，虽然都有日月、山水、花草、鸟兽，但国内外游客还是不惜金钱，不辞辛苦，千里迢迢到泰山日观峰，去欣赏旭日东升，舟游长江三峡，去欣赏两岸的峭壁陡峰和那汹涌的波涛，目的是愉悦耳目，猎取自然的形式美。

自然美包含着规则和不规则的两种自然形式，例如，在花岗岩节理发育的地貌中，岩体被分割成许多平面呈矩形的岩块，风化严重者呈球形。绝大多数植物的叶和花都是对称的，而整个植株的形象却呈不规则状，这都说明规则的形式常寓于不规则形式之中，反之亦然。规则的与不规则的两种自然形式与形象共存于一个物体之中，几乎是普遍现象，如地球是椭圆的，但它的表面呈现高山、平地、江河湖海等，到处都凹凸不平，曲折拐弯。有些树木冠形整齐，但它的枝叶却并不规则，如铅笔柏、中山柏等。有人认为，自然美是高级阶段的美，规则美是低级阶段的美，这从人们审美的发展过程来说也许是对的。但从美的本身来讲，并不能说明规则的美比不规则的美低级。美与不美是相对的，只要能引起美感的事物都是美的，但是美的程度是比较而言。太阳和月亮在人们的心目中都是圆的，圆就是规则的形象，也是完美的象征。大多数的花都是对称的，它们都是天然生成，当然是自然美。不论规则还是不规则的形式或形象都来自自然，只要这些形式或形象及其所处的环境具有和谐的特点，便都是美的。著名雕塑家罗丹说："自然总是美的"，"一山自有一山景，休与他山论短长"，所以规则与不规则的形体从来没有彼美此丑或彼悬此低的区别，它们都是美中不可缺少的形式与形象。山规则和不规则的形体结合在一起，更为生动，既不显杂乱，又不显呆板。人体是绝对对称的，但如今的发式与衣着却往往是不对称的，因而显得活泼与潇洒的人在翩翩起舞时，舞蹈动作大多不对称，却显得异常生动，富有动态美。

总之，自然美包含着规则与不规则两种形式，这两种形式原本结合在一起，有的从大处结合，有的从小处结合，只要结合呈现和谐，便成为完美的整体。如举世闻名的万里长城、埃及金字塔、长江与黄河上的一座座大坝以及坐落在地球上的一个个城市和村庄，无不为大自然增添更多的魅力。了解这个原因，便能创造出更为美好的世界。这便是规则与不规则两种形式结合在一起，而不采用过渡形式，也能达到统一的根本原因。

常见的自然美，有日出与日落、朝霞与晚霞、云雾、雨雪等气象变化和百花争艳、芳草如茵、绿荫护夏、满山红遍以及雪压青松等植物的季相变化，哪个不是园林中的自然美。以杭州西湖为例，它有朝夕黄昏之异，风雪雨雾之变，春夏秋冬之殊，呈现出异常丰富的气象景观。前人曾言："晴湖不如雨湖，雨湖不如月湖，月湖不如雪湖。"西湖风景区呈现出春花烂漫、夏荫浓郁、秋色绚丽、冬景苍翠的季相变化。西湖瞬息多变，仪态万千，西湖的自然美因时空而异，因而令人百游而不厌。

气象景观和植物的季相变化，是构成园林自然美的重要因素。除这两种变化外，还有地形地貌、飞禽走兽和水禽游鱼等自然因素的变化，如起伏的山峦、曲折的溪涧、凉凉的泉水、瞅瞅的鸟语、绿色的原野、黛绿的丛林、烂漫的山花、馥郁的花香、纷飞的彩蝶、奔腾的江河、蓝色的大海和搏浪的银燕等，这些众多的自然景观，无一不是美好的。这种美，自然质朴、绚丽壮观、宁静幽雅、生动活泼，非人工打造美所能模拟。

在一些以拟自然美为特征的江南园林中，有一些对自然景色的描写，如"蝉噪林逾静，鸟鸣山更幽""爽借清风明借月，动观流水静观山""清风明月本无价，近水远山皆有情"等诗句，只不过是对拟自然美的艺术夸张，然而却是对自然美的真实写照。

2. 生活美

园林作为一个现实环境，必须保证游人游览时感到生活上的方便和舒适。要达到这个目的，首先要保证环境卫生、空气清新，水体洁净并消除一切臭气；第二，要有宜人的微域；第三，要避免噪声；第四，植物种类要丰富，生长健壮繁茂；第五，要有方便的交通，完善的生活福利设施，适合园林的文化娱乐活动和美丽安静的休息环境；第六，要有可挡烈日、避风雨、供休息、就餐和观赏相结合的建筑物。现代人们建设园林和开辟风景区，主要是为人们创造接近大自然的机会，接受大自然的爱抚，享受大自然的阳光、空气和特有的自然美。在大自然中充分舒展身心，消除疲劳以利于健康。但是它毕竟不同于原始的大自然和自然保护区，它必须保证生活美的六个方面，方能使园林增色，相得益彰，才更能吸引游人游览。

3. 艺术美

人们在欣赏和研究自然美、创造生活美的同时，孕育了艺术美。艺术美应是自然美和生活美的拔高，因为自然美和生活美是创造艺术美的源泉。存在于自然界中的事物并非一切皆美，也不是所有的自然事物中的美，都能立刻被人们所认识。这是因为自然物的存在不是有目的地去迎合人们的审美意识，而只有当自然物的某些属性与人们的主观意识相吻合时，才为人们所赏识。因而要把自然界中的自然事物，作为风景供人们欣赏，还需要经过艺术家们的审视、选择、提炼和加工，通过掰俗收佳的手法，进行剪裁、调度、组合和联系，才能引人入胜，使人们在游览过程中感到它的完美。尤其是中国传统园林的造景，虽然取材于自然山水，但并不像自然主义那样，把具体的一草一木、一山一水，加以机械化模仿，而是集天下名山胜景，加以高度概括和提炼，力求达到"一峰山太华千寻，一勺水江湖万里"的神似境界，这就是艺术美，康德和歌德称它为"第二自然"。

还有一些艺术美的东西，如音乐、绘画、照明、书画、诗词、碑刻、园林建筑以及园艺等，都可以运用到园林中来，丰富园林景观和游赏内容，使人们对美的欣赏得到加强和深化。

生活美和艺术美都是人工美，人工美赋予自然，不仅有锦上添花和功利上的好处，而且可以通过人工美，把作者的思想感情倾注到自然美中去，更易达到情景交融，物我相契的程度。

综上所述，园林美应以自然美为特点，与艺术美和生活美高度统一。

园林艺术必须为社会主义事业服务，为广大群众喜闻乐见。要切实贯彻"古为今用，洋为中用"的方针，认真研究和继承我国优秀的园林艺术遗产，努力创造具有民族形式、社会主义内容的园林艺术新风格，不断提高园林景观设计的水平。

第三节　园林功能

园林通常都是开放性的公共空间，它为人们提供的基本功能包括休憩、游玩、美化、改善环境等。

一、园林的游玩、休憩功能

游玩、休憩是园林所具备的基本功能，也是最直接、最重要的功能。在进行园林规划时，设计师要首先满足园林对公众游玩、休憩的功能。一般情况下，在园林中的游玩、休憩活动主要有运动游戏、文化、观赏、休闲几种。像露天舞会、庙会等就属于文化的范围，下棋、日常身体锻炼就属于运动、游戏的范畴。

二、园林的美化功能

园林作为城市里开放性的环境绿化场所，拥有大量的植被和水体，与城市的建筑完美结合，造就了一道亮丽的风景线。同时，园林的美化作用还和人们对自然美、社会美、艺术美的鉴赏力和感受力有关。园林不断地创新美景，更提高了人们对美的追求，培养了城市人民的高尚情趣。

三、园林改善环境的功能

园林中大面积的植被和绿化能够改善城市中不良的空气状况，还能够降低辐射、防止水土流失、调节区域气候、减低噪声污染等。

四、园林促进城市经济发展的功能

园林的美化功能、改善环境的功能能够使园林具有更大的价值，因此也能吸引投资者的注意，从而提升了土地的价值，推动了地区经济的发展。

第四节 园林的发展趋势及时代特征

一、现代园林的特征

随着科学技术的迅猛发展，文化艺术的不断进步，国际交流及旅游的日益方便、频繁，人们的审美观念也将发生很大变化，审美要求也将更强烈、更高级。纵观世界园林绿化的发展，现代园林表现出如下特征：

（1）各国既保持自己优秀传统园林艺术的特色，又互相借鉴、融合他国之长及新创造。

（2）把过去孤立的、内向的园区转变为敞开的、外向的整个城市环境。从城市中的花园转变为花园的城市。

（3）园林中建筑密度减少了，以植物为主组织的景观取代了以建筑为主的景观。

（4）丘陵起伏的地形和建立草坪，代替大面积的挖湖堆山，减少土方工程和增加了环境容量。

（5）增加了养鱼、种藕以及栽种药用和芳香植物等生产内容。

（6）强调功能性、科学性与艺术性结合，用生态学的观点进行植物配置。

（7）新技术、新材料、新的园林机械在园林中应用越来越广泛。

（8）体现时代精神的雕塑在园林中的应用日益增多。

二、现代园林发展趋势

（1）建设生态园林。21世纪是人类与环境共生的世纪，城市园林绿化发展的核心问题即是生态问题。城市园林绿化的新趋势—以植物造景为主体，把园林绿化作为完善城市生态系统，促进良性循环，维护城市生态平衡的重要措施，建设生态园林的理论与实践正在兴起，这是世界园林的大势所趋。随着生态农业、生态林业、生态城市等概念的提出，生态园林已成为我国园林界共同关注的焦点。

（2）综合运用各种新技术、新材料、新艺术手段，对园林进行科学规划、科学施工，将创造出丰富多样的新型园林。

（3）园林绿化的生态效益与社会效益、经济效益的相互结合、相互作用将更为紧密，向更高程度发展。

（4）园林绿化的科学研究与理论建设，将综合生态学、美学、建筑学、心理学、社会学、行为科学、电子学等多种学科而有新的突破与发展。

自 20 世纪 90 年代以来，在可持续发展理论的影响下，国际性大都市无不重视开展城市生态绿地建设，以促进城市与自然的和谐发展。由此形成了 21 世纪的城市园林景观绿地的三大发展趋势：城市园林绿地系统要素趋于多元化；城市园林绿地结构趋向网络化；城市园林绿地系统功能趋于生态合理化。

第二章　园林景观的构成要素

园林景观的构成要素很多，本书主要从地形、水体、园林植物、园林建筑与小品、园路、园桥等几个方面进行论述。

第一节　地形

地形或称地貌，是地表的起伏变化，也就是地表的外观。园林主要由丰富的植物、变化的地形、迷人的水景、精巧的建筑、流畅的道路等园林元素构成，地形在其中发挥着基础性的作用，其他所有的园林要素都是承载在地形之上，与地形共同协作，营造出宜人的环境。因此地形可以看成是园林的骨架。

不同地形形成的景观特征主要有四种：高大巍峨的山地、起伏和缓的丘陵、广阔平坦的平原、周高中低的盆地。

山地的景观特征突出，表现在以下几方面：

（1）划分空间，形成不同景区。

（2）形成景观制高点，控制全局，居高临下，美景可尽收眼底。

（3）凭借山景。山，或雄伟高耸，或陡峭险峻，或沟谷幽深；或作背景，或作主景，都可借以丰富景观层次。

（4）山的意境美。例如，我国的古典园林"池三山"的格局，源自传说中的蓬莱三仙岛。

地形在园林设计中的主要功能有如下几种：

（一）分隔空间

可以通过地形的高差变化来对空间进行分隔。例如，在一平地上进行设计时，为了增加空间的变化，设计师往往通过地形的高低处理，将一大空间分隔成若干个小空间。

（二）改善小气候

从风的角度而言，可以通过地形的处理来阻挡或引导风向。凸面地形、瘠地或土丘等，可用来阻挡冬季强大的寒风。在我国，冬季大部分地区为北风或西北风，为了能防风，通常把西北面或北部处理成山堆，而为了引导夏季凉爽的东南风，可通过地形的处理在东南面形成谷状风道，或者在南部营造湖池，这样夏季就可利用水体降温。

从日照、稳定的角度来看，地形产生地表形态的丰富变化，形成了不同方位的坡地。不同角度的坡地其接受太阳辐射、日照长短都不同，其温度差异也很大。例如，对于北半球来说，南坡所受的日照要比北坡充分，其平均温度也较高；而在南半球，则情况正好相反。

（三）组织排水

园林场地的排水最好是依靠地表排水，因此通过巧妙的坡度变化来组织排水的话，将会以最少的人力、财力达到最好的效果。较好的地形设计，是在暴雨季节，大量的雨水也不会在场地内产生淤积。从排水的角度来考虑，地形的最小坡度不应该小于5%。

（四）引导视线

人们的视线总是沿着最小阻力的方向通往开敞空间。可以通过地形的处理对人的视野进行限定，从而使视线停留在某一特定焦点上。

（五）增加绿化面积

显然对于同一块底面面积相同的基地来说，起伏的地形所形成的表面积比平地的会更大。因此在现代城市用地非常紧张的环境下，在进行城市园林景观建设时，加大地形的处理量会十分有效地增加绿地面积。并且由于地形所产生的不同坡度特征的场地，为不同习性的植物提供了生存的稳定性。

（六）美学功能

在园林设计创作中，有些设计师通过对地形进行艺术处理，使地形自身成为一个景观。再如，一些山丘常常被用来作为空间构图的背景。颐和园内的佛香阁、排云殿等建筑群就是依托万寿山而建。它是借助自然山体的大型尺度和向上收分的外轮廓线给人一种雄伟、高大、坚实、向上和永恒的感觉。

（七）游憩功能

例如，平坦的地形适合开展大型的户外活动；缓坡大草坪可供游人休憩，享受阳光的沐浴；幽深的峡谷为游人提供世外桃源的享受；高地又是观景的好场所。

另外，地形可以起到控制游览速度与游览路线的作用，它通过地形的变化，影响行人和车辆运行的方向、速度和节奏。

第二节 水体

一、水体的作用

水体是园林中给人以强烈感受的因素，"水，活物也。其形欲深静，欲柔滑，欲汪洋，欲回环，欲肥腻，欲喷薄……"它甚至能使不同的设计因素与之产生关系而形成一个整体，像白塔、佛香阁一样保证了总体上的统一感，江南园林常以水贯通几个院落，收到了很好的效果。只有了解水的重要性并能创造出各种不同性格的水体，才能为全园设计打下良好的基础。

我国古典园林当中，山水密不可分，叠山必须顾及理水，有了山还只是静止的景物，山得水而活，有了水能使景物生动起来，能打破空间的闭锁，还能产生倒影。

《画筌》中写道："目中有山，始可作树，意中有水，方许作出。"在设计地形时，山水应该同时考虑，除了挖方、排水等工程上的原因以外，山和水相依，彼此更可以表露出各自的特点，这是园林艺术最直接的用意所在。

《韩诗外传》对水的特点也曾作过概括：夫水者，缘理而行，不遗小间，似有智者；动而下之，似有礼者；蹈深不疑，似有勇者；障防而清，似知命者；历险致远，卒成不毁，似有德者。天地以成，群物以生，国家以宁，万事以平，品物以正。此智者所以乐于水也。认为水的流向、流速均根据一定的道理而无例外，如同有智慧一样，甘居于低注之所，仿佛通晓礼义；面对高山深谷也毫不犹豫地前进，有勇敢的气概；时时保持清澈，能了解自己的命运所在；忍受艰辛不怕遥远，具备了高尚的品德；天地万物离开它就不能生存，它关系着国家的安宁，对事物的衡量是否公平。山远古开始，人类和水的关系就非常密切。一方面饮水对于人比食物更为重要，这要求和水保持亲近的关系。另一方面水也可以使人遭受灭顶之灾，从上古的传说中我们会感受到祖先治水的艰难经历。在和水打交道的过程中，人们对水有了更多的了解。水是园林中生命的保障，使园中充满旺盛的生机，水是净化环境的工具。园林中水的作用，还不只这些，在功能上能造成湿润的空气，调节气温，吸收灰尘，有利于游人的健康，还可用于灌溉和消防。

在炎热的夏季通过水分蒸发可使空气湿润凉爽，水面低平可引清风吹到岸上，故石涛的《画语录》中有："树下地常荫，水边风最凉"之说。水和其他要素配合，可以产生更为丰富的变化，山令人古，水令人远、园林中只要有水，就会焕发出勃勃生机。宋朝朱要曾概括道："仁者安于义理，而厚重不迁，有似于山，故乐山。知者达于事理而周流无滞，有似于水，故乐水。"山和水具体形态千变万化，"厚重不迁"（静）和"周流无滞"（动）是各自最基本的特征。石涛说："非山之任水，不足以见乎周流，非水之任山，不足以见乎环抱。"道出了山水相依才能令地形变化动静相参，丰富完整。另外，水面还可以进行各种水上运动及养鱼种藕结合生产。

二、水体的形态

中西方园林都曾在水景设计中模仿自然界里水存在的形态，这些形态可大致分为两类。

带状水体：江、河等平地上的大型水体和溪涧等山间幽闭景观。前者多分布在大型风景区中；后者和地形结合紧密，在园林中出现得更为频繁。

块状水体：大者如湖海，烟波浩渺，水天相接。园林里将大湖常以"海"命名，如福海、北海等，以求得"纳千顷之汪洋"的艺术效果。小者如池沼，适于山居茅舍，带给人以安宁、静穆的气氛。

在城市里是不大可能将天然水系移入园林中的。这就需要对天然水体观察提炼，求得"神似"而非"形似"，以人工水面（主要是湖面）创造近于自然水系的效果。

圆明园、避暑山庄等是分散用水的范例。私家大中型园林也常采用这类形式，有时虽水面集中，也尽可能"居偏"，以形成山环水抱的格局，反之如过于突出则显呆滞，难以和周围景物产生联系，而在中小型园林里为了在建筑空间里突出山池，水体常以聚为主。

我们以颐和园后山的水体处理为例加以说明。

（一）颐和园后山的水体

相对而言，清漪园（今颐和园）后山的地形塑造要艰苦得多。上千米长的万寿山北坡原来无水，地势平缓，草木稀疏。山南虽有较大水面却缺乏深远感，佛香阁建筑群宏伟壮丽却不够自然，万寿山过于孤立，变化也不够，有太露之嫌。基于以上考虑，乾隆时期对后山进行大规模整治，其中心是在靠近北墙一侧挖湖引水，挖出的土方堆在北墙以南，形成了一条类似于峡谷的游览线。这项工程不单解决了前而遇到的问题，还满足了后山排水的需要，为圆明园和附近农田输送了水源，景观上避免了北岸紧靠园外无景可赏的弊病，可说是一举数得。这类峡谷景观的再现即使在皇家园林中也是很少见的，其独特的意趣常使众多游人流连于此，理水则是这种意趣能够得以产生的关键。

后溪河北岸假山虽然是由人工堆叠而成，却并没有追求自成体系，任意安排。它的变化和南山（万寿山北麓）相结合。严格地说，其走势是由南山地貌决定的；南山凸出的地方，北山也逼向江心，中间形成如同刚被冲开的缺口；南山凹进，北山也随着后退，造成中间如同被溪水浸刷而出现的开阔水面。

不算谐趣园，后溪河千米长的游览线被五座桥梁和一处峡口分成七段，每段约长 150m。桥梁的遮挡，堤岸的曲折，使这个距离以外的景色受到遮拦。在每段内部，两岸的景物则历历在目，甚至建筑细部亦可看清。由于水路视距多在百米左右，和万寿山南坡视距远达千米比较完全不同。视距短，人看和被看的机会都减少了，造成了林茂人稀的效果，后山的幽静感就是这样产生的。当人们由半壁桥开始游览时，就可以望见前面缩望轩和看云起时两组建筑峙立于峡口两岸，给了人们一个醒目的标志。穿过峡口便来到桃花沟景区，它是后溪河上第一个高潮。四周建筑密度仅次于买卖街，沟内密植桃林，在青松衬托下如同《桃花源记》中描写的人间仙境。除了植物和建筑，地形上也对水的变化做了必要的强调——在南北纵深方向上以沟壑增加深远感。在前段线路上山势平缓缺乏变化，这里接近山脊，山高谷深，是后山最大的排水沟。由味闲斋之间开始逐渐变宽，在欲进入后溪河时突然变窄，形成了空间收一放一收的变化。水流变急，仿佛江河奔向大海。为了减缓水势，这一段湖面在后溪河各段中是最宽的，正好和前面仅几米宽的峡口形成了收放对比。如果不这样做，会使浑水冲入买卖街和半壁桥附近水面，对景观产生影响，同时不利于北岸的稳定。开阔的水面可以让泥沙逐渐沉淀，起到净化作用，故水口上立有四角小亭，取名"澄碧"，象征水之清澈。通过云城关继续前行就到了买卖街，沿后山中轴线（大石桥）整齐地排列着半里长的铺面房。店铺前后分别是料石砌就的驳岸和挡土墙，与前两段建筑因山选址散点布置，湖岸土山抱水，因势出入的山林气氛相比较，令人感到热闹欢快，如同在江南水市中畅游，所效仿的是人工景观（和今天有些景点内的民族文化村略有相似）。这也是出于"因地制宜"的考虑，买卖街附近多石，掘石换土工程量太大。地势险窄，即使绿化恐怕也只能是今天行道树的效果。

作为一种过渡，买卖街起到了前奏曲的作用，做到了局部服从于整体的安排。河岸上高高的石壁看似缺乏绿意，实则将山上巨大的建筑群作了遮掩，称得上是"大巧若拙"，买卖街的尽端是"寅辉"城关，旁边有一山谷是万寿山北坡东半部主要排水渠道之一。它不如桃花沟宽大幽深，却以数丈高的石壁形成绝涧，坐落于壁顶的"黄辉"更强化了地形的险峻，这种险峻感的形成也是靠人工切割掉原来的山脚，堆土于山上，使山更高、坡更陡。山涧直流而下也产生了和桃花沟相类似的问题——冲刷严重。要是和桃花沟作同样处理会使人感到雷同，为此设计者采用如下步骤：首先将山涧出口处作弯曲变化，使水流先向东转再经北折，冲力被卸掉一部分，不能直泻而下。其次在洞北面石岸层层向西收进，将水引入到一个中心有岛的港湾，令其绕岛而流，增加了水流路径，减慢了水的流速。过寅辉关后，景色立时变得肃静幽雅，两段水面周围青山满目，建筑只是山林的点缀。檐宁堂、花承阁，虽有对称轴线，仅是为了明确各段的节奏。花承阁多宝塔纤细秀美，对自然景物是一种补充而非控制。这里水面富于变化，即使在狭窄的北山，也设计了一段曲折的河道，河道里隐藏着一座船坞，是消夏寻幽的好去处。由此可见，后溪河东段以静取胜，为随即到来的谐趣园做了铺垫。整个游览线动静交呈，按动一静一动的次序演替出多变的旋律，是皇家园林线式理水成功的代表作。

（二）其他园林中水体的处理形式

苏州畅园、壶园和北海画舫斋等处水面方正平直，采用对称式布局。但常用对称式布局，有时又显得过于严谨。即使皇家园林在大水面的周围也往往布置曲折的水院。避暑山庄的文园狮子林，北海的静心斋、濠濮涧，圆明园的福海，颐和园的后湖以及很多景点都是如此。在干旱少雨的北方水系设置尚且不忘以深洞变化为能事，南方就更可想而知了。水的运动要有所依靠，画论中有"画水不画水"之说，意即水面应靠堤、岛、桥、岸、树木及周围景物的倒影为其增色。南京瞻园以三个小池贯通南北：第一个位于大假山侧面，小而深邃有山林味道；第二个水面面积最大，略有亭廊点缀，开阔安静；第三个水面紧傍大体量的水棚，曲折变化增多，狭处设汀步供人穿行，较为巧媚。三者以溪水相连，和四周景物配合紧凑。为使池岸断面丰富，可见仅大池四周就有贴水石矶，水轩亭台，平缓草坡，陡崖重路，夹涧石谷等几种变化，和廊桥、汀步、小桥组合在一起避免了景色的单调。

三、理水

园林中人工所造的水景，多是就天然水面略加人工或依地势"就地滑水"而成。水景按照动静状态可分为：

动水：河流、溪涧、瀑布、喷泉、壁泉等。

静水：水池、湖沼等。

水景按照自然和规则程度可分为：

自然式水景：河流、湖泊、池沼、泉源、溪涧、涌泉、瀑布等。

规则式水景：规则式水池、喷泉、壁泉等。

现将园林中水景简介如下：

（一）河流

在园林中组织河流时，应结合地形，不宜过分弯曲，河岸应有缓有陡，河床有宽有窄，空间上应有开朗和闭锁。

造景设计时要注意河流两岸风景，尤其是当游人泛舟于河流之上时，要有意识地为其安排对景、夹景和借景，留出一些好的透视线。

（二）溪涧

自然界中，泉水通过山体断口夹在两山间的流水为涧。山间浅流为溪。一般习惯上"溪""涧"通用，常以水流平缓者为溪，湍急者为涧。

溪涧之水景，以动水为佳，且宜湍急，上通水源，下达水体，在园林中，应选陡石之地布置溪涧，平面上要求蜿蜒曲折，竖向上要求有缓有陡，形成急流、潜流。如无锡寄畅园中的八音涧，以忽断忽续、忽隐忽现、忽急忽缓、忽聚忽散的手法处理流水，水形多变，水声悦耳，有其独到之处。

（三）湖池

湖池有天然人工两种，园林中湖池多就天然水域，略加修饰或依地势就低南水而成，沿岸困境设景，自成天然图画。

湖池常作为园林（或一个局部）的构图中心，在我国古典园林中常在较小的水池四周围以建筑，如颐和园中的谐趣园，苏州的拙政园、留园，上海的豫园等。这种布置手法，最宜组织园内互为对景，产生面面入画，有"小中见大"之妙。

湖池水位有最低最高与常水位之分，植物一般均种于最高水位以上，耐湿树种可种在静水位以上，池周围种植物应留出透视线，使湖岸有开有合、有透有漏。

（四）瀑布

从河床纵剖断面陡坡或悬崖处倾泻而下的水为凝，远看像挂着的白布，故谓之瀑布。国外有人认为陡坡上形成的滑落水流也可算作瀑布，它在阳光下有动人的光感，我们这里所指的是因水在空中下落而形成的瀑布。

水景中最活跃的要数瀑布，它可独立成景，形成丰富多彩的效果，在园林里很常见。瀑布可分为线瀑、挂瀑、飞瀑、叠瀑等形式。瀑布口的形状决定了课布的形态。如线瀑水口窄，帘瀑水口宽。水口平直，瀑布透明平滑；水口不整齐会使水帘变绉；水口极不规则时，水帘将出现不透明的水花。现代瀑布可以让光线照在瀑布背面，流光溢彩，引人入胜。天气干燥炎热的地方，流水应在阴影下设置；阴天较多的地区则应在阳光下设置，以便于人接近甚至进入水流。叠瀑是指水流不是直接落入池中而是经过几个短的间断叠落后形成的瀑布，它比较自然，充满变化，最适于与假山结合模仿真实的瀑布。设计时要注意承水面不宜过多，应上密下疏，使水最后能保持足够的跌落力量。登陆过程中水流一般可分为儿股，也可以儿股合为一股。如避暑山庄中的沧浪屿就是这样处理的。水池中可设石承受冲刷，使水花和声音显露出来。

大的风景区中，常有天然瀑布可以利用，但一般的园林，就很少有了。所以，如果经济条件允许的情况下，可结合迭山创造人工小瀑布。人工瀑布只有在具有高水位置或人工给水时才能运用。

瀑布由五部分构成：上流（水源）、落水口、瀑身、瀑潭、下流。

瀑布下落的方式有直落、阶段落、线落、溅落和左右落等。

瀑布附近的绿化，不可阻挡瀑身，因此瀑布两侧不宜配置树形高耸和垂直的树木。在瀑身3～4倍距离内，应做空旷处理，以便游人能在适当距离内欣赏瀑景。对游人有强烈吸引力的瀑布，应在适当地点专设观瀑亭。

（五）喷泉

地下水向地面上涌渭泉，泉水集中、流速大者可成涌泉、喷泉。

园林中，喷泉往往与水池相伴随，它布置在建筑物前、广场的中心或封闭的空间内部，作为一个局部的构图中心，尤其在缺水的园林风景焦点上运用喷泉，则能得到较高的艺术效果。喷泉有以下水柱为中心的，也有以雕像为中心的，前者适用于广场以及游人较多的场所，后者则多用于宁静地区，喷泉的水池形状大小可以多种多样，但要与周围环境相协调。

喷泉的水源有天然的也有人工的，天然水源即是在高处设储水池，利用天然水压使水流喷出，人工水源则是利用自来水或水泵推水。处理好喷泉的喷头是形成不同情趣喷泉水景的关键之一。喷泉出水的方式可分长流式或间歇式。近年来随着光、电、声波和自控装置的发展，也有随着音乐节奏起舞的喷泉柱群和间歇喷泉。

喷泉水池中植物种植，应符合功能及观赏要求，可选择水生鸢尾、睡莲、水葱、干屈菜、荷花等。水池深度，随种植类型而异，一般不宜超过60cm，亦可用盆栽水生植物直接沉入水底。

喷泉在城市中也得到广泛应用，它的动感适于在静水中形成对比，在缺乏流水的地方和室内空间可以发挥很大的作用。

（六）壁泉

其构造分壁面、落水口、受水池三部分。壁面附近墙面凹进一些，用石料做成装饰，有浮雕及雕塑。落水口可用兽形、人物雕像或山石来装饰，如我国旧园及寺庙中，就有将壁泉落水口做成龙头式样的。其落水形式需依水量之多少决定，水多时，可设置水幕，使成片落水，水少时成柱状落，水更少成淋落、点滴落下。目前壁泉已被运用到建筑的室内空间中，增加了室内动景，颇富生气，如广州白云山庄的"三叠泉"就是这种类型。

四、水体中的地形和建筑

堤、岛等水路边际要素在水景设计中占有特殊的地位。心理学上认为不同质的两部分，在边界上信息量最大。岛：四面环水的水中陆地称岛。岛可以划分水面空间打破水面的单调，对视线起抑障作用，避免湖岸秀丽风池一览无余；从岸上望湖，岛可作为环湖视点集中的焦点，登岛可以环顾四周湖中的开阔景色和湖岸上的全景。此外岛还可以增加水上活动内容，吸引游人向往，活跃湖面气氛，丰富水面的动景。

岛可分为山岛、平岛和池岛。山岛突出水面，有垂直的线条，配以适当建筑，常成为全园的主景或眺望点，如北京北海之琼岛。平岛给人舒适方便，平易近人的感觉，形状很多，边缘大部平缓。池岛的代表作之三潭印月，被誉为"湖中有岛，岛中有湖"的胜景。此种手法在面积上壮大了声势，在景色上丰富了变化，具有独特的效果。

岛也可分隔水面，它在水中的位置切忌居中，忌排比，忌形状端正，无论水景面积大小和岛的类型如何，大都居于水面偏侧。岛的数量以少而精为佳，只要比例恰当，一两个已足，但要与岸上景物相呼应，建筑和岛的形体宁小勿大，小巧之岛便于安置。

杭州的九溪就是靠道路被溪流反复穿行，形成多重边界方使人领略到"叮叮咚咚泉，曲曲折折路"的意境。三潭印月也是水中有岛，岛中有湖，湖上又有堤桥的多层次界面综合体。园林中的桥也是这样一种边界要素。它的形式极为灵活，长者可达百余米，短者仅一步即可越过，高者可通巨舟，低者紧贴水面。采用何种形式要做到"因境而成"，大湖长堤上的桥要有和宏伟的景观相配合的尺度。十七孔桥、断桥都是这一类中成功的作品。桥之高低与空间感受也有关系。

"登泰山而小天下"这句话说明了视点越高越适于远眺，大空间内的高大桥梁不仅可以成景，也是得景的有力保障，大水面可以行船，桥如无一定高度就会起阻碍作用。小园中不可行船，水景以近赏为主，不求"站得高，看得远"，而须低伏水面，才可使所处空间有扩大的感觉。这样荷花金鱼均可细赏，如同漫步于清波之上。桥之低平和水边假山的高耸还可形成对比，江南园林中大都如此，上面提过的环秀山庄和瞻园大假山旁的曲桥就是例子。当两岸距离过长或周围景物较好可供观赏时常用曲桥满足需要。桥不应将水面等分，最好在水面转折处架设，可以帮助产生深远感。水浅时可设汀步，它比桥更自然随意，它的排列应有变化，数目不应过多，否则难以避免给人以过于整齐的印象。如果水面较宽，应使驳岸探出，相互呼应，形成视角，缩短汀步占据的水面长度。桥的立面和倒影有关，如半圆形拱桥和倒影结合会形成圆框，在地势平坦、周围景物平淡时可用拱桥丰富轮廓。

小环境中的堤、桥已不再概念化，弯曲宽窄不等往往更显得活泼、流畅。堤既可将大水面分成不同风格的景区，又是便捷的通道，故宜直不宜曲。长堤为便于两侧水体沟通、行船，中间往往设桥，这也丰富了景观，弥补因堤过于窄长、容易使人感到单调的不足。堤宜平、宜近水，不应过分追求自身变化。石岛应以徒险取胜，建筑常布置在最高点的东南位置上，建筑和岛的体积宁小勿大。土岛应缓，周围可密植水生植物保持野趣，令景色亲切宜人。

坡岸线宜圆润，不似石岛鳞羽参差。庭院中的水池内如设小岛会增添生气，还可筑巢以引水鸟。岛不必多，要各具特色。

杭州西湖三岛中湖心亭虽小却有醒目的主体建筑，人们远远就能看见熠熠发光的琉璃瓦。小瀛洲绿树丛中白墙灰瓦红柱，以空间变换取胜。阮公墩在1982年开发时将竹屋茅舍隐于密林之中，形成内向的"小洲、林中、人家"的主题。

有时人在水棚内反而觉得热，这是因为人同时吸收阳光直射和水面反射阳光带来的热量，除了改进护栏外，在不影响倒影效果的情况下，可在亭边种植荷花、睡莲等植物。近水岸边种植分枝点较低的乔木，设置座椅吸引纳凉的人们以坐卧为主。

五、湖岸和池体的设计

湖岸的种类很多，可山土、草、石、沙、砖、混凝土等材料构成。草坡因有根系保护，比土坡容易保持稳定。山石岸宜低不宜高，小水面里宜曲不宜直，常在上部悬挑以水岫产生幽远的感觉，在石岸较长、人工味浓烈的地方，可以种植灌木和藤木以减少暴露在外的面积。自然斜坡和阶梯式驳岸对水位变化有较强的适应性。两岸间的宽窄可以决定水流的速度，如果创造急流就能开展划艇等体育活动。

池底的设计常常被人忽略，而它与水接触的面积很大，对水的形态有着重要影响。当用细腻光滑的材料做底面时，水流会很平静，如换用卵石等粗糙的材料，就会引起水流的碰撞产生波浪和水声。水底不平时会使水随地形起伏运动形成湍濑。池底深时，水色暗淡，景物的反射效果好。人们为了加强反射效果，常将池壁和池底漆成蓝色或黑色。如果追求清澈见底的效果，则水池应浅。水池深浅还应由水生植物的不同要求决定。

第三节　植物

植物是一种特殊的造景要素，最大的特点是具有生命，能生长。它种类极多，从世界范学看植物超过 30 万种，它们遍布世界各个地区，与地质地貌等共同构成了地球千差万别的外表。它有很多种类型，常绿、落叶、针叶、阔叶、乔木、灌木、草本。植物大小、形状、质感、花及叶的季节性变化各具特征。因此，植物能够造就丰富多彩、富于变化、迷人的景观。

植物还有很多其他的功能作用，如涵养水源、保持水土、吸尘滞埃、构造生态群落、建造空间、限制视线等。

尽管植物有如此多的优点，但许多外行和平庸的设计人员却仅仅将其视为一种装饰物，结果，植物在园林设计中，往往被当作完善工程的最后因素。这是一种无知、狭隘的思想表现。

一个优秀的设计师应该要熟练掌握植物的生态习性、观赏特性以及它的各种功能，只有这样才能充分发挥它的价值。

植物景观牵涉的内容太多，需要一个系统的学习。鉴于本书是作为初学者的参考用书，木节主要从植物的大小、形状、色彩三个方面介绍植物的观赏特性，以及针对其特性的利用和设计原则。因为一个设计出来的景观，植物的观赏特征是非常重要的。任何一个赏景者对于植物的第一印象便是对其外貌的反应。如果该设计形式不美观，那它将极不受欢迎。

一、植物的大小

由于植物的大小在形成空间布局起着重要的作用，因此，植物的大小是在设计之初就要考虑的。

植物按大小可分为大中型乔木、小乔木、灌木、地被植物四类。

不同大小的植物在植物空间营造中也起着不同的作用。如乔木多是做上层覆盖，灌木多是用作立面"墙"而地被植物则是多做底。

1. 大中型乔木

大中型乔木在高度一般在 6m 以上，因其体量大，而成为空间中的显著要素，能构成环境空间的基本结构和骨架。常见大中型植物有香樟、榕树、银杏、鹅掌楸、枫香、合欢、悬铃木等。

2. 小乔木

高度通常为 4 ~ 6m。因其很多分枝是在人的视平线上、如果人的视线透过树干和树叶看景的话，能形成一种若隐若现的效果。常见的该类植物有樱花、玉兰、龙爪槐等。

3. 灌木

灌木依照高度可分为高灌木、中灌木、低灌木。

高灌木最大高度可达 3 ~ 4m。由于高灌木通常分枝点低、枝叶繁密，它能够创造较围合的空间，如珊瑚树经常修剪成绿篱做空间围合之用。

中灌木通常高度在 1 ~ 2m，这些植物的分枝点通常贴地而起。也能起到较好的限制或分断空间的作用，另外，视觉上起到较好的衔接上层乔木和下层矮灌木、地被植物的作用。

矮灌木是高度较小的植物，一般不超过 1m。但是其最低高度必须在 30cm 以上，低于这一高度的植物，一般都按地被植物对待。矮灌木的功能基本上与中灌木相同。常见的矮灌木有栀子、月季、小叶女贞等。

4. 地被植物

是指低矮、爬蔓的植物，其高度一般不超过 40cm。它能起到暗示空间边界的作用。在园林设计时，主要用它来做底层的覆盖。此外，还可以利用一些彩叶的、开花的地被植物来烘托主景。常见的地被植物有麦冬、紫鸭趾草、白车轴草等。

二、植物的形状

植物的形状简称树形，是指植物整体的外在形象。常见的树形有：笔形、球形、尖塔形、水平展开形、垂枝形等。

1. 笔形

大多主干明显且直立向上，形态显得高而窄。其常见植物有杨树、圆柏、紫杉等。

由于其形态具有向上的指向性，引导视线向上，在垂直面上有主导作用。当与较低矮的圆球形或展开形植物一起搭配时，对比会非常强烈，因而使用时要谨慎。

2. 球形

该类植物具有明显的圆球形或近圆球形形状。如榕树、桂花、紫荆、泡桐等。

圆球形植物在引导视线方面无倾向性。因此在整个构图中，圆球形植物不会破坏设计的统一性。这也使该类植物在植物群中起到了调和作用，将其他类型统一起来。

3. 尖塔形

底部明显大，整个树形从底部开始逐渐向上收缩，最后在顶部形成尖头。如雪松、云杉、龙柏等。

尖塔形植物的尖头非常引人注意，加上总体轮廓非常分明和特殊，常在植物造景中作为视觉景观的重点，特别是与较矮的圆球形植物对比搭配时常常取得意想不到的效果。欧洲常见该类型植物与尖塔形的建筑物或尖耸的山巅相呼应，大片的黑色森林在同样尖尖的雪山下，气势壮阔、令人陶醉。

4. 水平展开形

水平展开形植物的枝条具有明显的水平方向生长的习性，因此，具有一种水平方向上的稳定感、宽阔感和外延感。如二乔玉兰、铺地柏都属该类型。

由于它可以引导视线在水平方向上流动，因此该类植物常用于在水平方向上联系其他植物，或者通过植物的列植也能获得这种效果。相反地，水平展开形植物与笔形及尖塔形植物的垂直方向能形成强烈的对比效果。

5. 垂枝形

垂枝形植物的枝条具有明显的悬垂或下弯的习性。这类植物有垂柳、龙爪槐等，这类植物能将人的视线引向地面，与引导视线向上的圆锥形正好相反。这类植物种在水岸边效果极佳，当柔软的枝条被风吹拂，配合水面起伏的涟漪，非常具有美感，让人思绪纷飞。或者种在地面较高处，这样能充分体现其下垂的枝条。

6. 其他形

植物还有很多其他特殊的形状，例如，钟形、馒头形、芭蕉形、龙枝形等，它们也各有自己的应用特点。

三、植物的色彩

色彩对人的视觉冲击力是很大的，人们往往在很远的地方就注意到或被植物的色彩所吸引。每个人对色彩的偏爱以及对色彩的反应有所差异，但大多数人对于颜色的心理反应是相同的。比如，明亮的色彩让人感到欢快，而柔和的色调则有助于使人平静和放松，而深暗的色彩则让人感到沉闷。植物的色彩主要通过树叶、花、果实、枝条以及树皮等来表现。

树叶在植物的所有器官中所占面积最大，因此也很大地影响了植物的整体色彩。树叶的主要色彩是绿色，但绿色中也存在色差和变化，如嫩绿、浅绿、黄绿、蓝绿、墨绿、浓绿、暗绿等，不同绿色植物搭配可形成微妙的色差。深浓的绿色因有收缩感、拉近感，常用作背景或底层，而浅淡的绿色为扩张感、漂离感，常布置在前或上层。各种不同色调的绿色重复出现既有微妙的变化也能很好地达到统一。

植物除了绿叶类外，还有秋色叶类、双色叶类、斑色叶类等。这使植物景观更加丰富与绚丽。

果实与枝条、树皮在园林景观设计植物配置中的应用常常会收到意想不到的效果。如满枝红果或者白色的树皮常使人得到意外的惊喜。

但在具体植物造景的色彩搭配中，花朵、果实的色彩和秋色叶虽然颜色绚烂丰富，但因其寿命不长，因此在植物配置时要以植物在一年中占据大部分时间的夏、冬季为主来考虑色彩，如果只依据花色、果色或秋色是极不明智的。

在植物园林景观设计中基本上要用到两种色彩类型。一种是背景色或者基本色，是整个植物景观的底色，起柔化剂作用，以调和景色，它在景色中应该是一致的、均匀的。第二种是重点色，用于突出景观场地的某种特质。

同时植物色彩本身所具有的表情也是我们必须考虑的。如不同色彩的植物具有不同的轻重感、冷暖感、兴奋与沉静感、远近感、明暗感、疲劳感、面积感等，这都可以在心理上影响观赏者对色彩的感受。

植物的冷暖还能影响人对于空间的感觉，暖色调如红色、黄色、橙色等有趋近感，而冷色调如蓝色、绿色则会有退后感。

植物的色彩在空间中能发挥众多功能，足以影响设计的统一性、多样性及空间的情调和感受。植物的色彩与其他特性一样，不能孤立地而是要与整个空间场地中其他造景要素综合考虑，相互配合运用，以达到设计的目的。

第四节　建筑

一、建筑的景观作用

建筑可居、可游、可望、可行于其中，满足多种功能要求，有突出的景观作用。建筑的景观作用主要表现在以下几个方面。

（一）点景

建筑常成为景观的构图中心，控制全局，起画龙点睛的作用。尤其滨水建筑更有"凌空、架轻、通透、精巧"等的特点。

（二）赏景

亭、台、楼、阁、塔、榭、舫等建筑，以静观为主；廊、桥等建筑，曲折前行，步移景易，以动观为主。

（三）组织路线

建筑可以引导人们的视线，成为起承转合的过渡空间。

（四）划分空间

建筑可以结合庭院，组织并分隔空间层次。

第三章　园林景观设计基础理论

第一节　园林景观设计基本理论

一、园林景观设计原理

（一）园林景观设计理念

园林设计只有遵循一定的设计理念，园林景观的结构才会全面化、系统化和规范化。而景观园林设计时要遵守的设计理念包括很多方面：

1. 以人为本

园林景观最主要的功能就是供人欣赏和休息，所以在进行设计时，要充分地考虑到人的感受，坚持以人为本。园林景观中，可以设计一些休憩的场所和一些娱乐设施，比如凉亭、广场、走廊和长形座椅。在园林景观中种植各类花草，在人们休息的时候还可以供人们欣赏，将美观和功能充分地结合，使园林景观符合绿色生态的要求，满足人们的休闲需要。根据本地的气候特点和人文风情，进行园林的规划设计，实现人和自然的和谐相处。

2. 因地制宜

园林景观进行设计时，要注意场地的选择和周边的环境。将地形因素和环境因素融入设计理念当中，这是现代风景园林设计的最基本原则。风景园林设计师在进行设计时，要根据实际情况，加上一些创新的理念，用专业的眼光和专业的技术手段，对园林景观进行合理的规划，根据风景园林的特有属性发掘风景园林的价值和潜力，将风景园林设计成符合生态环境和人们要求的结构形式，使风景园林可以发挥出其本来的作用。

3. 注重空间

园林景观的构成分为两部分。一部分是由一些景观要素构成的实体；另一部分是由实体构成的空间。风景园林的实体是可见的，也是最受人们关注的。而由实体构成的空间则是一种感觉性的存在，并没有什么实体存在，所以往往会被人们忽视。就目前园林景观的设计而言，设计师们很注重对园林中基础设施的设计，比如凉亭、长形座椅和走廊等。他们将这些具有实体的实物进行完美的规划和设计，却往往忽略了这些实物在规划时所产生的空间感。这些实物如果安排得不合理，那么整个园林设计就会失去美感，其自身的价值也得不到挖掘。因此，要充分重视园林景观设计中的空间结构和景观格局，合理地规划园林景观的布局，从人们的审美角度和欣赏角度出发，对园林的整体格局进行规划和统筹，使其能够满足人们的审美观，发挥出园林景观的真正价值。

（1）深度挖掘和坦诚表现

在进行园林景观的设计时，要对各个园林景观中的组成要素进行详细的分析和研究，制订合理的设计方案，以保证园林的设计能够顺利进行。而且设计的方法可以采取简约的形式，既可以减少成本的投入，又可以很好地抓住重点进行规划，以最小的改变换来最大的成就。在设计手法上，也可以采取简约的形式，运用少量的基础设施和景观要素进行设计，这样更能够突出园林景观的主要特征。园林景观的设计要达到符合自然的目标，因此，要充分地考虑设计方案，顺应当地的人文特点和自然特点进行合理的园林景观设计，使其能够顺应自然，保持原有的自然特色。

（2）注重生态景观理念

设计景观时要对土地和空间进行设计，因此，在设计过程中考虑自然的各种属性对资源进行合理的利用。园林景观的建设不能以破坏生态自然环境为前提来创造人工环境，而是应该尊重原来的生态环境，以保护生态植物、生物，保持自然资源为前提进行改造。生态化的景观理念强调资源的合理利用、能量的节约和环保，能够真正实现人们生活环境的改善和城市环境的美观。因此，节约、环保等词语已成为园林景观生态理念的重点要素。

园林景观设计的生态理念包括以下几方面内容：

首先，保护不可再生的资源。对于比较独特的元素如湿地等应该加强保护而不是毁坏。

其次，提高资源的利用率。园林景观设计要尽量地少使用自然资源和以采用多品种的自然林地来代替草坪，这样就可以大大地降低资源的消耗和节约资源。

最后，对于废弃的东西可以进行循环利用。一些废弃的场地经过设计后可以成为休闲的场地。可持续发展理念：园林景观的设计为促进人类和自然的和谐发展、完善城市的功能、促进社会经济的可持续发展，既要符合自然的规律也要维护生态环境。在土地水电以及植物等资源的利用上要加强节约环保的理念，科学合理地运用。人们居住的环境既要美观也要绿色无污染，园林景观正是为满足这些要求而生，其体现的可持续发展理念要求园林景观设计要遵守绿色环保的原则。

（二）园林景观设计中的低碳理念

生态低碳型园林设计，主要体现在园林绿化景观设计、园林水体景观设计、园林景观施工和维护、园林景观材料的优化选择等方面，要实现三大和谐，即人与自然的和谐、人与社会的和谐、历史与未来的和谐。其中人与自然的和谐是重中之重。

1.园林绿化景观设计中的低碳理念

在园林绿化景观设计中，增大绿化面积，丰富绿化植物品种，多样化其层次，提高植被的固碳效率，总体上营造良好的园林绿化景观。

（1）常见的措施主要有以下几种：

①选择固碳释氧能力良好的植物。已有研究表明，垂柳、木芙蓉和醉鱼草等植物的固碳释氧能力较强（固碳值大于 12g/mi ）。另外，碧桃、夹竹桃、金钟花、金叶女贞、广玉兰等固碳释氧能力也很强。在园林绿化景观设计中，要运用低碳理念，优先选择固碳释氧能力良好的植物。

②注意植物固碳能力的优势互补，提高植物群落的整体固碳能力，营造科学合理的低碳绿化景观。

（2）营造科学合理的低碳绿化景观具体表现在以下几个方面：

①常绿灌木与落叶乔木的合理搭配

实验研究表明，不同植物类型单位土地面积上固碳释氧能力表现为：常绿灌木 > 落叶乔木 > 常绿乔木 > 落叶灌木。对园林景观中的植物群落，加大常绿灌木与落叶乔木的比率，合理搭配使用，不仅可以改善冬季景观，还可以增加绿地景观的固碳释氧能力。

②高龄树种和低龄树种的合理搭配

一般而言，低龄树种的固碳能力优于高龄树种的固碳能力。但就单株树木的碳贮量而言，古树远高于常规树种，而古树碳贮量有限，对固定大气中二氧化碳（CO_2）的贡献较小。将低龄树木与高龄树木搭配种植，不仅可以营造低碳园林，同时也保护了自然资源和历史文化价值。

③慢生植物和速生植物的合理搭配

研究表明，慢生树种的固碳能力明显低于速生树种的固碳能力，但有些速生植物固碳能力很强，但释碳能力也很强。综合考虑，应选择固碳能力强、周期长的植物。将速生植物与慢生植物合理搭配种植，既具有较高的固碳效益，又能形成长久良好的植物景观与生态效益。

④乡土植物和常规园林植物的合理搭配

乡土植物是最能够适应当地的生境条件的物种，而且某些乡土树种固碳率高，将乡土植物和常规园林植物合理搭配，不仅可以提高其生态稳定性和适应性，而且对发展本土园林植物资源有显著的价值。

（三）园林水体景观设计中的低碳理念

水体设计也是低碳景观设计的一个重要部分。比如，对于景观设计的高差部分，通常设计溪流从山上往小区门口流，雨水集中在溪流里，溪流两旁种植水生植物，起续水作用。这样的设计能形成一个小型生态圈。在该生态圈内，植物种植密度高，CO_2 的吸收量大。雨水资源得到净化和循环应用。这就是一个简单的低碳生态的水体景观设计。水体设计中融入低碳理念，不仅要考虑其景观效果，还需要注重其生态性、创造性和亲和性。首先，要考虑就地取材、因地制宜，依靠地形、自然水源进行水体景观地址的选择。不仅合理利用了资源，同时也降低了设计、建造的成本；其次，对于辅助设计效果的追求，要合理控制成本，减少水的消耗和能源的损耗；最后，合理种植水体植物。水体植物不仅具有自净功能，减少污染，还能增加景观效果。另外，从低碳角度看水体设计，将设计和房地产概念结合在一起来看，某些水景还有"一箭双雕"的效果，没有水的时候作为一块活动空间，有水的时候形成景观。

（四）园林景观施工和维护的低碳理念

园林景观从前期施工到后期维护，都必须考虑到低碳理念的融入。一个成功的景观设计，需要有高水平的施工质量，长久的景观效果。在施工过程中，节约资源、保护环境是我们应该秉承的原则，应尽可能地减少使用机械化操作，减少 CO_2 的排放量，尽可能较少对自然资源完整性的破坏。采用良好的后期维护，尽可能使景观效果保持良好。施肥、病虫害防治、修剪、灌溉等后期维护活动中，CO_2 的排放是一个持续的过程。在园林景观设计中，选用粗放型管理的植物种类，丰富植物多样性，这些都是可取的低碳理念。

（五）园林景观材料的优化选择

随着新型环保低碳材料的研发与应用，需要逐步淘汰高能耗、高污染的传统材料，尽可能多地使用低能耗、低污染、低排放，使用寿命长，且不产生有害物质，循环利用的新型材料，比如木材料的应用。同时，木结构的大量使用，可以促使森林资源的可持续发展，更好地固定碳的排放。上海世博会中的万科馆就是一个合理利用环保材料的典型景观建筑。这座建筑由天然麦秸秆压制而成。麦秸秆作为主要建筑材料，不仅实现了废弃物的循环利用，同时也唤起人们欣赏、尊重和顺应自然的态度，探求与自然的和谐相处之道。从另一方面来讲，尽可能地利用一切可以利用的资源。比如园区内的废弃材料，既可以用来塑造景观地形，也可以作为原材料进一步循环利用，其中，比较有名的是日本十胜川千禧森林园。该园林的设计巧妙采用了减法原则，充分运用了当地的景观材料，并对其进行循环再利用。

二、园林在城市景观规划中的作用

随着人类的不断进步，居住环境日益城市化。城市，是人们集中生活和工作的环境。城市景观规划设计便是改造自然、创造集中的人居环境的做法。随着人类对居住环境要求的不断提高，在城市化的进程中，就必然包含有人工重建城市自然生态环境，使城市人群更贴近自然而生活。如何才能将与自然分离的城市通过人为的手段有机地融汇到大自然中，成为城市规划中的重大课题，而这一课题的实施，有赖于园林规划设计的再创造。

在城市中营造园林，将自然景观融入人造环境中，使之成为一个自由、合理、平衡的新的生活空间，这种自然回归也一直在有力地抗衡着城市与自然彼此疏离的倾向。这样，园林已不仅仅是提高人们休憩、娱乐、观赏的场所，必须同时考虑到城市居民的生活需求及对社会功能的满足和实现。园林，在为人类的活动环境创造美景的同时，还必须给予城市居民以舒适、便利和健康。这一设计理念的提出，使园林规划设计被提到了一个前所未有的深度和广度，将园林设计运用到景观规划中，创造良好的城市生态环境。

第二节　园林景观的表现手法

一、园林景观的文化内涵

（一）民族文化

我国是一个多民族国家，不同民族的民族文化有着很大的差异。因此，在进行园林景观建设中，需要充分尊重民族文化特色。在不同种类的民族文化的发展中，对园林景观设计手法也起到了极大的影响作用，从而体现出各种各样的民族文化特色。

（二）名人文化

名人，就是指一些为当地的社会发展、民族理论形成、观念意识形态变化、精神文化弘扬等做出巨大贡献，而在当地或社会产生深远影响的人物。而名人文化正是这些人物所做出的社会贡献形成的一种综合文化。在我国，各地都有不同的名人文化，这些名人文化也是构成我国文化体系的一个重要组成部分。在园林景观设计中充分体现出当地的名人文化，不但具有较好的教育宣传意义，更是对文化历史的一种传承，是良好文化发扬传播的一种重要手段。

（三）地域文化

地域文化是带有鲜明地域特征的文化，即在经过长期的地理、政治、历史以及风俗习惯等自然和社会条件下所形成的具有当地特色的文化。在园林景观设计中，地域文化是首先需要考虑的一个主要因素，这是因为当地的园林景观建设必须要体现出当地的人文特色，这样才能更加体现出本地与其他地区与众不同的地方。在我国的园林景观发展中，对于地域文化的体现一直备受园林设计师的重视。即在设计园林景观时，尽可能地结合自然景观，将具有本地或本民族特色的人文景观与之巧妙融合在一起，达到天人合一的生态园林景观。可以说，在园林景观设计中，地域文化是其根本所在，只有以地域文化为艺术设计的基础，才能在实现良好自然景观的同时，赋予景观一定的文化内涵，使其更具观赏品味价值。

（四）中西文化

我国独具东方特色的园林景观设计与西方多样性发展的园林景观设计是分属于不同体系的园林艺术，设计手法和景观特色都有着明显的差异。在全球文化一体化的发展潮流下，我国在进行园林景观设计时也会适当借鉴西方园林景观艺术设计手法，形成一种后现代园林景观设计手法，既体现了中国传统的居住景观特点，又能满足现代人的生活习惯。

二、园林景观的表现手法

任何园林景观都有一定的主题和意义，而园林中的表现手法，也是达到某种文化的具体表现。以下笔者主要从外在表现与内在形式这两方面来谈一下具体的表现手法。

（一）外在表现手法

外在表现手法是最简单、最基础的表现手法，主要是通过文字、园林的设计等来体现园林的气氛，在表达上更加的直接、具体。这种表现手法常用在纪念碑、雕塑和具有纪念性的广场上，它最大的特点就是具有严格的规则性和对称性，因此，这种手法能够非常容易地营造出一种肃穆庄严的气氛。

（二）内在表现手法

与外在表现手法不同的是内在表现手法更注重场景意境的设计，能够让人触景生情，给人一定的启示。含蓄、深刻也是该种表现手法的特点。意境之美不但是我国园林设计的最主要的特色，同时也被认为是景观园林设计的灵魂与核心。

内在表现手法具体可分为：内在意境表现手法和内在结构表现手法。

1.内在意境表现手法。

内在意境表现手法和方式有很多，总结起来主要包括如下几个方面：首先，在意境表现手法上一定要确保能够给人强烈的视觉冲击，创造出优美的意境，这在主题公园的设计中尤为重要。有时为了突出主题，设计者常常把最能够体现民族文化内涵的核心景点设计在最引人注目的位置，如雕塑、喷泉，以及花园等。这很容易给人带来强烈的视觉冲击，使人们产生强烈的心灵震撼，从而能够更好地领悟我国的民族文化和特征；其次，通过诗文、碑刻等来渲染意境。在我国古代的园林设计中，诗文、碑刻以及匾额等都是常用来渲染意境的表现手法。如在上海大观园中，就可以看到很多古代名人的诗文和碑刻。这不但是对我国古典文化的一种良好的传承，同时，对激发人们的爱国情怀也是有一定的促进作用；最后，合理地对自然资源进行利用和开发。从古代园林景观的设计中我们就可以发现，自然资源（如瀑布、小溪等）都被人们恰当地利用到了具体的园林景观设计中，充分地利用了大自然的鬼斧神工，使得园林景观的设计更富有韵味和意境。

2.内在结构表现手法。

除了内在意境表现手法之外，内在结构表现手法也是园林设计内在表现手法的一种。与内在意境表现手法相比，内在结构表现手法通常比较注重园林景观内在结构之间的联系。即在进行园林景观设计时，将其内在所有的组成部分完美地衔接融合在一起，使其自然地完成两个景观之间的过渡，而不会出现突兀的现象。这种内在结构的表现手法也正是我国传统园林景观设计的艺术精髓。例如，借助一个长廊，或一个小桥，将两个不同特色的景观连接起来，在给人一种别有洞天的感觉的同时，又不至于使观赏者觉得过于突然，从而达到较好的景观设计效果。

第三节　园林景观的色彩设计

一、色彩艺术与园林景观的必然联系

色彩在生活中无处不在，不同的色彩对人们的生理和心理会产生不同的影响。例如，红、橙、黄属于暖色，人们看到它们时，会感受到阳光般的温暖，产生安全感、舒适感。因为这三种颜色的波长较长，会迫近和扩张视线，所以人们在视觉上会产生扩散和拉近的效果；青色和蓝色属于冷色，人们看到它们时会产生清凉、神秘、宽广的感觉。因为冷色的波长较短，在视觉上会有收缩和退缩的效果。除了生理方面的影响，色彩也会影响人们的喜怒哀乐。因此，在园林景观设计中合理应用色彩，会对景观的装饰起到重要作用。设计师需要深入了解色彩，将其融入景观设计，让色彩点缀我们的生活，营造出美的氛围。

色彩艺术和园林景观艺术之间是相辅相成、相互提高的，无论是在古典园林还是现代园林中，准确合理地掌握植物色彩的奥秘和规律是尤为重要的。园林景观中的任何一个元素，如园林植物、建筑体、山石小品、水体均可通过园林色彩的融合搭配进行配色，科学地运用色彩的色相、明度、纯度，给人们一种视觉艺术的美的享受。同时，色彩艺术也越来越符合现代新城市新园林步伐的现代园林景观，形成园林景观中的郁郁葱葱、花红柳绿、姹紫嫣红、绚烂缤纷的生态画卷。色彩艺术应用在很大程度上影响了园林景观设计的质量，能够使园林景观元素的结构更加立体，也使园林景观在不同变化过程中更大程度地体现自然色彩和人工景观的融合和呼应。

二、园林景观设计中色彩运用的意义

塑造园林景观城市形象。当下，城市园林景观建设成了城市建设中不可或缺的组成部分，各地均主张以建设"国家生态园林城市"及"国家森林城市"为线索，积极推进各项城市绿化美化工程的建设工作。目前，城市园林景观建设已逐步发展成为基于可持续发展的城市形象代表和城市软实力的象征。色彩是园林景观设计中人们视觉交流的关键手段，也是美化环境的重要内容。不同的色彩组合往往能表现出差异化的景观视觉效果，又能体现城市文化的差异性。

（一）调节生理和心理的和谐

园林景观设计中植物色彩的差异性，往往会受人们生理及心理各方面因素不同程度的影响。相关研究成果显示，色彩能帮助人们缓解疲劳，减轻学习和工作压力。人在感到疲惫时，只要适当眺望远处的绿色植被，便可感到轻松或恢复平静。处于绿植较多的工作环境中，人的神经不会过分紧张，更有利于帮助人们自我调节，投入到工作状态中去。另外，园林景观设计中，各种不同的色彩赋予了人们不同的感受及感知。如红色、橙色或黄色等暖色，往往给人一种生动愉悦的感觉。这些颜色波长较长，可拉长或扩展人的视线，进一步拉近人们与景观的距离感；反过来，如果使用绿色、蓝色及紫色等冷色调，往往使人感到镇定并且平静。从生理因素考虑，人们的视线会收缩，进一步增加人和景观之间的距离感。

（二）补充园林色彩自身的意义

中外园林景观设计从古至今都具备各自不同的特点。如在法国众多园林建设中，更侧重于布设浓重色彩的几何形方阵，更多利用色彩之间的强烈对比体现视觉冲击感。中国的古典园林主要以朴素淡雅为主，给人一种静谧和谐的感觉，对植物造景或色彩的搭配使用恰恰表现出设计者的文化背景及审美情操。在整体园林景观设计中，不同的颜色组合会影响整体园林景观设计的效果，所以合理有效的园林景观色彩搭配往往能展现不同的设计风格，在对园林景观设计风格进行定位时发挥主要作用。

三、色彩在园林景观设计中的应用原则

（一）主题突出原则

园林景观设计中使用彩叶植物时，必须彰显设计主题，尤其在较重要的位置配置孤植时，要综合考虑周围环境的衬托效果，还需特别考虑周围灌木及花木配植的数量或配置颜色等，进一步烘托出应用效果。

（二）协调性、整体性原则

根据设计理念与设计者想要带给观赏者的感受搭配颜色、确定主色调，根据色调为植物搭配其他的颜色。相同色调进行融合搭配，确保在整体上能够协调统一。如果在同一种色调植物中加入与其反差极大的颜色，会让人在视觉上产生奇怪的感觉，观感不适。在园林建筑的搭配上也是同样的道理，与建筑风格颜色相协调，植物景观为建筑点缀搭配，互相不抢风头；或建筑景观在植物中伫立，营造林深幽静的隐秘感。色彩的配合平衡可以引起人的舒适感，使人放松惬意。

在园林景观设计中，彩叶植物的配植主要遵循色彩调和美学的基本原则，不仅能使设计更科学，还能满足设计的生态性、功能性及观赏性，使彩叶植物和周围环境之间形成协调的和谐美。通常人们对色彩感官较敏锐，特别对一些邻补色或对比色及协调色等。在选取色彩时应遵循科学合理的原则，不同色彩往往能带给人不同的感受，如对比色会给人一种"万绿丛中一点红"

的感觉，而邻补色则又带给人一种优雅和谐的感觉。另外，将粉色和绿色荷叶互相映衬，就能给人以自然可爱的含蓄色彩感知，另外，以红、黄、蓝及橙、紫、青为主的二次色彩搭配，则进一步体现了一定的协调效果。

（三）配色原则

设计师在调和色彩的过程中，合理运用配色原则能使相同的色相因素更加协调统一。统一调和原则的主要目的是使不同色彩具有相同的色相因素。设计师在安排与设置景观元素时，一定要保证每种元素具有类似或相同的色相，从而使园林景观设计获得理想的色彩效果。园林景观设计配置过程中，应用彩叶植物必须从多方面考虑季节性变化的因素，充分利用各种彩叶紧随植物变化的规律进行合理化配植，产生不同的设计效果。由于不同的彩叶植物的生长周期与生长习性各不相同，往往在不同的季节会有各自不同的颜色及姿态，设计配植时，要协调不同的花期和色彩及形态，达到月月有花、季季有景的目的，满足人们的观赏需求。

四、色彩在整个现代中国园林景观色彩设计中的作用

（一）生理与心理之间的作用

由于园林色彩在人们日常生活环境中的广泛应用，人们在生理和心理方面对各种色彩现象产生了不同的视觉认知力和反应。如看到红色，就会让人联想到温暖的太阳、火光等；看到绿色，就会感受到生机勃勃的生命及希望。由于这些园林景观通常是由人们观看和感受的，所以园林景观的整体色彩结构组合必须充分考虑人们心理及生理的不同感受。

（二）缓解压力的重要作用

随着现代都市生活节奏加快，工作、生活压力明显增大，自然园林景观逐渐成为人们十分留恋的地方，自然的美丽色彩可以放松心情，有效减轻身体方面的不舒服症状。色彩具有治疗和保健身体的功能，如粉红色可以有效刺激神经系统，增加急性肾上腺素钠的分泌和促进血液循环；黄绿色具有镇静作用，对昏厥、疲劳和产生消极情绪都有一定抑制作用。

（三）识别的主要作用

在园林景观中，色彩识别可以作为景观标识，区分不同类型建筑物和不同小品，显示其不同的艺术功能和景观用途。如同交通工具中的红绿灯和信号灯一样，色彩的自动识别显示功能，是目前现代城市园林景观设计中广泛研究运用的重要技术手段。

（四）文化的色彩作用

园林景观的文化色彩主要受制于人的民族、地域、民俗等文化习惯，是一种传统文化美的象征。不同的文化色彩在不同的国家、不同的民族中都可能产生很大的文化差异，所以其发挥的文化作用很大，值得仔细研究。

（五）美感的发挥作用

建筑色彩表现美感，往往能在第一时间带给人视觉上的强烈冲击，这是建筑色彩设计作为一种建筑造型设计语言，在建筑园林景观中运用的表现目的。通过园林色彩的搭配合理布局，还可以将园林景观构成的主要元素，如园林地面、水面、植物、小品、建筑物等，在视觉上形成色彩对比与空间平衡感的效果，创造不同的园林色彩设计观念，由此衍生出不同的建筑园林设计运用方法。

五、色彩艺术在园林景观中的不同应用形式

（一）植物色彩在园林景观变化中的应用

大自然里的植物是多彩多姿的，种类繁多、色彩艳丽。植物因地域、气候种类的不同而展示出不同的色彩之美，植物叶色、花色、果色构成了千变万化的植物色彩群体，植物色彩的变化对园林景观的变化起着特别重要的作用，给人们的视觉感受也最为深刻。在园林景观变化中，园林植物是园林色彩构图的骨干，园林植物会在不同时期呈现出不同的色彩变化，色彩的表达也会丰富多彩地展现出来，植物色彩的不同运用会产生不同的园林效果。园林景观中植物多以绿色为主旋律，绿色系颜色由浅到深，成为主色调或背景色，同时又以植物开花时的色彩表现为点缀色调或重点色。因此，植物色彩

在园林景观中的变化应用不仅要从城市背景总体考虑，还要从不同园林环境空间上进行植物色彩的过渡，兼顾考虑季节变化科学的搭配。

1. 不同植物季节时令变化

不同植物季节时令变化呈现不同的色彩变化，植物本身具有多样化的颜色，春季自然界万物复苏，植物色彩多为浅绿色；而在四季中应充分考虑夏季和秋季的色彩，因为这两个季节在四季中时间较长，夏季是以呈现冠大荫浓的绿色覆盖色彩为主，而秋季更多的是金黄色和红色色系，如乌桕、银杏树种在秋季发生叶色变化反而更具美感，从而使园林景观风格更有层次性和艺术性。色叶树种随季节的不同变化复杂的色彩，运用最佳的色彩稳定定律；冬季更应注意植物品种常绿树种和落叶树种的栽植数量合理配比，避免冬季色调单一缺乏，设计者一般可将两种以上的植物色彩，根据不同的设计目的性，按照一定的组合搭配，利用对比突出植物景观层次感，在相互作用下构成美的色彩关系。因此，在园林景观设计时应进行科学配植，将不同的植物在四季交替中展示出绝佳的色彩景观。

2. 相同植物的不同品种呈现的色彩变化

植物叶子中含有一种叫作花青素的物质，在不同的酸碱度（pH）环境里会呈现不同颜色。在园林景观整体设计时选择颜色应该错落有致。植物色彩在布局时，植物的色点不宜过多，可使同一色调的植物尽量集中布置，避免因为分散而使整体色彩杂乱。考虑相同植物不同色彩，可以通过色块设计大面积的园林色彩效果，相同的植物是没有违和感的，即使是不同的颜色形成的色块的花境效果也能很好地成为体现色彩效应的手段，而色块的排列又能突显园林的形式美。例如，盐城大丰荷兰花海中植物品种色彩丰富繁多，花海中特色植物品种郁金香呈现的多种色彩让游客享受在花色的渲染和感染中，其所表现的特色美景就是以郁金香的色块色彩来设计符合现代人的审美节奏的园林景观。

3. 不同植物满足不同人群的色彩变化

在园林景观种植设计中，色彩对人的心理影响变化是最大的，也是最直接和快速的，因而在园林景观中合理运用色彩可以促进人的身心健康。针对不同年龄对象、室内室外环境、生态改善功能等进行不同的植物色彩搭配，使整个植物色彩应用选择更具有园林景观的可持续发展的效应。充分利用植物丰富多变的色彩美可以满足人们对园林景观设计的需求，针对景观变化中植物色彩能为不同人群需求园林色彩的温度感、色彩的距离感、色彩的面积感，创作气氛和传递情感。经调查，老年群体更偏爱暖色调，糅合淡雅的色彩系列，儿童需求色彩明快和纯度较高的色彩系列，而青年更喜欢清新的色彩感，即使是东方色彩的柔美和西方园林色彩的浓重相结合也很容易适应和喜欢，因此，人们会随着年龄的变化对园林景观变化有着积极的感觉和追求。

（二）建筑色彩在园林景观变化中的应用

在园林景观中，对于硬景部分建筑及构筑物一般展现在人们眼前的是几何体、线条体。通过不同的造型，色彩表达的运用智慧，不仅表现在建筑规划和布局上，其色彩的运用也体现在建筑细节的视觉感受。每个建筑单体从地面的基础机构到屋顶不同组成部分都有着合理的色彩运用，之间互为协调和补充，给人以整体的美感。一些园林建筑构筑物的色彩又是构成这些建筑整体美观与否的因素之一，一般建筑的色彩设计既要与周围环境相协调，又要适当对比布置。我国的古典园林艺术内涵深厚，各种类型的建筑形式和精湛的造园手法形成了色彩风格迥异的建筑。例如，皇家园林建筑色彩都采用色彩浓重的艳丽色调，多数以红色、金色突显出整体的园林景观气势宏大，能够尽显皇家气派。以私家园林居多的苏州园林，建筑色彩更多是灰色、白色等追求朴实淡雅的颜色，能够显示文人墨客的清淡和高雅。而现代园林的色彩更有着各自不同的特点，通过色彩对比和空间的围合来加强人们对现代建筑及一些构筑物的色彩印象。

（三）水体色彩在园林景观变化中的应用

水体设计是园林景观设计中最灵活自然的，水本身透彻纯净既可以映衬出岸边湖光山色的美景，也可以直接反映出天空的颜色。在园林设计中，天然水会受水质透明度的影响，水质的好坏决定欣赏者是否可以清晰地看到水底的鱼嬉游，水质的干净清澈自然让人形成最佳的园林水景色彩观赏体验效果。园林中水的周围常可设计一些鲜艳的植物来增加水体的色彩，同时，在设计中通过对水面的自然色彩设计，结合周围植物及倒映的色彩明暗效果，构成水面优美自然的和谐画面，也使得水面更加活泼生动。

（四）铺装色彩在园林景观变化中的应用

在园林景观设计中铺装的色彩设计元素也很重要，设计师可以通过独具匠心的设计合理地利用色彩对环境的变化效应，设计出别具一格的铺装，让园林空间更充满艺术情趣和视觉美感，使游客或居民身心愉悦。一般来说，铺装的色彩应结合环境设置，不宜将色彩铺装过于突出刺目，在草坪中的道路铺装可以选择亮色，而在其他地方的铺装应以温和、暗淡色为主。在园林景观中铺装的运用越来越广泛，但是绝大多数都作为辅助景色，很少成为主要景色。铺装的色彩变化可以随着园林景点整体趋势走向设计或者极大的反差变化追求特色化或个性化的色彩。即铺装的色彩要与整个园林景观相对比或相协调，或同时运用园林艺术的色彩原理，利用环境的空间感和人们视觉上的舒适感调节色彩变化，突破铺装常规设计的定向思维感，表现出鲜明而不俗气、稳重而不沉闷的色彩表现。

（五）山石色彩在园林景观变化中的应用

景观园林中常根据不同的自然环境选用不同的石材，利用岩石构造、肌理、年代的风化效果，呈现出不一样的深浅和色调的山石色彩。无论是现代园林还是古典园林中，假山石一般选用烟灰色、土黄色、褐红色，无论是组合堆砌的山石群体，还是独具特色的单石成景，都给人以稳重内涵的沧桑感。山石的纹理色泽具有一定的美感，通过合理布置能够使园林景观彰显出蕴含美，如因园林环境特殊要求或一些人工材质参与，而选用了一些其他山石颜色，利用各种园林丰富的树种自然巧妙地搭配这些假山石，用来过渡假山石在色彩方面缺乏的自然色彩效果。通过艺术加工，营造山林景色，提供给人们观赏游憩的良好环境。

第四节 园林景观墙设计

墙是园林景观设计中的重要组成要素，发挥着极为重要的作用。在现代社会中，建筑材料和建筑技术不断提高，人们的环境保护意识不断增强，因此，在选择建筑材料的过程中，设计师要在坚持可持续发展思想的基础上，进行合理创新、设计与选择，从而在空间设计、功能设计上更加满足人们的个性化需求，促进和谐社会的建立。

一、城市景观墙的概念及意义

城市景观墙是指将建筑物的墙体表面进行绿化处理，使建筑物起到绿化、环保以及满足人们审美需求的作用。城市景观墙能够对城市的热岛效应起到调节作用，并且会使城市的绿地面积和空间得到延伸，为城市景观的美化起到促进作用。城市景观墙建设的目的主要是为了满足人类社会的发展需要，提高人类生活环境质量，在社会的经济建设、文化建设及未来城市发展方面实现可持续发展。现代城市建设随处可见城市景观墙，它们已经成为现代城市公共空间建设必不可少的建设环节。一道好的城市景观墙的建设，已经不仅仅具有一定的实用价值，它更代表着一种文化、一种人文情怀。伴随着这些优点再加入现代先进的设计理念以及科学技术，城市景观墙将会发挥越来越重要的作用，将会成为一个城市文明发展的标志。

二、景观墙对园林景观的影响分析

（一）完善内在因素

城市景观墙在园林建设中的主要作用就是为了园林景观元素的融合性更为紧密。城市园林在运用景观墙以后不仅使园林内部元素的处理更加协调，而且还使城市园林的品质得以提升。城市景观墙采用美学原理与生态学相结合的手法，在为人们带来视觉美感的同时也给人们的生活环境质量带来提升。与此同时，城市景观墙还承载着城市发展的文化内涵以及人文精神。在拥有如此多功能的城市景观墙的作用带动下，城市景观园林的品质自然得到提升，也使得园林的建设价值得以充分地体现。

（二）优化动态循环

为了实现城市景观墙的生态作用，在进行设计时一定要使景观墙与周边环境达到完美的融合。这就要求建设过程中一定要关注生态系统的互动循环性。景观墙的建设主要是为人类服务，是为了人类可以获得更好的居住空间以及得到精神愉悦。因此，为了使景观墙具有生态互动性，可以发动群众参与到园林建设中来，使园林的空间性、时间性及服务性得以达到最好的效果，满足大众对园林的多样化需求，使整个园林建设的动态循环过程得以发挥，最终实现城市建设的可持续发展。

（三）协调城市环境

我国城市化建设的加快，给城市带来了不堪重负的环境问题。城市景观墙对城市的环境具有协调作用。如城市景观墙可以通过设计理念的表达，使大众加深环保认识。同时，景观墙建设一般会选用环保材料建设，其中，绿色植物偏多，这样会对城市空气质量以及热岛效应起到很好的调节作用，进而使整个城市的环境得以改善，实现城市可持续发展的绿色环保节约型发展理念。

三、应用分析

（一）传统园林景观墙的分类、选择及应用

园林景观设计中，一般将园墙分为两种类型。即为将园林与周边环境隔开的分隔围墙，通常是设计成高墙。也是由于安全和空间的要求而设计，其主要作用为屏障及保护隐私；可以将园林内部划分成许多空间，并根据院内不同的布景而设置园墙的位置，也可以将园墙用来安排人们导向游览的隔断。中国传统园林景观中的园墙根据建筑材料和结构设计可以分为版筑墙、磨砖

墙、乱石墙及白粉墙等，不同的墙具有不同的要求。如白粉墙在园林景观设计中用于分隔园林空间，一般在墙头配以青瓦。将白粉墙作为纸，并在其上作画，既符合中国传统园林景观的山水画意境，又与假山、幽静小路、花木等元素相互配合，构成一幅立体式中国山水画。园墙在设计过程中还需要根据地形设计成不同形状，例如，在平坦地区可以设计成平墙，同时，在其上雕刻各种图案丰富园墙的观赏性元素；在坡地和山丘等地区可以设计成阶梯形或者波浪形的园墙。但是在设计园墙时还需要对其中的一些细节进行处理，如设计土台或者土山等元素将墙体隐藏起来，以淡化园墙的概念，使园墙与周围的环境更加和谐。

在中国传统园林中还可以在墙上设置洞门、空窗以及砖瓦花格等元素。其中，洞门是指没有门框仅有门扇的结构形式，一般是以圆洞门和月亮门为主，此外，还有六边形、八边形等形状，以起到游览、观赏的作用。同时，设置洞门能够增加园林景观内的采光程度和通风程度，利用洞门观赏景物可以用不同的框景欣赏园林景观，在阳光的照射下能够形成光影效果。例如，在一条轴线上的园林可以设计出多个洞门，形成门内门、景中景。

空窗又名花窗、漏窗，是指在窗洞内设计多种镂空图案。空窗主要应用于长廊和半通透庭院内的分隔墙中。空窗的形式多样，其上的花纹图案多是使用瓦片、薄砖等材料制作，图案样式为曲尺、回文、万字等。出于与观赏者视线相平的要求考虑，漏窗的高度一般在 1.5m 左右，人在游览长廊的过程中能够透过空窗欣赏窗外景观，同时，随着游客脚步的移动，窗外的景色也在发生变化，增加了园林景色的空间感和层次感。在洞窗的两边可设置假山、怪石以及其他植物，从洞窗处看去就是一幅风景画。因此，在园林设计中，可以在轴线方向上连续设置洞窗，从而达到在有限空间内欣赏无限景色的作用。

砖瓦花格在中国传统园林景观设计中具有十分悠久的历史，也是园墙装饰的一种方式，根据园林风景景观适当选择砖瓦花格，可以增加园林深度和特色。此外，中国园林景观内的墙也可以与假山、雕塑等相互配合，充分发挥园林景观的特色。

（二）现代城市景墙的分类、选择与应用

不同于传统园墙的隔断、漏景以及景墙功能，在现代城市园林景观设计中一般是将景墙作为背景展示墙，从而达到文化宣传、改善市容市貌的作用。现代城市景墙需要满足美观和耐用两个作用，而从景墙形式上来划分则分为独立景墙以及连续景墙、生态景墙等。独立景墙是指以一个凸起物为基点，设置一面墙安放在景区内，从而吸引游客的注意力，形成视觉焦点。例如，南京大屠杀纪念墙就是将墙作为景观引起人们的注意，从而达到宣传教育效果。连续景墙是指以一面墙作为基本单位进行排列组合，形成具有一定序列感、连续感的景观设计，同时连续景墙与周围的花草、树木和建筑物进行有效融合，增加园林景观和城市景观的美感和谐感。

生态景墙则是将植物、植被作为重要元素，将藤蔓植物进行科学合理种植，既能够发挥生态观赏效果，又能够发挥植物的抗污染、杀菌和降温的作用。例如，当前许多古城内具有古典气息的园墙能够增添城市的质朴气息，为游客带来精神和情感上的感受。而在小区内则以文化景观墙为主，这类景观墙需要在设计过程中考虑与附近环境的有效融合，一般在凉亭或者绿化带处设计藤蔓类植物组成的生态景墙，以增加小区内绿色气息。随着科学技术的不断进步，在园林景观的设计中，设计师对于设计理念有了更加深刻的理解，而且能够运用新型材料和技术，充分发挥园林景观墙的作用。例如，城市公园绿地附近的围墙，一般是采用花格加混凝土栅栏的方式，既经久耐用又美观。

（三）现代城市园墙景墙的分类、选择和应用

园墙、景墙作为墙的一种组成形式，最基本的功能就是保护隐私、隔断区域。虽然也具有装饰作用，但从总体上看还是会对园林景观整体空间造成影响。因此，为了园林景观的整体效果考虑，需要增加通风透光的地区设立墙，尤其在现代公园设计中，一般使用混凝土材料作为景墙的基本组成部分，墙的屏障功能比较明显。如果设立过多的墙会使人们感受到压迫感，选择逃离或者远离。因此，在现代城市内设立园墙和景墙要充分利用空间环境的自然优势，达到分割空间领域的作用，充分考虑到园区两侧水体、植被的高度差，做到分而不隔，充分实现园林景区的空间立体感。

第四章 园林景观艺术理论

第一节 园林景观艺术概述

一、园林艺术观

园林，是一种人类凭借对外在世界和内在自我的认知，然后借物质的形式手段使实用的需求得到满足，使情感得到表达的艺术——它还是一种空间营造的艺术形式。景观这种物质实体不仅是对生活美的呈现，还是对设计师审美价值和审美意识的展现。运用总体布局、空间组合、体形、比例、色彩、节奏、质感等园林语言，构成特定的艺术形象，形成一个更为集中典型的审美整体。园林艺术常常与其他的艺术形式（例如建筑、诗文书画，还有音乐）互相融合，从而形成一门综合的艺术。因为错综复杂的园林景观语言和多种选择的园林景观材料，园林艺术通常还牵涉到不止一个艺术门类，就因为如此，园林艺术在艺术界很长时间也没得到明确的定位。

园林艺术观是指设计师对艺术创作和现实人生两者关系的总体认知和态度，而决定这种认知和态度的则是设计师对园林艺术的价值、功能在人类的精神生活中应负的使命的看法。设计师园林艺术观的形成受外在环境因素影响的同时，还受内在个人喜好的影响。园林艺术观不仅是园林设计师的内在核心，还是设计师思想的外化，是设计师的主观精神的物质化过程。设计师们互不相同又独具特点的园林艺术观取决于他们文化背景、生活环境和教育经历的差异，他们的言论和设计作品是他们的设计思想与园林艺术观最好的展示。

二、园林景观艺术的特征与要素

（一）园林景观艺术的特征

1.园林景观艺术的地域性

由于受到文化历史、政治经济、自然地理、民族风俗等外部环境的影响，园林景观又在一定程度上成为地域文化的载体，呈现特定的地域文化特质。中国的园林艺术不光要用眼睛去欣赏，还要用心去领悟，关键在于意境的创造。意境是一种感受，是一种精神层面的东西，是通过描绘产生的情趣与境界，这一独特的手法是其他园林景观所无法比拟的。

2.园林景观艺术是自然美和生活美相结合的产物

园林景观艺术不同于建筑艺术或其他艺术，它最大的特点是运用植物、山石、水体和地形等自然素材来表现主题，塑造的是自然空间，刻画的是生动的自然情趣与境界。这就需要设计者从大自然当中提取美的元素，把握美的规律，应用于园林景观的创作之中。同时，由于园林与人们的生产、生活息息相关，又需要设计者更好地理解人们的生活诉求，创造不同的空间和场所，把生活之美注入其中。

3.园林景观艺术的多样性

园林景观艺术的地域性是其多样性的基础。园林景观艺术的多样性强调的是宏观整体的特征与格局，以及本质和规律性，解决的是具体的功能诉求、审美取向和时段形态问题。比如，从功能的诉求来看，有儿童公园、体育公园、动、植物园、雕塑公园、湿地公园等；从审美取向来看、有整形园林、自然园林、抽象园林；从形成的时段来看，有古典园林、近代园林、现代园林等可以说，园林景观艺术是一门综合性的跨界艺术。

4.园林景观艺术是四维时空的艺术

园林景观艺术既是空间艺术，又是时间艺术，即所谓的四维时空艺术，主要体现在三个方面：

（1）通过流动的空间来组织人们观赏周围不断变换的景物。这在中国传统园林中表现得尤为突出，人们随着游览路线的更迭和游览时间的推进，看到的是开合收放、起承转折、富有韵律节奏的空间；领略到的是"山重水复疑无路，柳暗花明又一村"的情趣与境界。在这个过程中，自然信息都被融入有界无痕的时空转换之中。无怪乎，很多外国专家在研究和考察中国的园林景观艺术之后感叹：真正的流动空间在中国！

（2）植物是园林景观的主体，它漫长的生命周期，演示了生长过程中各阶段的特点，如幼年的苗壮、中年的繁茂、老年的苍劲。植物揭示了自然发展的规律，给人以生命的感悟，又在一年四季的时段之中，演绎了春花秋叶、夏荫冬姿的季相变化，展现了大量的自然信息，给人以愉悦的心情和艺术创作的灵感。

（3）从形成过程来看，园林景观建设从构思到创作，从施工到管理，每个环节都有形态的修改和意境的再创造，是一个不断完善的过程。园林景观的艺术价值要在其形成过程中得到去伪存真、去粗存精的提炼和升华。因此，它是一个需要不断完善的艺术。

5.园林景观艺术的继承与创新

不同的民族因地域环境的不同创造了各自的文化艺术（包括园林景观艺术），这个文化艺术反过来又培养了一批欣赏它自身的人群（民族）。周而复始，文化艺术得到传承。在这个过程中，每个民族都会因为他们永不满足已有的艺术形式而通过自兴和与外界的交流，创造出了更为新颖、更为先进的艺术形式，于是文化艺术得到了发展。现今，我国的园林景观迈进了现代园林景观的行列。

（二）园林景观艺术创作的三个基本要素

社会在发展，时代在进步，人们对园林景观的审视越来越挑剔，其艺术创作的手法也越来越多样化。要创作一个好的园林景观艺术作品，关键在于要把握好三个基本要素，即功能、性格和尺度。

1.功能

功能是因人的需求而产生的，我国的建设方针是实用、经济和美观。实用就是功能的需求，这是第一位的，唯独在园林景观中，欣赏作用也是重要的功能之一。园林景观旨在营造一个强调生态、突出文化、充分满足不同人群的各种活动需求的场所，最大限度地解决人们在工作、生活和休闲等诸多方面的基本诉求，突显"以人为本"的服务宗旨。园林景观一般来讲需具备三大功能：生态功能、活动功能、观赏功能。

（1）生态功能

生态功能强调生态效应，突出植物造景，优化生态环境。

（2）休闲功能

休闲功能注重参与性，创造多种形式的休闲活动场所和设施，营造生动的活动空间。

（3）观赏功能

观赏功能突出园林景观的视觉效果，尊重地方历史文化，关注人们日益提升的审美情趣，使园林景观富有文化内涵、地方特色，满足人们审美的需求。现代的园林景观是开放的系统空间，是城市的有机组成部分。在创作中，园林景观的三大功能要从城市设计的整体出发，考虑与外部大环境的整体协调，考虑文化历史的延续，考虑因时、因地、因人制宜，同时，还要考虑到可行性和可操作性。这些都因人而异，这就是人本主义。

2. 性格

园林景观的性格是一种由内而外的精神和文化特质，它是通过三个结合体现出来的，即内容与形式的统一、功能与审美的统一、传承与创新的统一。园林景观的性格具有外在与内在的双重表征。外在表征是指具象的空间形态、格局、风格、尺度、质感等，只需眼睛去看；内在表征是抽象的场所精神，如情趣、境界、格调、氛围，需要用心灵领会。性格的运用对一般设计者来说有一定的难度，把握是否恰当是要靠经验和领悟力才能做到的，只能在实践中摸索和积累。

3. 尺度

尺度是指事物之间量的判断的比较。园林景观的尺度，特指园林景物与外部环境或参照物进行比较时产生的量的判断，并由此来决定所要建造的景物的体量。园林景观与外部环境之间比较的尺度叫做环境尺度，与人体之间比较的尺度叫做人体尺度。前者也可称为宏观尺度或者风景尺度；后者可称为微观尺度或者园林尺度。园林景观的尺度作用非同小可，在中国传统园林的创作中就特别强调"精在体宜"，可见尺度是园林创作成败的关键。尺度没有绝对的数值，是相比较而存在的。一般对某一景物的体量进行评价时，在中国多以"恰当适度、恰到好处"做出定性的判断。西方园林对雕塑的高低和空间的封闭程度进行设定时，常采用定量的办法，用观赏者与被观赏对象之间的距离和视角来做出确定。这种办法较为科学，但是在具体操作中会受到个人喜好和被观赏景物的色彩、体积和材质等因素的影响。由此可见，判断尺度的大小，人为的经验还起到了一定的作用。

当今的社会，人们衣食无忧，审美情趣有了很大提高，加上时间充裕，对物质的需求越来越多地转化为对精神的诉求。在回归自然、返璞归真的心灵召唤下，人们纷纷走出家门、走进自然，对园林景观也有了更高的期盼。作为中国园林景观的工作者，在深感责任重大的同时，要有所担当。我们必须明确己任，在园林景观的设计中，要配合整个社会，注重生态的考量，在继承我国优秀的造园手法基础上不断创新，使我们的园林景观艺术重整旗鼓、与时俱进，自立于世界园林景观艺术之林。

第二节　现代园林景观设计艺术

一、园林景观设计的原则

在外部空间景观设计中，表现为满足居民的心理需求，将外部空间景观环境塑造成具有浓郁居住气息的家园，使居民感到安全、温馨及舒适，产生归属感。人性化设计原则即想居民之所想，造居民之所需。在设计开始前，应对整个住宅区进行朝向和风向分析，以利于组织好住宅区的风道。在景观规划阶段，需考虑到向阳面和背阳面的处理，人们在冬天需要充足的日照，而在夏天又需要相对的遮阳，还有提供和设置娱乐交流的场所。

居住区的环境景观设计要在尊重、保护自然生态资源的前提下，根据景观生态学原理和方法，充分利用基地的原生态山水地形、树木花草、动物、土壤及大自然中的阳光、空气、气候因素等，合理布局、精心设计，创造出接近自然居住区的绿色景观环境。

居住区公共空间环境设计应着重于强化中心景观，层次感是评价住区环境设计好坏的重要标准，住区景观设计应提供各级私密空间，并且各层次之间应有平缓的过渡。住区中公私动静变化细致，应努力营造一个"围而不闭，疏而不透"的空间氛围。居住区的环境景观设计要在保证各项使用功能的前提下，尽可能降低造价。既要考虑到环境景观建设的费用，还要兼顾建成后管理和运行的费用。

二、园林景观的设计方法

（一）景点的设计方法

在园林景观设计中，多寄托在景点形式中。首先，点的布局要能够突出重点，且疏密有致。景点的分布要按照"疏可走马，密不透风"的原则进行，要充分考虑到游客聚集和分散的情况，做到聚散有致、动静结合；其次，点要做到相互协调、相互映衬，以点作为吸引游客视线的核心，并在视域范围内将点与其他景观进行联系，景点之间要能够相互协调，注重游客的视线范围和角度；再次，点要做到主次分明，且重点突出，要有一个点能够体现出园林的主景或是主体，表达出园林景观的构思立景中心。这个点既可以是人文景观，也可以是自然景观。在园林景观设计中，点主要包括置石、筑山、水景、植物、建筑、小品和雕塑等。点的布置既要协调，又要突出。例如，在植物设计时，要突出植物既能够作为单景又能够作为衬景的作用，既可以单独欣赏又可以突出其他景观。再如在建筑点的设计中，即使是一些用混凝土建造的建筑物，也最好用竹、茅草等进行装饰和覆盖，要体现出朴素、自然的情境。另外，还要注意建筑造型风格和园林的主题风格应保持一致。

（二）景观线的设计方法

在园林景观设计中，线的功能主要为审美功能、导向功能、分隔功能。审美功能即每一种线的变化都能够带来特殊的视觉效果，粗细线条、浓淡线条、曲直线条和虚实线条等能够带给观赏者不同的视觉印象和美感；导向功能即线条的方向性，能够引导人流；分隔功能即通过线条来展示出路径、植物、地形等的区分，分隔出特定的空间。在线的布局时，要遵循自然性原则、序列性原则、功能性原则。由于园林要表达的是自然美，因此在对线进行布局时，要达到"虽由人作，宛自天开"的境界。另外，线要能够发挥出满足人们观赏、交往、交通等的需要。在园林景观设计中，线主要包括以下几种：路径，即供游客散步、观赏、休闲的风景，以曲折为主，通过与道路两旁景观的结合，表现出步移景异，丰富变换的特点；滨水带，即陆域和水域的交界线，让游客能在观赏美景的同时，感受到水面的凉风；景观轮廓线，在设置轮廓线时，要考虑到观赏角度和距离的问题。

（三）景观面的设计方法

在城市地理学中对面的定义为：地球表面的任何部分，如果在某种指标的地区分类中是均质的，那么便是一个区域。按照活动要素来讲，可以把园林景观设计中的面分为游憩区、服务区、管理区、休闲区等。面的布局原则首先要遵循整体性原则，要能够在总体上有机完整地进行空间分割和关联，在空间的排列序列中，要能够理清主从关系和各个景观的特征；其次，要遵循顺应自然的原则，要与周围的自然环境、山水、土地等进行组合，最好和自然地形的分界线一致，这样稍加点缀，便能够呈现出如画的风光；再次，要遵循生态原则，让土壤、植物、动物、气候、水封等条件能够相互作用，并维持景观环境的平衡在园林景观设计中。面主要包括植被、硬质铺地和水体。植被主要为各类树木和花卉、草坪等，植被的作用是以形、声、色、香为载体体现，为园林增添独特的、变化的风景。硬质铺地的功能不仅仅是为游客提供活动的场地，还能够帮助园林景观的空间构成，通过限定空间、标识空间，能够增强各个空间的识别性。水体主要包括河、湖、溪、涧、池、泉、瀑等，水体的功能是十分重要的。首先，水体的审美价值较高，主要通过视觉和听觉体现；其次，水体能够提供一些活动形式，如划船、游泳、钓鱼等；再次，水体能够调节微观气候，为园林中的动植物提供水源。在对水体进行设计时，要充分对地形、意境等进行考虑，避免营造出死水的感觉。

三、现代景观设计的发展趋势

（一）"尊重自然、和谐共存"

自然环境是人类赖以生存和发展的基础，其地形地貌、河流湖泊、绿化植被等要素构成了城市丰富的景观资源。尊重并强化城市的自然景观特征，使人工环境与自然环境和谐共处，有助于城市特色的创造。在钢筋混凝土林立的现代都市中积极组织和引入自然景观要素，不仅对构成城市生态平衡、维持城市的持续发展具有重要意义，而且自然景观以其自然柔性特征"软化"城市的硬体空间，为城市景观源源不断地注入生气与活力。

可持续发展是人类 21 世纪的主题，城市建设活动与可持续发展的两个重要方面（自然生态、经济社会）都是密切相关的，且其最高境界是创造健康之地、养育健康之人，这与可持续发展追求的高质量生活一致，因此，可持续的城市建设活动应是可持续发展的一个重要组成部分。在城市环境景观中更应坚持这一原则，崇尚自然、追求自然、力求人与自然的高度融合。加强自然景观要素的运用，恢复和创造城市中的生态环境，改变现代城市中满目的沥青、混凝土、马赛克、玻璃、钢材等工业化的面貌，强调天然材料和自然色彩的应用，让人尽量融入自然，与自然共生共存。

（二）"以人为本"

人是城市空间的主体，任何空间环境设计都应以人的需求为出发点，体现出对人的关怀，根据婴幼儿、青少年、成年人、老年人、残疾人的行为心理特点设计出满足其各自需要的空间，如运动场地、交往空间、无障碍通道等。时代在进步，人们的生活方式与行为方式也在随之发生变化，城市景观设计应适应时代变化的需求。在景观设计中，以人为本的思想首先表现在创造理想的物理环境上，在通风、采暖、照明等方面要进行仔细地考虑；其次，还要注意到安全、卫生等因素。在满足了这些要求之后，就要进一步满足人们的心理情感需要，这是设计中更难解决也更富挑战性的内容。例如，在具体的设计时，在选材上，尽量避免运用使人产生冰冷感的材料；在造型上，多运用曲线和波浪形；在空间组织上，力求有层次、有变化，而不是一目了然；在尺度上，强调人体尺度，反对不合情理的庞大体积。

目前提倡的"无障碍设计"就是一个极好的以人为本的例子。它考虑到了构成我们社会中一个特殊的群体—残疾人和老年人，他们自身的生理特点决定了他们对环境有许多与健全人不同的要求，因此，目前只以大多数的健康成年人为标准的环境设计就显得很不全面。在城市景观中为残疾人和老年人需要提供各种方便的设施条件，如在公共环境中设有专供残疾人使用的电话亭、卫生间和通道，使残疾人的活动可以有足够的自由度，可以安全地出来像正常人一样参加多种社会活动。从一些经验和实例来看，"无障碍设计"本身并不复杂，也没有深奥的大道理，更不妨碍景观效果。只要考虑周到，在建设中无须投入太多的人力和财力就可以满足环境"无障碍"的要求。

可见一个好的景观设计要处处为人着想，从宏观到微观充分满足使用者的需求，这样才能吸引人，给人留下美好的印象，才能真正达到景观设计的目标，为人提供舒适优美的生活空间。可以说，"以人为本"的趋势是现代景观艺术发展的基础，由于有了"以人为本"的设计思想，景观艺术设计才有以下的发展趋势。

（三）"协调统一、多元变化"的趋势

协调统一、多元变化就是要景观的整体艺术化，强调空间、色彩、形体以及虚实关系的把握、功能组合的把握、意境创造的把握以及与周围环境的关系协调。城市的美体现在整体的和谐与统一之中。美的建筑集合不一定能组成一座和谐而美的城市，而一群普通的建筑却可以生成一座景观优美的城市，意大利的中世纪城市即是最好的例证。城市景观艺术是一种群体关系的艺术，其中任何一个要素都只是整体环境的一部分，只有相互协调配合才能形成一个统一的整体。如果把城市比作一首交响乐、每一位城市建设者比作一位乐队演奏者，那么需要在统一的指挥下，才能奏出和谐的乐章。

（四）系统化的趋势

环境景观设计总的来说是一种系统化的综合设计，它涵盖了方方面面的因素，包括社会形态、地理环境、科技水平、历史背景、人文精神、审美情趣等。以往那种凭借设计师的直觉和主观性进行设计的方法会受到很大的挑战，在复杂的设计对象面前，如果没有系统分析和综合方法，就难以迅速、全面、科学地把握设计对象，也不利于提高景观设计的理性水平。系统论的精华在于系统的功能大于构成系统因素的总和，因此，城市环境景观这个系统工程只有形成合理的系统才能发挥其更大的作用。而且系统化的设计方法能够从宏观、整体的层面上把握设计对象的特征，为设计创造提供必要的理性分析依据。因此，它是景观设计中应该借鉴的方法，也是景观艺术设计发展的一个重要趋势。

第三节　现代园林植物造景意境

一、线性空间的特性

（一）视觉连续性

线性空间是城市中最主要的景观视线观赏线，它们可以提供连续的、以平视透视效果为主的、高潮迭起而富有变化的"视"景观效果。结合结点分布，可以创造出有特色、令人印象深刻的城市景观。由于线性空间的线状性质属性，因而具有引导性的固有特性，人们只要行走在这类空间环境中，就会无意识自觉地去感受空间连续性的一系列景观，是人们在行进运动中逐步体验的一个连续过程。人们在连续的引导过程中，不仅在视觉上感观所看到的事物，并且通过一系列连续的画面可能唤醒我们的记忆体验以及那些一旦勾起就难以平息的情感波澜，当环境与我们的意志相统一时就会引起人们情感上的反应。可见，线性空间植物造景意境的营造要充分掌握和利用线性空间的视觉连续性特征，使连续的植物景观更富有戏剧性，能引起人们的反应。

这就要求必须巧妙地处理好植物的连续性的布置，使一连串植物的组合排列出连贯完整的戏剧，激发人的深层次情感，即将各种不同的植物组织成能够引发情感的层次清晰的环境。

（二）序列性

线性空间从宏观上来说是属于长线形的带状或面状的空间，是由一系列次空间单元构成的。即使在直线型的道路线性空间中，也可由不同性格的但总体协调统一的空间形成一系列的空间序列。空间系列是指在模式、尺度、性格方面达到功能和意义相统一的多种次空间的有机组合。而线性空间是由一系列次空间组合而成的序列空间，因此，具有空间序列的基本属性，如空间的多元性、时间性、连续性、功能性、秩序性。但仅仅具备基本属性的空间序列还称不上是好的序列空间，好的序列空间还必须表现出特有的属性：流动性、意义性、节奏性。而序列空间的意义性主要表现为美学意义、环境意义和情感意义。

序列空间的美学意义指子空间集合具有韵律、节奏、协调、统一等美的规律，使人在使用序列空间的同时，还能体验美的存在；序列空间的环境意义指子空间的特征及环境要素的特点共同构成与空间功能相协调的鲜明的环境主题，可以加深对序列空间的理解和印象；序列空间的情感意义指序列空间浓郁的美学意义和环境意义能给人以心灵的振动，而诱发兴奋、愉悦、激动、依恋、压抑、悲痛等特殊的情感，这与意境美的内涵是一致的。因此，线性空间植物造景意境的营造必须表现出其特有的属性，因为意境特有的属性——意义性是有密切联系的，只有具有特有属性的线性空间景观才具有意境美。

二、线性空间植物造景意境

（一）从城市的地域风格分

由于地域的差别，城市都会呈现出一定的地域风格特色，它或多或少地影响着城市中线性空间的整体氛围，从而对其空间的软质景观也产生一定的作用，进而又影响着其空间的植物造景意境的营造。

1. 热带风光型

我国地处南方的许多城市都属于热带风光型的地域风格，由于具有热带气候特点，使之具有典型的热带性的植物群落，成为南方城市的一大特色。例如，西双版纳傣族自治州州府所在地的景洪市，在街道的树种选择和植物的配置方面，充分反映热带风光和热带地区植物生长的多层次结构，以体现热带自然景色为主，同时，起到庇荫、减少日晒的绿色屏障作用。配置时，以树体高大、树冠浓荫、四季常绿、观赏和经济价值高、绿化效果好的棕榈科植物为基调，如油棕、椰子、大王椰子、槟榔、糖棕、蒲葵、鱼尾葵、董棕等创造出热带常绿景观效果，并且为体现热带地区繁花似锦、果实飘香的特点，街道绿化还可选用热带果木，如芒果、波罗蜜、柚子、热带乔灌木花卉等观果、观花植物，成排成行配置，形成丰富多彩的路景。因此，在体现热带风光型的城市主题时，线性空间应主要种植具有热带风光植物的树种，使人们沐浴在充满热带风情的浪漫情怀中时，城市特色也得到了很好的塑造。

2. 江南水乡型

用精细、细腻、完美、生动、诗意、小桥流水等来形容江南水乡的意韵最贴切不过了，江南水乡型的地域风格城市给人的感觉就像一幅优美的水墨画，自然、清新！如扬州的瘦西湖线性滨水空间，十里波光幽秀明媚，蜿蜒曲折延达十余里，秀润多姿，幽深不尽，其中的长堤春柳、绿杨林景点的植物配置很好地突出了江南水乡婀娜多姿、妩媚柔情的氛围。江南地区由于自然条件优越、水源和花木品种丰富，又是古代文人荟萃之地，更讲究细细品味，植物造景更加精致、更加恬静，因此，线性空间植物造景在突出江南水乡型的城市意韵时应该多选用枝叶细腻、姿态柔情的树种，自然、轻快地进行配置，使人能感觉到一股江南水乡的清新气息扑面而来。

3. 海滨型

海滨型的地域风格是由于与海滨接近而形成的，具有海洋文化特征。它既可以存在于南方，也可以存在于北方，从某种程度上来说，它包括南方热带风光型的地域风格。海滨会使人想起海的宁静与活力，它多变的色彩、清新的海风、淡淡的咸味及浪花拍打礁石的响声……这一切构成了我们对于海滨的体验。海滨本身是一个具有强烈属性的地方，能激起人们潜在的某种渴望，所以很多滨海城市均建有线性的滨海观光大道，作为对外展示自我形象的窗口。山东的威海、江苏的连云港、浙江的台州和海南的三亚等，都是具有海洋文化的城市。可见，海滨型的地域风格城市在具体进行海滨绿化树木种植时应该注意突出海滨的特色风光，如在沿海的线性绿带公园中选用代表性的滨海植物群落树种，并增加植物景观单元的尺度，以与辽阔的海滨空间尺度相协调，进行简洁的植物配置，营造清新、明朗、大气的意境美。

（二）从城市的文化内涵要素分

在传统社会里，文化景观是人类社会中的某一群体为满足某种需要，利用自然条件和自然所提供的材料，有意识地在自然景观之上叠加了人类主观意志所创造的景观。在现代社会里，城市文化景观是大众的产物。由于不同的人，有着不同的文化需求和背景，文化景观也因分化的群体的不同而不同。从一个特殊层面来认识，文化景观是某种群体的文化、政治和经济关系以及社会发达水平的反映。

文化景观是人类群体和个人的某种需要。文化景观在最低存在价值上，是人类衣食住行、娱乐和精神需求的补偿，最高价值意义表现为不同群体的价值观念、人文精神和思想观念。作为"城市文化资本"要素之一，城市文化景观反映着不同城市物质与精神的文化差异。线性空间植物造景意境营造的主题应该充分反映城市的文化内涵，建造出高品质的绿化景观，只有这样才能适应社会的不断进步和发展，满足现代人越来越高的精神需求，推动城市文明的快速发展。

1. 自然文化

自然文化的形成是受自然环境的地质、地形、气候、动植物等因素影响，在长期的社会发展中形成具有区域特征的文化现象。它体现了一个地区人们对自然的认识和把握方式、程度以及审视角度。各个不同区域的人类群体文化都有各自不同的特点。比如，以苏州、杭州、绍兴等为代表的江南水乡型的城市，以重庆为代表的山城城市。又如，谈到海南岛，婀娜多姿的椰子树会浮现在眼前；谈到洛阳，让人不由得想起十大名花之一的牡丹。充分挖掘城市自然文化，营造线性空间植物造景意境，在于了解其地带性植物的布置情况。因为植物受地带性影响明显，尤能表现出城市的地方风格，如北京的槐树、广州的木棉、成都的芙蓉、武汉的荷花、扬州的垂柳……这些饶有风味的乡土树种，构成了别具一格的绿化景观，反映着城市的自然文化。在城市的线性空间中，特别是作为城市窗口的重要地段，其植物主要是以能够代表城市自然文化的树种为主，如乡土文化树种或者市树市花等植物。在上海外滩南京路到九江路段的植物绿化就是在以市花白玉兰为主调的基础上，在其下种满一片红杜鹃，红装素裹，相映成趣，很好地展现了城市的自然文化特色。以植物为基础营造的自然文化是最具生命力的，是传播植物知识、热爱故土的活教材，是建造文化景观的一条重要途径，当然也是植物造景意境营造的一种重要方法。

2. 人文文化

人文文化包括物质与非物质文化两类。

（1）物质因素是人文文化景观的最重要体现，包括聚落、饮食、服饰、交通、栽培植物、驯化动物等，并且是以聚落为人文文化的核心。如以大理、拉萨为代表的民族特色浓郁的名城。

（2）非物质因素主要包括思想意识、历史沉淀、民族传统、宗教信仰等。一方水土养一方人。每个地方的人群都有他们自身的生活方式、生活习惯及精神寄托。线性空间的植物造景意境营造时既要考虑与客观存在的物质因素所反映出的人文文化相协调，也要与当地人们的思想意识等非物质因素相协调，这样才能更容易打动人的心灵，使城市中的人们能深刻感受到意境美所带来的渲染力，外来游人又会强烈感受到该城市独具特色的魅力。

（三）从空间的主题内容分

线性空间的主题内容与意境美存在着若隐若现的内在联系。当客观存在的软质景观所反映的主题内容能够激起人的心灵深处情感的波澜、引导人们联想，进入一种超越于客观事物的理想境界，即意境开始生成，并随着主体的主观想象产生不同境界的意境内涵美。

1. 生态主题

生态主题的线性空间是指生态大道、生态绿带等相关的以生态为主题的线性空间。该类空间的植物造景要求在改善城市环境、创造融合自然的生态游憩空间和稳定的绿地基础上，运用生态学原理和技术，借鉴地带性植物群落的种类组成、结构特点和演替规律，以植物群落为绿化基本单元，科学而艺术地再现地带性植物群落特征的城市绿化。具体建造时应充分利用植物的不同习性及形态、色彩、质地等营造各具特色的景观区域，运用乔、灌、草相结合的多层次植物群落构筑。人们在具有生态绿化种植的空间环境中，能够满足渴望回归自然的心态，心灵也会得到宁静的洗礼和渲染，沉浸在一种生命和谐、忘我的境界，达到一种能够陶冶人们情操的美好境界，这时植物生态意境美得到充分的表达。

生态主题的线性空间植物造景首先要了解线性空间所在区域的地带性植物群落的基本特征，进而才能有选择地借鉴和艺术性地再现，利用乔、灌、草相结合的多层次植物群落的人工种植来营造森林群落沁人心脾的清新氛围，使人们达到一种回归自然的忘我境界，这样生态主题的线性空间植物造景意境的营造才得以成功的实现。

2. 地域文化主题

地域文化主题的线性空间是指借助某种地域文化的内涵为主题的线性空间。随着精神文明的不断提高，人们越来越追求具有深刻文化内涵的景观，而要设计出具有高品质的景观就必须充分挖掘周围环境的主题精神进行指导性设计。因此，在进行地域文化主题的线性空间植物造景时应该充分反映出主题的内容，传达其主题精神，以此来进行意境的具体营造。

3. 迎宾主题

迎宾主题的线性空间是指迎宾大道、迎宾绿带等相关的以迎宾为主题的线性空间，该空间一般布置于进入城市出入口或边界处，如靠近车站的大道或城郊相接的地方。在迎宾主题的线性空间上，其植物造景整体气势应该热烈、大方，营造喜迎八方来客、热情的植物造景意境内涵。

4. 花园主题

花园主题的线性空间是为了展现出自己独特的意境美。四季花卉大道等以花卉为主题的线性空间。这种类型的线性空间在花园型的城市中尤为多见，而谈到花园型的城市，我想人们首先想到的是改革开放后的深圳。在深圳，一年四季都可见到鲜花盛开的景致，尤其是那簕杜鹃（深圳市市花）和美人蕉与乔、灌木科学的配置，形成了色彩丰富、层次分明，且具南国风光的城市绿化景观，同时也象征着特区人艰苦创业、积极向上的奉献精神。今日的深圳，天蓝、地绿、花多、水清、城美，已成为一座绿化景观丰富、环境优雅宜人，且生物多样性与生态环境可持续发展的现代国际花园式大都市。花园主题的线性空间最大的特色在于"花"字，利用多种种植方式相互结合共同创造花的海洋（当然花园的美名也是离不开绿树的），花的具体种植方式可分为花坛、花境、花丛及花群。

5. 滨水主题

滨水主题的线性空间是指（如滨水带状公园等）以滨水为主题的线性空间，该类空间一般是与江、河、湖、海接壤的线性空间区域，它既是陆地的边缘，也是水的边缘。人们对水有一种与生俱来的热爱和渴望，人们爱水并喜欢接近它、触摸它。人在水域环境中行为心理的一般总体特征是亲水性。人的亲水心理是人的本性。水是生命之源，人们对水有着强烈的依赖性，无论是生理上还是心理上，水都是绝对不可缺少的东西。因此，人们到了具有水域的滨水地区就像回到了母亲的怀抱，心中会感到特别踏实，其一言一行、一举一动，都有着天性的流露。水面使优美的景色在波光闪烁的光影中充分展示，形成城市中最有魅力的地区，结合滨水设计的绿化带线性空间成了最受人们欢迎的公共开放空间。人们在该空间的行为包括步行、休憩、观赏、社交等，通过以上行为，充分接触自然、拥抱自然，从城市的紧张生活中解脱出来，从而获得回归自我的精神状态。人们在其中感受着水的各种迷人的姿态，如江水的流淌、潮汐的变化、静听江水击岸的回响，是久居都市的人们放松心情、悠闲散步的享受场所。因此，绿化种植总体上应该以自然式种植为主，能展现一种阳光、轻松活泼、向上的精神境界，使人们畅游其中，舒坦而真实。

6.林荫主题

林荫主题的线性空间是指（如林荫路等）以林荫为主题的线性空间，该类空间一般由冠幅较大的树群组合成绿树丛荫的整体氛围。当线性空间宽度小于或等于树木冠幅时，绿树林荫的带状空间给人一种幽深、宁静的氛围，感觉沉醉在与外界隔绝的自我桃源中，悠闲而自得，并感到踏实、稳定，当然在黑夜中行走除外。而当线性空间宽度大于树木冠幅时，虽然没有绿荫覆地的感觉，但整体上给人绿树遮空的氛围。

（四）从周边环境的特点分

线性空间处在不同特性的周边环境，其空间氛围是不同的，因而人的心理需求、情感反应当然也是不同的，因此，其空间景观的塑造当然不同，植物造景意境的营造也随之有很大区别。例如，当线性空间是处于城市中一个社区与处于城市中的高速公路时，前者追求亲切温馨的情感氛围，后者追求简洁明快的情感氛围。可见，周边环境的特点决定着线性空间植物造景意境的具体营造。

1.生活气息的氛围

居住区附近、居住区内的道路等线性空间通常都具有浓厚的生活气息。随着人们物质生活水平的日益提高，城市居民的眼光不再局限于建筑、户型设计、内部装修等方面的问题，也越来越关注于绿化质量的提高，希望得以"诗意地栖居"，希望在高质量的绿化环境中能产生美的感受以及美的联想，从而消除疲劳、恢复体力、促进健康。可见，能满足上述居民希望的植物造景可以算是良好的营造出了生活气息的氛围，使居民生活在一个安静、卫生、舒适的居住环境中，并且人的精神感受也能够得以提高。在该类空间中最好是多栽植开花植物，或色、形俱美的植物，具芳香味的更佳。如世界上最弯曲的生活性街道，丰富多彩、花丛紧凑的地被景观使得空间充满着浓郁的生活气息。还有布置以细小型树叶为主的树种也可以烘托优雅、安定的生活气息。

2. 自然恬静的氛围

当周围环境是田园风光、城郊接合的地段或公园小道等空间环境时，空间给人的氛围是自然恬静的，是久居闹市中的人们热烈渴望的一种绿色环境。自然恬静氛围的线性空间植物造景，首先，植物的种植一般都是尽量采用自然式的排列方式；其次，常选用花灌木作为地下植被营造自然界中丰富的林下植被的景象。

3. 气势磅礴的氛围

当线性空间处于城市当中一个重要的形象窗口或一个城市的标志区域时，并且是以一个大空间环境为基础时，营造令人震撼的第一视觉冲击是展现自己独特魅力的良好手段。其植物造景应该在营造气势磅礴的氛围下进行意境的营造。

4. 简洁明快的氛围

简洁明快的氛围一般是观赏者处于不能或不会慢速浏览景观的条件下所处线性空间的氛围。如在高速或快速道上，观赏者处于一种快速浏览的状态，这时由于观赏者行为心理特性，即在高速运动时，视野范围中尺寸较小的物体在一闪即逝中忽略掉，只有尺寸达到一定大小的物体才能被看到大体概貌，一般人眼需要 5 秒注视时间才能获得景物的清晰印象。因此，绿化景观的空间尺度应与在该速度下的视觉特性相符合，应该大尺度地布置，简洁明快，而非细致烦琐。

5. 庄重严肃的氛围

当周围环境为庄重严肃的氛围时，植物造景应该通过树种的选择及配置进行相应氛围的营造。如通往中山陵道路上整齐茂密的松柏、严谨的空间轴线、庄严的牌楼、密列的雪松、云梯般的踏步、耸入云霄的青山、时隐时现的陵堂，威严肃穆的环境氛围油然而生。置身于这样的环境中，无人不满怀感慨、崇敬、怀念和沉痛的情感，无人不经受这浓烈的肃穆敬仰环境气氛。因此，在类似的空间中，植物造景的意境营造关键在于要突出庄重严肃的氛围，能够使人未进入主题空间中时，通过一系列线状布置的群植树林就能切身感受到场地周围环境散发出来的肃穆气息。植物在该类空间进行具体配置时，应该选用色彩比较深绿的针叶常绿树或柏树类群植，因为深绿色显得端庄厚重，群植时可造成庄重、沉思的气氛。如各种松柏类的植物就是很好的可选用树种。

6. 商业气息的氛围

在商业性楼盘中间的线性空间一般都具有商业气息的氛围，这时植物造景应该以此为设计依据，结合商业性主题的特点进行具体的配置。如上海某商业步行街的植物造景，植物以规则、简练的方式进行种植，干净利落，富有现代感的气息，很好地烘托了该步行街的现代商业氛围。商业性氛围的线性空间充满现代气息和繁华的特点，其空间树木种植形式应该简洁明朗，密度不宜过密，否则就不能营造出应有的商业气氛；并且应选用常绿性的无果树木进行造景，以免到季节时树叶与果实掉落到铺砖地上，购物者来回踩动破坏他们的购物心情，也会在无形中也影响该空间的商业气氛。

7. 开阔明朗的氛围

一般靠近滨水的区域（如滨海、大江、大湖、大河等视域开阔的空间环境）都具有该氛围。该空间环境的最大特色在于其空间的开阔性，在植物造景时，很多时候是根据该特色进行总体布局，总体格调为简洁、明朗，充分与该类空间的总体特性相协调，与开阔的空间尺度相统一。

第五章　园林景观的设计方式

第一节　园林艺术的设计原理

一、自然性原则

以公园设计为例，自然环境以植物绿地、自然山水、自然地理位置为主要特征，但也包含人工仿自然而造的景观，如人工湖、山坡、瀑布流水、小树林等。人工景色的打造尤其需要与自然贴近，与自然融合。

遵守自然性原则首先要对开发公园的现场做合理的规划，尽可能保留原有的自然地形与地貌，保护自然生态环境，减少人工的破坏行为。对自然现状加以梳理、整合，通过锦上添花的处理，让自然显得更加美丽。

遵守自然性原则要处理好自然与人工的和谐问题。比如在一些不协调的环境进行植物遮挡处理生硬的人工物体周围可以用栽植自然植物的方法减弱和衬托，尽可能使环境柔和，让公园体现出自然性。

同时，尽可能用与自然环境相和谐的材料，如木材、竹材、石材、沙砾、鹅卵石等，这样可以使公园环境更加自然化。

二、人性化原则

公园环境是公共游乐环境，是面向广大市民开放的，是提供广大市民使用的公共空间环境。公园内的便利服务设施有标志、路牌、路灯、座椅、饮水器、垃圾箱、公厕等，必须根据实地情况，遵循"以人为本"的设计原则，合理化配置。

人性化的设计可以体现在方方面面，应处处围绕不同人群的使用进行思考和设计，让使用者处处感到设计的温馨，体验到设计者对他们无微不至的关爱，使人性化设计落实到每一个细小之处。比如，露天座椅配置在落叶树下，冬天光照好，夏天可以遮阴。再如，步道两侧是否有树荫、设计中的台阶高度、坡境以及路面的平滑程度都是我们应该关注的。

三、整体性原理

园林景观设计是一种强调环境整体布局的艺术，在设计的过程中要对各要素进行整体的布局安排。无论是园林小品还是建筑配饰，多元素结合在一起要有整体性。一个完整的园林设计，不仅能充分显示其功能性，还能够给人带来美的享受，这样的园林设计就会达到统一的完整效果。如果没有对整体性效果进行把握，再美的形体或形式都只能是一些支离破碎或自相矛盾的局部。

（一）整体与局部

在进行园林整体性布局的时候，要考虑整体与局部的关系，两者间的形式变化是否统一，在园林的整体布局上起决定性的作用。整体与局部的关系也就是变化和统一的关系。变化表明其间的差异，局部的变化统一意味着部分与部分及整体与整体之间的和谐关系，最终要的效果是整体的统一。多个局部构成整个整体，而每个局部在功能和艺术构图上都有不同的特性。但它们又要有整体的共性，体现在功能的连续性、分工关系和艺术内容与形式的完整协调方面。过于统一易使整体单调乏味、缺乏变化；变化过多则使整体杂乱无章、无法把握。可见，在园林设计中，既要抓住整体的重要性，也要在整体的统一中寻求局部的多样性。

（二）重点与一般

自然界的一切事物都呈现出主与次的关系，这种差异对比，形成了一个协调的整体。当主角和配角关系很明确时，心里也会安定下来；如果两者的关系模糊，便会令人无所适从。所以，主次关系是景观布置中需要考虑的基本因素之一。

（三）空间变化，景观契合达到统一

通过丰富景观要素间自然、和谐、富于变化的空间关系，表现出"天人"淡泊的精妙韵律，这是中国古典园林的核心内容。而要实现整体的韵律，还要架构在整个园林空间与宇宙空间以及一花一草、一山一石的高度契合之上。因此，造园艺术最重要的内容与技巧就是各园林局部空间的相互组合、转换等。

让园林中的每个细节都能完美地结合是为了实现园林空间构造的精巧和完美。如网师园中部水院，尽管空间狭小，但是人们身处其内时并未感觉到，这都是因为园内的景物与空间符合比例、尺度的法则，通过对植物体积、数量、种类、姿态及搭配进行合理的设计，对水面的面积、假山的规模、建筑的数量等进行合理的裁剪，形成以水为中心，环池亭阁，廊虎回环，岸上古树花卉具有古、奇、雅、香、色、姿的特点，并与建筑、山池相映成趣，构成主园的闭合式水院，东、南、北方向的射鸭廊、濯缨水阁、月到风来亭及看松读画轩、竹外一枝轩，集中了春、夏、秋、冬四季景物及朝、午、夕、晚一日中的景色变化，在方寸之间尽足宇宙之奥妙。还有北京颐和园万寿山也是遵循了相同的法则，才使整体形成了一个多变的空间，进而达到步移景异的动态观赏效果。

四、科技性原理

园林艺术的设计还包括了工程技术性科学，因此说园林的园林景观设计还要有一定的科技性。这里所说的科技性特征，包括结构、材料、设备、工艺、光学、声学、施工、环保等诸多方面的因素。现代社会中，人们对环境的要求越来越趋向于舒适化、高档化、安全化、快捷化。因此，在园林景观设计中，增添了很多高科技的含量，如现代化通信技术、智能化的管理系统等，层出不穷的新材料使环境设计的内容在不断地充实和更新。

五、多元性原理

园林景观设计的多元性是指设计中将人文、历史、风情、地域、技术等多种元素与景观环境相融合的一种特征。如在城市众多的住宅环境中，可以有当地风俗的建设景观，也可以有异域风格的建设景观，也可以有古典风格、现代风格或田园风格的建设景观。这种丰富的多元形态，包含了更多的内涵和神韵：典雅与古朴、简约与细致、理性与感性。因此，只有多元性城市园林环境才能让整个城市的环境更为丰富多彩。

六、艺术性原理

艺术性是园林景观设计的主要特征之一。园林设计中的所有内容都以满足功能为基本要求，这里的"功能"包括"使用功能"和"观赏功能"，二者缺一不可。

室外空间包含有形空间和无形空间两部分内容。有形空间包含形体、材质、色彩、景观等，它的艺术特征一般表现为建筑环境中的对称与均衡、对比与统一、比例与尺度、节奏与韵律等。而无形空间的艺术特征是指室外空间给人带来的流畅、自然、舒适、协调的感受与精神的满足。二者的全面体现才是环境设计的完美境界。

第二节　园林景观设计的造景方式

园林设计离不开造景，如面临的是美丽的自然风景，首要的就是通过造园的手法要现自然之美，或借自然之美来丰富国内景观；若是人工造景，可遵循中国传统造园的一个重要法则一"师法自然"，这就需要设计师匠心巧用、巧夺天工，从而达到虽由人作、宛自天开的效果。

常用的造景方式有以下十种。

一、主景与配景

景宜有主景与配景之分，主景是园林设计的重点，是视线集中的焦点，是空间构图的中心；配景对主景起重要的衬托作用，所谓“红花还得绿叶衬”正是此道理。

在设计时，为了突出重点，往往采用突出主景的方法，常用的手法有：

（1）主景（主体）升高。

（2）轴线焦点。即将主景置于轴线的端点或几条轴线的交点上。

（3）空间构图重心。即将主景置于几何中心或是构图的重心处。

（4）向心点。诸如水面、广场、庭院这类场所具有向心性，可把主景置于周围景砚的向心点上。例如，水面有岛，可将主景置于岛上。

二、层次与景深

景观就空间层次而言，有前景、中景、背景之分，没有层次，景色就显得单调，就没有景深的效果。这其实与绘画的原理相同，风景画讲究层次，造园同样也讲究层次。一般而言，层次丰富的景观显得饱满而意境深远。中国的古典园林堪称这方面的典范。

三、敞景与隔景

敞景即景物完全敞开，视线不受任何约束。敞景能给人以视线舒展、豁然开朗的感受，景观层次明晰，景域辽阔，容易获得景观整体形象特征，也容易激发人的情感。

隔景即借助一些造园要素（如建筑、墙体、绿篱、石头等）将大空间分隔成若干小空间，从而形成各具特色的小景点。隔景能达到小中见大、深远莫测的效果，能激起游人的游览兴趣。隔景有实隔、虚隔和虚实并用等处理方式。高于人眼高度的石墙、山石林木、构筑物、地形等的分隔为实隔，有完全阻隔视线、限制通过、加强私密性和强化空间领域的作用。被分隔的空间景色独立性强，彼此可无直接联系。而漏窗洞缺、空廊花架、可透视的隔断、稀疏的林木等分隔方式为虚隔。此时人的活动受到一定限制，但视线可看到一部分相邻空间景色，有相互流通和补充的延伸感，能给人以向往、探求和期待的意趣。在多数场合中，采用虚实并用的隔景手法，可获得景色情趣多变的景观感受。

四、借景

明代计成在《园冶》中强调"巧于因借"，就是说要通过对视线和视点的巧妙组织，把园外的景物"借"到园内可欣赏到的范围中来。借景能拓展园林空间，变有限为无限。借景困视距、视觉、时间的不同而有所不同，常见的借景类型有：

1. 远借与近借

远借就是把园林景观远处的景物组织进来，所借物可以是山、水、树木、建筑等。如北京颐和园远借玉泉由之塔及西山之景。

近借就是把邻近的景色组织进来。周围环境是邻借的依据，周围景物只要能够利用成景的都可以借用。

2. 仰借与俯借

仰借是利用仰视借取的园外景观，以借高景物为主，如北京的北海港景山。

俯借是指利用居高临下俯视观赏园外景物，登高四望，四周景物尽收眼底。可供所借景物很多，如江湖原野、湖光倒影等。

3. 因时而借

是指借时间的周期变化，利用气象的不同来造景。如春借绿柳、夏借荷池、秋借枫红、冬借白雪；朝借晨霭、暮借晚霞、夜借星月。

4. 因味而借

主要是指借植物的芳香，很多植物的花具芳香，如含笑、玉兰、桂花等植物。设计时可借植物的芳香来表达匠心和意境。

五、框景与漏景

框景就是利用窗框、门框、洞口、树枝等形成的框，来观赏另一空间的景物。山于景框的限定作用，人的注意力会高度集中在其框中画面内，有很强的艺术感染力。

漏景是在框景的基础上发展而来，不同的是漏景是利用窗根、屏风、隔断、树枝的半遮半掩来造景。框景所形成的景清楚、明晰，漏景则显得含蓄。

六、对景

两景点相对而设，通常在重要的观赏点有意识地组织景物，形成各种对景。其重要的特点：此处是观赏彼处景点的或佳点，彼处亦是观赏此处景点的最佳点。

如留园的明瑟楼与可亭就互为对景，明瑟楼是观赏可空的绝佳地点，同理，可亭也是观赏明瑟楼的绝佳位置。

七、障景

障景即是那些能抑制视线、引导空间转变方向的屏障景物。起着"欲扬先抑，欲露先藏"的作用。像建筑、山石、树丛、照壁等可以用来作为障景。

八、夹景

夹景就是利用建筑、山石、围墙、树丛、树列形成较封闭的狭长空间，从而突出空间端部的景物。夹景所形成的景观透视感强，富有感染力。

九、点景

即在景点入口处、道路转折处、水中、池旁、建筑旁，利用山石、雕塑、植物等成景，增加景观趣味。

十、题咏

中国的古典园林常结合场所的特征，对景观进行意境深远、诗意浓厚的题咏，其形式多为楹联匾额、石刻等形式。

如济南大明湖亭所题的"四面荷花三面柳，一城山色半城湖"，沧浪亭的石柱联"清风明月本无价，近水远山皆有情"，等等。

这些诗文不仅本身具有很高的文学价值、书法艺术价值，而且还能起到概括、烘托园林主题、渲染整体效果，暗示景观特色、启发联想，激发感情，引导游人领悟意境，提高美感格调的作用，往往成为园林景点的点睛之笔。

第三节　园林景观设计程序

一般来说，园林景观所包括的范围很广，既有微观的，如庭园、花园、建筑周围的外部空间等；又有宏观的，如城镇的环境空间、风景名胜区的环境空间等。一项优秀的外部空间设计的创作成功，除靠设计者的专业素质、创造力和经验之外，还要借助于科学的设计方法和步骤。

一、设计程序的特点和作用

设计程序有时也称为"课题解决的过程"，它包括按照一定程序的设计步骤，这些设计步骤是设计工作者长期实践的总结，被国内外建筑师、规划师、园林建筑师用来解决设计问题"它的特点和作用在于：为创作设计方案，提供一个合乎逻辑的、条理井然的设计程序；提供一个具有分析性和创造性的思考方式和顺序；有助于保证方案的形成与所在地点的情况和条件（如基地条件、各种需求和要求、预算等）相适应；便于评价和比较方案，使基地得到最有效的利用；便于听取使用单位和使用者的意见，为群众参加讨论方案创造条件。

二、设计的基本程序

（一）设计前的准备和调研

设计前的准备和调研，是一项相当重要的工作。采用科学的调研方法取得原始资料，作为设计的客观依据，是设计前必须做好的一项工作。它包括：熟悉设计任务书；调研、分析和评价；走访使用单位和使用者；拟订设计纲要等工作。

1. 设计任务书的熟悉和消化

设计程序的第一步是熟悉设计任务书。设计任务书是设计的主要依据，一般包括设计规模，项目和要求，建设条件，基地面积（通常有由城建部门所划定的地界红线），建设投资，设计与建设进度，以及必要的设计基础资料（如区域位置，基地地形，地质，风玫瑰，水源，植被和气象资料等）和风景名胜资源等。在设计前必须充分掌握设计的目标、内容和要求（功能的和精神的），熟悉地方民族及社会习俗风尚、历史文脉，地理及环境特点，技术条件和经济水平，了解项目的投资经费状况，以便正确地开展设计工作。

2. 调研和分析（包括现场踏勘）

熟悉设计任务书后，设计者要取得现状资料及其分析的各项资料，在通常的情况下，需进行现场踏勘。

（1）基地现状平面图。

在进行基地调研和分析（评价）之前，取得基地现状平面图是必需的。基地现状平面图要表示下列资料：

①基地界线（地界红线）；

②房屋（表示内部房间布置、房屋层数和高度、门窗位置）；

③户外公用设施（水落管及给水排水管线，室外输电线、空调和室外标灯的位置）；

④毗邻街道；

⑤基地内部交通（汽车道，步行道，台阶等）；

⑥基地内部垂直分隔物（围墙，栅栏、篱笆等）；

⑦现有绿化（乔木、灌木、地被植物等）；

⑧有特点的地形、地貌；

⑨影响设计的其他因素。

（2）基地调研和分析（评价）。

完成基地现状平面图以后，下一步是进行基地的调研和分析，熟悉基地的潜在可能性，以便确定或评价基地的特征、问题和潜力，并研究采用什么方式来适应基地现有情况，才能达到扬长避短，发挥基地的优势。

在基地调研和分析中，需要很多的调研记录和分析资料。为直观起见，通常把这些资料绘在基地平面图中。对于每种情况既要有记录，也要有分析，这对调研工作是非常重要的。记录是鉴别和记载情况，即资料收集（如标注特点，位于何处等），分析是对情况的价值或重要性作出评价或判断。

（3）走访使用单位和使用者。

在基地调研和分析之后，设计者需要向使用单位和使用者征求意见，共同讨论有关问题，使设计问题能得到圆满解决，并能使设计能正确反映使用单位和使用者的愿望，满足使用者的基本要求。

（4）设计纲要的拟订。

设计纲要是设计方案必须包含和考虑的各种组成内容和要求，通常以表格或提纲的形式表示。它服务于两个目的：

①它相当于"基地调研、分析""访问使用单位"两步骤中所得结果的综合概括；

②在比较不同的设计处理时，它起对照或核对的作用。

在第一个目的里，纲要促使有预见性的探求设计必须达到目的，并以简明的顺序作为思考的步骤。在第二个目的里，纲要可提醒设计者需要考虑什么、需要做什么。当研究一个设计或完成一个设计方案时，纲要还可帮助设计者检查或核对设计，看看打算要做的事情是否如实达到要求、设计方案是否考虑全面、有否遗漏等。

（二）设计图纸操作步骤

设计图纸一般可分为：理想功能图析；基地功能关系图析；方案构思；形式构图研究；初步总平面布置（草图）；总平面图（正图）；施工图七个步骤。

1. 功能图析

理想功能图析是设计阶段的第一步，也就是说，在此设计阶段将要采用图析的方式，着手研究设计的各种可能性。它要把研究和分析阶段所形成的结论和建议付诸实现。在整个设计阶段中，先从一般的和初步的布置方案进行研究（如后述的基地分析功能图析和方案构思图析），继而转入更为具体深入的考虑。理想功能图析是采用图解的方式进行设计的起始点。

理想功能图析是没有基地关系的。它像通常所说的"泡泡图"或"略图"那样，以抽象的图解方式安排设计的功能和空间，理想功能图析可用任意比例在空白纸上绘出。它应表示：

（1）以简单的"泡泡"表示拟设计基地的主要功能、空间；

（2）功能、空间相互之间的距离或邻近关系；

（3）各个功能、空间围合的形式（即开敞或封闭）；

（4）隙壁或屏隔；

（5）引入各功能、空间的景观视域；

（6）功能、空间的进出点；

（7）除基地外部功能、空间以外，还要表示建筑内部功能、空间。

2. 基地分析功能图析

基地分析功能图析是设计阶段的第二步。它使理想功能图析所确定的理想关系适应既定的基地条件。在这一步骤中，设计者最关注的事情是：

（1）主要功能、空间相对于基地的配置；

（2）功能、空间彼此之间的相互关系。

所有功能、空间都应在基地范围内得到恰当的安排。现在，设计者已着手考虑基地本身条件了。基地分析功能图析是在基地调研分析图基础上进行的，现在基地分析功能图析中的不同使用区域，与功能、空间取得联系和协调，这是促使设计者根据基地的可能和限制条件，来考虑设计的适应性和合理性的最好方法。

3.方案构思

方案构思是基地分析功能图析的直接结果和进一步的推敲和精炼，两者之间的主要区别是方案构思图在设计内容和图像的想象上更为深化，功能图析中所划分的区域，再分成若干较小的特定用途和区域。此外，所有空间和组成部分的区域轮廓草图和其他的抽象符号均应按一定比例绘出，但不仔细推敲其具体的形状或形式。方案构思图不仅要注释各空间和组成部分，而且还要标注各空间和组成部分的设计高度和有关设计的注解。

4.形式构图研究

在进入这一步骤之前，设计者已合理地、实际地考虑了功能和布局问题，现在，要转向关注设计的外观和直觉。以方案构思来说，设计者可以根据相同的基本功能区域做出一系列不同的配置方案，每个方案又有不同的主题，特征和布置形式设计所要求的形状或形式可直接从已定的方案构思图中求得。因此，在形式构图研究这一设计步骤中，设计者应该选定设计主题（即什么样的造型风格），使设计主题最能适应和表现所处的环境。

由于设计者考虑了形式构图的基本主题，接着就要把方案构思图中的区域轮廓和抽象符号转变成特定的、确切的形式。形式构图研究是重登在初定的方案构思图进行的，所以方案构思图上的基本配置是保留的。设计者在遵守方案构思图中的功能和空间配置的同时，还要努力创造富有视觉吸引力的形式构图。

5.初步总平面布置

初步总平面布置是描述设计程序中，设计的所有组成部分如何进行安排和处理的一个步骤（结合实际情况，使各组成部分基本安排就绪）。首先要研究设计的所有组成部分的配置，不仅要研究单个组成部分的配置，而且要研究它们在总体中的关系。在方案构思和形式构图研究步骤中所确定的区域范围内，初步总平面布置时再做进一步的考虑和研究。它应包括：

（1）所有组成部分和区域所采用的材料（建筑的、植物的），包括它们的色彩、质地和图案（如铺地材料所形成的图案）；

（2）各个组成部分所栽种的植物，要绘出它们成熟期的图像（如乔木、灌木、地被植物等），这样，就要考虑和研究植物的尺寸、形态、色彩，肌理；

（3）三度空间设计的质量和效果，如像树冠群，棚架，窗格架、篱笆、围墙和土丘等组成部分的适宜位置、高度和形式；

（4）室外设施如椅凳、盆景、塑像、水景、饰石等组成部分的尺度、外观和配置。

初步总平面布置最好重登在形式构图研究图的上面进行，反复进行可行性的研究和推敲，直到设计者认为设计问题得到满意解决为止。初步总平面布置以直观的方式表示设计的各组成部分，以说明问题为准。

6. 总平面图

总平面图是初步总平面布置图的精细加工。在这一步骤中，设计者要把从使用单位那里得到地对初步总平面布置的反应，再重新加以研究、加工、补充完善，或对方案的某些部分进行修改。总平面图是按正式的标准绘制。

7. 施工图

施工图即详细设计，这是设计阶段最后的步骤，顾名思义，这一步骤要涉及各个不同设计组成部分的细节。施工图设计的目的，在于深化总平面设计，在落实设计意图和技术细节的基础上，设计绘制提供便于施工的全部施工图纸。施工图设计必须以设计任务书等为依据，符合施工技术、材料供应等实际情况。施工图、说明文字、尺寸标注等要求清晰、简明、齐全、准确。为保证设计质量，施工图纸必须经过设计、校对和审核后，方能发至施工单位，作为施工依据。

（三）回访总结

在设计实践中应重视回访总结这一设计程序。由于设计图纸是通过施工和竣工交付使用后的实践检验，既会反映设计预计可能发生的问题，又能反映事先未曾考虑到的新问题，设计人员只有深入现场，才能及时发现问题，解决问题，保证设计意图贯彻始终。另一方面通过回访总结，还可总结经验教训，吸取营养，开阔思路，使今后设计创作在理论和实际相结合方面，更加提高一步。

上述设计步骤表示了理想设计过程中的顺序，实际上有些步骤可以相互重叠，有些步骤可能同时发生，甚至有时认为改变原来的步骤是必要的，这要视具体情况向定。设计程序不是公式或处方，真正优秀的设计，要通过合理处理设计中的各种因素来获得。设计程序仅仅是每一设计步骤所要进行工作的纲要，设计的成功取决于设计者的观察力、经验、知识，正确的判断能力和直觉的创造能力。所有这些，都要在设计程序中加以应用。

第四节　表现技法

一、绘图工具

在方案设计过程中，徒手表达和设计是最为理想的方式。因为比起电脑绘图，徒手设计更为快捷，绘图工具也便于携带，更重要的是通过这种方式充分调动了手、脑、眼的积极性，使之相互协调、互相激发。熟练的设计师可以在短时间内徒手绘制多张草图甚至多种方案，这在电脑上是很难做到的。电脑辅助绘图过程中，以明确的线条、平面、体块表达景观元素，然而在设计早期就采用规矩的线条、明确的形体会制约思维的活化。徒手方案草图中模糊的、多重的软铅、炭笔线条，其不甚明确的特点有利于拓展思维、延伸想象，激发再创造、再判断。在设计中，徒手表达更是唯一的方法，除了构思草图还要将最终成果清晰明确地在图纸上表达出来，因此有得心应手的绘图工具是非常重要的。

（一）笔类

铅笔、一次性针管笔、马克笔、彩铅是快速设计中最常用的工具。此外，炭笔、书写钢笔、水彩也较为常用。每种工具都有自己的特点，每个人也各有喜好，只要用着顺手，工具本身并无绝对的优劣之分，但是要注意某种工具可能更适合某个阶段的工作，例如，草图阶段可以写意奔放，而正图则需工整严谨，由此对工具的运用也有所区别。下面详细介绍各种绘图笔的特点：

1. 铅笔

携带方便，不易弄脏弄破图面，易于修改，线条流畅，可以根据运笔轻重表现出浓淡深浅，在不同纸张上能形成不同的纹理，且有多种硬度供选择，所以广受设计师欢迎。常用的铅笔有如下几种：

木杆软铅笔（3B以上）能在纸上勾画出粗细、浓淡差别明显的线条，非常利于激发设计师的想象力，是草图构思阶段最常用的工具；同时，可以用来渲染明暗，表现质感，如可以结合纸张质地或纸张下面的衬垫物形成特殊的纹理；另外，还能将草图复制到不透明的图纸上。现在除了木杆铅笔，还有粗铅芯，可以直接使用，也可用夹铅器固定。

铅芯呈长方形的木工铅笔也属于软铅笔，绘制粗线条很方便，渲染大的块面能形成较为独特的纹理。考试用的铅芯稍硬的2B自动铅笔，铅芯也呈长方形，用来绘制草图也比较方便，如绘制墙线时就横着画，绘制其他部分可以顺着较细的铅芯方向运笔。

木杆硬铅笔（H、2H等）由于铅芯较硬，线条颜色轻淡，可以用来绘制墨线图的铅笔稿。当然，为免去削笔或卷笔的麻烦也可以用自动铅笔代替。

2. 炭笔

与铅笔相似，在纸面上能形成轻重浓淡的线条和不同的纹理效果，其黑白对比更为明品。但它在普通白纸和拷贝纸上绘画时不如铅笔流畅，而在纹理较粗的纸上更能发挥其优势。要注意，炭棒或炭精条容易弄脏手指和图面，从这个角度来说木杆炭笔更为方便实用。

3. 针管笔

主要用来绘制正图，建议应试时使用一次性针管笔，因为普通针管笔容易出现下水不畅或者跑水现象。一次性针管笔以红环牌和施德楼牌为佳，其中施德楼牌干得较快，马上上色也不易弄脏图面；红环牌出水流畅，颜色更黑，既适合绘制草图，也能绘制正图，但要注意 0.5mm 以上的针管笔墨水干得稍慢，使用时不要弄脏图画。

4. 钢笔

出水流畅，在平时构思草图时使用非常方便。钢笔有明显的方向性，也就是沿着笔尖的方向会比较顺畅，而垂直或者逆着笔尖时要稍微涩点儿。用钢笔绘制正图时要注意区别线宽，注意不要弄脏图面。

5. 美工笔

可粗可细，也是一些设计师喜欢的工具。有的设计师绘制所有的墨线只用一支美工笔应付，虽然免去换笔的麻烦，但是要注意线宽的等级与统一。

6. 中性笔

价格便宜，颜色多样，比当年的油墨圆珠笔更细、更流畅，也是广受欢迎的草图用笔。使用中性笔进行设计和表达时避免弄脏纸面，在拷贝纸上要防止划破纸面。绘制正图上的细线时可以使用这种笔。

7. 彩色铅笔

携带方便，颜色丰富，没有气味，不需要带水作业，即使误涂了也易于修改。它与铅笔一样是通过笔芯颗粒附着在纸上形成纹理和色彩，还可以重登上色。对于初学者彩铅容易把握，不会出现像水彩和马克笔那样涂错而难以控制的场面，用彩铅可以形成非常惊人的效果，如莱特的彩铅渲染。在总平面图、立面图以及透视图中，彩铅都是理想的渲染工具。由于是通过逐渐涂擦的方式绘制，使用彩铅在处理大面积图面时耗时较长，不像马克笔可以写意般地处理一大块，也不像水彩那样——一笔下去可以涂很大面积。一般来说，使用彩铅时要渐进慢涂，以平涂为主形成面的效果，不要过多强调单一笔触，彩铅结合表面不光滑的纸张使用可以形成独特的纹理效果，也便于通过叠涂形成退晕和混色效果，而且厚纸不易破。对于需要用彩铅上色的拷贝纸和硫酸纸来说，可以在后面衬上一层水彩纸以取得纹理效果。盒装彩铅的颜色有 12 色、24 色、48 色等，考试时用 24 色足矣，可以通过叠加和退晕来进一步丰富色彩变化。现在市面上彩铅种类很多，盒装的如辉柏嘉水溶性彩铅，其颗粒较细、色彩柔和；单支的如高尔乐、酷喜乐、马可等。水溶性彩铅在涂完后，用湿笔涂画能形成近似水彩的效果。彩铅在涂画时消耗较快，建议选好合适的卷笔刀或者削笔刀。

8. 毡头笔

以人工纤维做笔尖，出水均匀，有马克笔、毡尖笔等多种类型。其中马克笔是目前最流行的表现工具，它不必加水调色，便于携带，而且颜色丰富、色彩饱满，能形成鲜明的个性，尤其适合于快速表达。很多马克笔有粗细两头，粗端为宽大的方头，适于大面积用涂，能形成独特的笔触；细端可用来绘制线条如墙线、水岸等。根据颜料挥发性的不同，马克笔分为油性和水性。水性马克笔干得慢，没有气味，色彩鲜亮且笔触界线分明，颜色多次覆盖以后会变灰且容易伤纸。油性马克笔干得快，在绘制紧邻的不同色块时不易渗透，手感好、色彩润泽、饱和度较高，颜色多次叠加也无影响（需等第一遍上色干透后，再涂第二层），能表现出退量的效果，但是气味较大。与水彩相似，马克笔的淡色无法覆盖深色。上色时最好光上浅色。要注意整个画面的"黑、白、灰"关系，不宜用过于鲜亮的颜色，应以中性色调为宜。市面常见的马克笔有三福牌、美辉牌、斑马牌、天鹅牌等。如果用拷贝纸或者硫酸纸绘图，将马克笔涂在纸张反面，能形成比涂在正面稍淡的颜色，正面如果再涂彩铅、马克笔或墨线也不会弄脏图面。使用油性马克笔时，最好在图纸下面衬上一张纸，以免其渗透力太强，弄脏其他图纸。

树木平面的马克笔表现技法，注意树冠的颜色渐变和退晕，画出阴影能增加立体感。

毡头笔中除了马克笔，还有笔尖较细的毡尖笔，常用来绘制线条，颜色种类很多，常见的有天鹅牌毡尖笔、施德楼牌毡尖笔和晨光牌会议笔。

上述绘图笔简单易用，是大部分设计师的首选，此外如色粉笔、油画棒以及水彩等，也可以用来作为设计与表现的工具，设计师可以根据自己的兴趣和能力选择最适合的工具。

（二）尺规类

方案构思阶段一般不会用到此类工具，最多用来量取关键尺寸。设计师应该具有准确的目视和手画能力，这样观察和判断物体的尺度就不必依赖尺子，下手也就快而准。其实获得这种能力并不难，比如在纸上试着画 1cm、2cm、5cm、10cm（这些是最常用的比例尺单元）的横向和纵向线条，再与尺子对比，几次下来就会差不多了；除了这种针对徒手画图时的尺度准确性练习，建议初学者在平时增加对尺度的多方面练习，因为设计中尺度的把握是基本的，却又是最难的。尺度练习可以是对真实场地的尺度进行估计然后测量对比，也可以参照已经熟悉尺寸的场地，设想设计场地如果建起来有多大。反复一段时间后，尺度感就会有较大的提高。

1. 丁字尺

是绘图时最常用的，主要用来绘制与图板横边平行的水平线，辅以三角板可以精确绘制垂线。使用时应该让短边紧靠图板，上墨时如果笔下水充沛，则要注意笔尖靠上尺边并略往外斜，以免墨水渗入尺缝中，弄污图纸。一般上墨的顺序是先上后下，先左后右（习惯左手绘图者先右后左）。

2. 三角板

主要用来绘制垂直线和规则角（30°、45°、60°和15°、75°），在绘图时将其紧靠在丁字尺上。为避免上墨线时弄污图面，可以在尺子下面粘上厚纸片。

3. 直尺

用来绘制直线，通过均匀平移可以绘制一组平行线。虽然绘制平行线比较理想的工具是滑轮一字尺、丁字尺或滚筒尺，不过对于快速设计和草图设计，由于时间紧张，要求的成果又是概念性的，表达上不必十分精确，可以用直尺绘制水平线和垂线。

4. 比例尺

有两种，一种是断面呈三角形的，一般有 6 套刻度，每一刻度对应着一种比例；还有一种是直尺形的，携带更方便。在方案的不同阶段，比例尺的使用频度也不相同：在功能分区时即泡泡图阶段，主要理清各个功能区的相互位置与关系，可以不用比例尺；而在勾画草图阶段，需要在纸上一角标出图形比例尺，以便绘制元素时有所参照；在方案定稿阶段，为确保重要的功能元素如道路、建筑等所有的尺度都合理可行，要用比例尺（也可用直尺或三角板）精确画出。应试时往往只使用 1 ~ 2 种比例，可以在尺子上对应的位置用油性马克笔标出，便于快速查找。

5. 蛇尺和曲线板

与建筑制图不同，园林设计中绘制曲线较多，因此如何绘制美观的曲线也就成为一个重要的问题，可以借助的工具有蛇尺和曲线板。蛇尺，顾名思义，是可以随意弯曲的软尺，用这种尺可以绘制出比较柔和圆润的线条。由户蛇尺一般较厚，对于转弯半径较小的弧线就无能为力了，这时就需要用曲线板或者徒手绘制了。曲线板上有多种弧度曲线，设计时所用的曲线往往比较复杂，需要利用曲线板上的多段曲线拼合而成，但要注意交接处应圆润，避免出现生硬的接头，与整个曲线不协调。在快图设计中，也可以完全徒手绘制曲线。在上正图时，根据草图确定的弧线弯曲程度可以先用铅笔向上关键点，然后用手悬空比画几次，觉得动作熟练后再落笔一次完成，河线过程中手要放松，即使稍有偏差也不必涂改。对于中小弧度曲线，建议以肘为轴运笔；长弧线和直线则以肩为轴，再配合手腕的放松拉动，就可以较好地完成。当然，要想画得好就需要平时多加练习。无论是采用哪种方式，都要让圆弧交接处平顺圆润，整个弧线挺括自然，避免出现凸角或者两线段间距太大的情况。

6. 圆板

建筑和工程制图的模板很多，如桌凳、电气、柱网等。在园林设计中，草图阶段一般都是徒手画圆。在上正图阶段为了更加美观、工整、也为了更快，可以采用模板。对于景观设计而言，圆板是最为常用的，主要用来勾画平面图中的树冠轮廓，然后上色。也可以用来绘制轴测图中的柳形树冠参考线。圆板下面最好粘上垫子（用胶带包上纸垫粘在尺上），以免上墨线时弄脏图面。圆规不常用，一般只有画很大的圆时才使用。对于常用的图例如，树池、铺装和桌凳等，建议设计者收集整理几种简洁、美观的图例，略加练习。

大部分应试者徒手画的功力并不是很好，因此在绘制规则形状时借助尺规作图更为合理，例如，在画一条长直线时，用尺画快而直。徒手作图显得洒脱、有灵气，但是没有尺规精确和工整，折中的方法是用直尺、曲线板、圆板等画出淡淡的参考线或参考点，然后徒手上墨。

（三）图纸类

不同质地的纸张搭配不同类型的笔能够产生各种各样的效果。当然纸张的选取不仅取决于绘图的视觉效果，还取决于其自身特点以及相适应的功能。最常用的快速设计用纸有以下几对于常用的图例如，树池、铺装和桌凳等，建议设计师收集整理几种类型。

1.普通绘图纸/色纸

绘图纸质地较厚，涂改时不易弄破纸面，常用来绘制正图。由于不具有透明性，所以将草图转到正图上就不如硫酸纸或拷贝纸方便，有些院校明确要求采用不透明纸。从颜色上看有白色和彩色（也称色纸）之分，用白色图纸制图黑白鲜明，对比强烈。而使用色纸则相当于预先设定了一个近乎灰色的中间色调，在绘图时可以直接作为中间色部分和背景，图上的黑色部分如阴影用深色表现，而白色调如高光部分则用白色彩铅点出，这样塑造整个图面的黑白灰关系就比使用普通白纸要方便，效果也好得多。

有的设计师喜欢用纹理较粗的纸张如水彩纸进行构思和表现，铅笔、炭笔和水彩尤其适合在这种纸上表现。这类纸不像拷贝纸和硫酸纸那样易出现折痕，不怕修改。在快题考试中，常用纸张大小有 A1、A2、A3，采用何种类型和幅面的纸张要符合考试要求，不清楚的可以与报考学校的研招办联系。应试者最好提前把纸张固定在图板上，如采用透明胶带或者使用夹子等。快题考试中即便是使用水彩渲染也很少大面积带水作业，所以不必裱纸，粘牢或夹牢即可。

2.坐标纸

也称网格纸，多为 A2 大小，纸质较厚，上面印有淡黄色的间距均为 1mm 的网格线，每隔 1cm 经纬线均加粗。需要精确把握元素尺度时可以将其衬在拷贝纸下面作为尺度参照或者直接在坐标纸上勾画方案。

3. 拷贝纸 / 硫酸纸

拷贝纸是方案构思和表现中最重要的纸张类型。由于其半透明特征，可以将新图纸蒙在前一次的成果上修改、描绘，节约了大量时间，也可以方便地尝试多种可能性。可借不少初学者没有充分发挥拷贝纸的这个最大优点。拷贝纸质地较薄，在绘图时注意不要弄破。用油性马克笔上色时，要在下面衬上一张吸水性较好的纸张，也可以两而上色，既避免了相邻颜色的渗洇，又能形成与正面上色不同的效果。如果上交的正图绘制在拷贝纸上，一定要在下面衬上同样大小或稍大的白纸，以增加图面的对比效果。市面售卖的拷贝纸一般是 A1 大小，在使用前应根据需要剪裁。还有一种卷轴拷贝纸，纸质更好，透明度更高，有白色和黄色两种，适合正图和草图。硫酸纸比普通拷贝纸更透明，纸质更厚、更硬，因此修改时不易弄破，与马克笔结合绘图效果也不错。但是它不如拷贝纸柔软，容易出现明显的折痕。硫酸纸和拷贝纸均不适合大面积的带水作业如水彩、水粉等。

（四）其他

1. 利垫物

用来衬在图纸下面形成特别的纹理，一般用在总平面图渲染和透视图渲染中。使用铅笔、炭笔和彩铅较多时，可以在手下垫上一张干净的纸片，防止手掌移动弄脏图面。

2. 夹子

应选用弹力较大，夹握面平直的夹子来固定图纸。虽然用夹子比较省事，但是会影响丁字尺的推移，所以总平面图的图纸最好还是用胶带固定。

3. 胶带

在固定图纸时常用黏性较大的透明胶带，先将图纸四角固定，画好后，可以直接用小刀沿图纸边缘将图纸裁下。透明胶带还能粘掉需要修改的部分，但是不适合薄纸。PVC 电工胶带（不是黑胶布）黏性稍小，不易粘坏纸面且便于撕断，所以也常用来固定纸张和上色时起遮蔽作用。

4. 复写纸

在绘制正图时，如果正图采用不透明纸张，将草图转绘过来就比较麻烦。风景园林设计中往往曲线居多，不像建筑设计多以直线为主，用丁字尺和三角板可以方便地绘制柱网和外轮廓线。在转绘的过程中如果有条件可以采用灯桌，或者在白天时将图纸以及草图粘在窗户玻璃上，但要注意安全。如果不具备这些条件，比如在考试中，就只能使用复写纸或者类似手段了。复写纸一般不会超过 A4 纸张大小，可以多用几张来应对较大面积。也可以将草图中关键位置纸背涂上软铅，再将草图纸蒙在正图纸上，用力将关键位置的点与线条再描绘一遍，然后根据这些关键点和线来绘制正图，这种做法比在正图上重新定位和绘制要节约时间。

5. 消字扳

又称擦图片、擦线板，用来擦去制图过程中产生的多余稿线。擦线板一般由跑料或不锈钢制成，不锈钢制成的擦线板更柔韧。使用擦线板时应注意：将适宜的缺口对准需擦除的部分，其他部分要盖好，用尽量少的次数擦净缺口中的线条，以免将图纸表面擦毛。擦线板还能在彩铅笔触中擦出空白作为铺装图案；如果尺度合适，还能用来擦出留白的树冠。

6. 橡皮 / 修改液

需要擦除大面积铅笔或彩铅时，可以用黏性大、较柔软的橡皮，以免擦破纸而。修改液可以用来表现高光部分，但不如白色彩铅自然。

7. 皮筋

用来捆绑图纸。可以将常组合使用的彩铅或马克笔（如画平面树时树冠、高光和阴影所对应的几种笔）用皮筋捆在一起，既避免了慌乱中找错笔，又节省了时间。

8. 图板

绘制设计稿时一般都要求准备图板，图板要干净平整，边框尤其要平整，便于丁字尺靠紧。所选用的图板大小取决于图纸大小，图纸的大小在后文中会详细阐述。最常用的为 1 号板和 2 号板，分别比 A1 纸和 A2 纸略大。

画设计稿时以上工具并非每个人都需要，根据自己的习惯，选择自己熟悉且必要的工具即可，以马克笔为例，有的同学会带上一桶，也有的同学带上几支常用的就能应对。

二、表现成果

快速设计成果的表现要简洁、明确、美观，以精练的图示体现思维活动的奔放。设计的不同阶段成果的正草程度也不相同，比如在构思阶段中，图示表现为设计者自己识别、记忆、修改，作为进一步创意的激发物，不见得要让别人都能看懂，因此不必规规矩矩；作为设计的最终成果，需要满足与人交流的需要，则应清晰明了。下面介绍如何表现快速设计的成果。

（一）总平面图

在快速设计中，总平面图是最重要的部分。因为场地的功能划分、空间布局、景观特点都可以在平面图上有翔实的反映，在平面图上通过恰当的线宽区分和添加阴影，竖向要素也能清楚地呈现出来。在项目评审中，设计出身的专家都会对平面图仔细研究，从中发现问题；设计课老师在改图时也多从总平面图下手，审视功能与形式的关系。对于应试者而言，平面图的重要性不言而喻，它在图纸上占的面积最大，位置最重要，也是或引人注意的部分，平面图设计和表现都好的方案自然会脱颖而出。绘制总平面图应该清晰明了，突出设计意图，具体要注意以下几个方面。

1. 元素的表现要选用恰当的图例

所选图例不仅美观还要简洁，以便于绘制，其形状、线宽、颜色以及明暗关系都应有合理的安排。

在设计和表现时，如采用不当的图示虽未必能影响总体功能布局和景观的合理，但与常理不合的图示在专业人士看来是非常刺眼的，会影响他对图纸的第一印象。

2. 平面图上也要层次分明，有立体感

平面图相当于从空中俯瞰场地，除了通过线宽、颜色和明暗来区分主从外，还可在表现中通过上层元素遮挡下层元素，以及阴影来增加平面图的立体感和层次感。

画阴影时要注意图上的阴影方向一致。阴影一般采用斜 45°角，北半球的阴影朝上（图纸一般是上北下南）合乎常理。但是从人的视觉习惯看，阴影在图像的下面更有立体感所以在一些书刊上出现阴影在下（南面）的情况也并非粗心马虎，而是为了取得更好的视觉效果。

一般来说中小尺度的场地尤其是景观节点平面增加阴影可以清楚地表达出场地的三维空间特点，寥寥几笔阴影，费时不多，效果却很明显。有些初学者对于阴影的画法不重视，除了有阴影方向不统一的问题，在绘制稍微复杂形体的阴影时还可能出现明显的错误，实际通过几次集中练习，即使是较复杂的硬质构筑物的平面阴影也是很容易绘出的。

3. 主次分明，整体把握

图中的重要场地和元素的绘制要相对细致，而一般元素则用简明的方式绘制，以烘托重点并节约时间。有的设计师比例画得非常细致，单株效果很好，但是耗时太多而且容易削弱图面的整体效果。一般来说，总图上能区分出乔灌木、常绿落叶即可，专项的种植设计需要详细些甚至需要具体到树种。另外图上宜以颜色变化为主，辅以不同轮廓、尺度来区分不同树木，对少数孤植树重点绘制。

按颜色区分，总平面图有黑白线条、黑白灰以及彩色三种类型。黑白线条图比较简洁，对比鲜明，但是对于复杂场地的表现会大打折扣。仅有灰度区别而无其他颜色的平面图效果也不错，最好有 3 ～ 5 个甚至更多的灰度层次。在方案交流和快题考试中，彩色平面图是最常见的形式。通过色彩可以更好地区分平面上的不同元素，使图面更加生动形象，甚至逼真地表现出材质。有些设计者通过特定的颜色搭配能形成特别的氛围或者个人风格。

色彩与形状一样是最主要的造型要素，但是色彩给人的感觉更加强烈而迅速。因此，总平面图的颜色搭配非常重要。关于颜色搭配的理论很多，如车弗雷尔的色彩调和论、穆恩和斯宾赛的色彩调和论等，这些理论都总结了常见的色彩搭配技巧，如采用平衡的无彩色的配色所显示的美度不次于有彩色的；同一色调的调和效果非常好，同一明度的配色往往效果不佳；同一色调、同一色度的单纯设计，比使用多种色调的复杂设计容易得到调和；由于对比色调互相排斥或者互相吸引，配色时常产生强烈的紧张感，能引人注意，但是过度使用则会陷于混乱；如果两种颜色的组合得不到很好的调和时，若在其中加入些白色、黑色或灰色，就能得到较好的配色，但应注意色调的明暗和纯度的高低。当然要想搭配好颜色，读者应多临摹多练习，找到自己擅长的配色风格。笔者认为快图设计中的颜色应追求自由、大方、清爽、有力。

彩铅上色一般由浅入深，平涂是稳妥的方法。有些块面不必全部涂满，可以有些退晕和留白。灰度图上最浅的一般为水面、铺装、张拉膜等，除了整个图上的元素有灰度上的变化，重要的单体元素上也要有灰度变化，以增加立体感，如主要乔木、水体、坡屋顶的不同坡面等。颜色的把握需要平时多加练习和尝试。设计方案不必非常写实（例如道路往往不上颜色），重在表达出空间构思。颜色选择关键是处理好局部与整体的关系。有些设计师喜欢将乔木一律涂成深绿，实际上乔木如果涂成较浅的颜色或者较艳的暖色，效果也不错，因为暖色或亮色可以拉近视线距离，下面的草坪和低矮树木采用偏冷的颜色，使得平面图层次分明，与人俯瞰场地时的情景也很像。同样，水体上面的桥也不见得涂成较暗的木栈道颜色，采用较浅的颜色虚实对比更为明显，这样效果也许更好。

4. 内容全面，没有漏项

指北针、比例尺和图例说明一定不能忘记，要注意一般图纸都是以上方为北，即使倾斜也不宜超过 45°。指北针应该选择简洁美观的图例，有些人认为采用某些学校惯用的指北针形式会博得认同感，笔者认为大可不必。比例尺有数字比例尺和图形比例尺两种，图形比例尺的优点在于图纸扩印或缩印时，仍与原图一起缩放，便于量算，一般在整比例（如 1∶100、1∶200、1∶300、1∶500 等）的图纸下面最好再标上数字比例尺，便于读图者在查验尺度时转换。数字比例尺一般标在图名后面，图形比例尺一般标在指北针下方或者结合指北针来画。

上述问题都是表现中的基本问题，但正是这些基本问题可能会影响到设计过程的顺畅、设计成果的规范性。

（二）立面图与剖面图

建议画出最有代表性的立面图和剖面图。一些设计师为了节约时间会选择最简单的立面图和剖面图，甚至在考前的热身练习中也如此避重就轻。实际上如果在构思平面图时就已经考虑到竖向上的划分，那么平面图定稿后，绘制复杂的立面图或者剖面图也不会花费很多时间。在紧张的快题考试中，平面图上常有表现不完全之处，或者在设计平面图时局部考虑不周。那么在绘制立面图和剖面图时可以弥补平面图上的不当或者不易表现之处（如为微小坡度的地形）。所以，可以把绘制立面图和剖面图看成是一次展现自己竖向上构思的机会，如对高程、排水坡度的考虑，即使并不深入、点到为止，也能让阅卷人了解你的基本素养。

设计中理想的状态是平面图、立面图、剖面图同步进行、相互参照。然而，对于很多设计师而言，难以在短时间内把平面和竖向关系处理得面面俱到、滴水不漏，往往是经过简单的草图构思后，先画平面图再画立面图。这样在画剖面图时常常会发现平面图需要局部调整，但在时间紧张的考试中再回头更改平面图已不可能，因此不妨把调整和优化后的立面图和剖面图画出，只要与平面图出入不大即可，因为毕竟是一个概念性方案，重要的是尽可能多方面地展示方案构思的优点和深度。

建议设计师平时就选择最有代表性当然也是最复杂的剖面图和立面图进行练习，练习几次之后就会发现其实非常简单。积累了常见立面元素的图示后，绘制立面图和平面图消耗的时间主要在于选取水平距离，立面图或剖面图与总图宜布置在一张纸上，便表现于看图者对照，也便于设计者绘制。如果总平面图中的剖面线是水平的，那就直接将立面图或剖面图布置在正下方，这样在绘制剖面图时，用直尺沿竖直方向拉线确定水平间距非常方便。

如果剖面线是斜向或者竖直的，显然不能为了省事将剖面图和立面图绘制成斜的或竖直的，这样做不符合看图习惯。可以采用下面这种方法：将白纸或者拷贝纸边缘放在剖面线上并标出水平距离参考点，参考点较多的可以增加些文字或图形标记，这样比用尺量更快。

在绘制局部立面图或剖面图时，有时需要将比例放得较大才能表现清楚，如平面图是 1：1000，立面图则应该是 1：500 或者更大。这种情况可以采用相似三角形的画法，比用尺子逐一测量再放大速度快。

立面图、剖面图中还应注意加粗地面线、剖面线，被剖到的建筑物和构筑物剖面一样要用粗线表示，图上最好有 3 个以上的线宽等级，这点往往是非建筑学专业学生容易忽视的。

立面图和剖面图上的标注应该清晰有条理，对于重要的元素宜加上标高，这样可以反映出设计者对竖向有细致的考虑。在快速设计中，立面图和剖面图所采用的色彩不必太多，以免杂乱，但要有虚实主次、明暗关系和前后层次。时间允许的话，对于一些复杂的场地，还可以采用剖面透视来表现。

剖面图和立面图绘制的常见问题有：①元素缺乏细部，甚至明显失真；②尺度不当。

建议设计师对立面图和剖面图充分练习，风景园林设计中的剖面图虽不像在建筑设计中那么重要，但是对于空间安排和功能布局有重要的辅助作用。设计师平时就应收集常见的剖面类型，如驳岸剖面、道路横断面、水景、亭廊组合和铺装的剖面等，做到默记在心、活学活用。

（三）轴测图与透视图

三维形式的成果可以直观地反映设计意图和建成后的景象，各种要素的水平关系和竖向关系都可以更形象地展现出来，是对平面图的重要补充，也体现了设计者的素养与追求。对于手绘设计图来说，所有的图纸都要徒手绘制，三维图最能检验设计师手头功夫，因此也是影响得分的重要因素。虽然设计师都能认识到这一点，但实际上难度较高。下面从较简单的轴测图开始介绍。

1. 轴测图的表现方法

轴测图画法简单，可以从平面图快速得出，便于推敲方案和与他人交流，也是不少设计大师常用的表现方式。

轴测图的画法是沿着平面图往上"立"竖向的线条，轴测图上的尺度与场地、元素的真实大小的关系是固定的（由于轴测很多，有些轴测图三个方向尺度都是 1：1：1 的关系，而有些轴测图三个向度的比例不同，但物体上互相平行的线段，在轴测图上仍互相平行，物体上两平行线段或同一直线上的两线段长度之比，在轴测图上保持不变），真实地反映了三维空间中的尺寸关系。这样，不仅便于绘制元素，反过来在图上也能精确地量出相应的尺寸。不像透视图由于近大远小，在图上不能直接量取各位置上的真实尺寸。

在建筑设计中，轴测图的视线角度可以有多个方向，而在风景园林设计中，由于场地较大，一般都是从斜上方往下看，与鸟瞰图很相似，只是没有近大远小的变化。当视点与场地距离较远时，轴测图和鸟瞰图也很像，因此有的设计师在轴测草图的基础上加以变化体现出近大远小的关系来代替鸟瞰图，效果与真正的鸟瞰图虽然有点差距，但是节约了不少时间；在时间紧张的情况下，更有设计师直接将轴测图作为鸟瞰图，笔者认为这也不失为一种办法，因为这种方式给人的整体印象要比透视效果很糟的鸟瞰图要好。

轴测图角度的选取要考虑视线方向和具体角度，视线的方向要能充分表达设计意图，如果方向选择不当就会形成视线遮拦。具体角度的选取要考虑整体效果和可见度，常见的如 30°/60°、60°/30°、45° 斜轴测图和30。/30。正等轴测图等，但 45° 角容易使正方体元素的线条形成错觉。

30°/60° 角斜轴测图比较适合大尺度场地，如果在竖向上采用一半缩比，整体效果会更好。30°/30° 正等轴测图与透视图很相像，可以替代透视图或者作为绘制透视图前的草图。在绘制轴测图时先绘制前方、上方的要素，下面和后面被遮挡的部分就不必绘出，减少了工作量。选择的轴测图角度应比较全面地反映场地元素的空间关系，有的设计师为了节约时间选择过于简单的视角绘制，几乎看不出主要元素和场地，只能是一张充数的图。其实选取适当角度以减少绘图时间也属正常，但是要注意兼顾表现效果。风景园林设计中，树木较多，如果设计师能把树木画好，而使其他被树木遮挡的元素通过树木缝隙显示出来，这样也可以节约不少时间。

在绘制轴测图时，如果场地上高差变化较多，可以巧妙地利用拷贝纸的上下移动，以免去反复从基点量高的麻烦。

如果成果要求绘制在不透明纸上，可以先用拷贝纸绘出主要块面和线条，再转绘到正图上。轴测图多是从上往斜下看，因此可以不画云朵。

2.透视图的表现方法

因为涉及透视的缩比、景深、虚实、构图，而且整个图而还要有生动的艺术效果，所以透视图是设计师普遍感觉棘手的，也是最能体现设计师设计修养和功底的。比起轴测图、总平面图，透视图的主观发挥性和自由度更大，好的透视图能给人以身临其境的感觉。透视图种类很多，按照视点高度有人视、鸟瞰之分；按照主要元素与画面关系有一点透视、两点透视、三点透视之分；如平面元素与空间形态规则，有明显灭线、灭点的，是建筑式的透视，如果仅靠前后层次和近大远小来体现空间深度，以自然形态表现，是自然景观式透视。不同的透视图效果不同，画法也各有区别。画透视图前首先要选择好视角，即视点位置和视线方向。

从平时练习和考试来看，大部分同学不接长画透视图，常见以下几个方面的问题：

①视点仿佛悬在半空中，但又没有取得鸟瞰的效果，图上大部分人的视点不在视平线上，让人感觉很奇怪；

②主空间尺度失真，主要元素的透视失真；

③一点透视中灭点位置太正。虽然不算错误，甚至在一些建筑画中故意用此来取得特定的效果，但是一般而言灭点偏离画面中心一定距离，使得灭点两侧有所侧重，效果更好；

④配景元素不当，位置选择和繁简控制都有问题。

此外，缺乏景深感、明暗对比不当、构图欠佳也会影响整个图面效果。

绘制透视图时可以先采用小幅草图来推敲构图、空间层次、明暗关系、前景中景和后景，这样在选择视点位置、视线方向以及画面构图时就可以抓住重点，节约时间。

同样一个场地的透视图，由于画面上的虚实空间和元素布置的不同，会有截然不同的效果。在介绍具体的透视方法之前，有必要先了解透视图中的构图类型。下面以人视透视为例介绍。

（1）纵深式

画面中景物除了有一般的前后层次外，更以视线较为通透的空间如道路或者溪流作为主景，该空间在纵深方向的遮挡较少，画面中的纵深感和贯通感很强，甚至有引人前行、穿越的感觉。这种透视图中的透视消失线相对明确，元素近大远小的变化也很连贯，因此对于规则的轴线空间和几何型实体的表达效果较好。这种透视图的典型画法就是拉灭点求透视，并且从图上也能清楚地看出灭点和消失线。对于这种类型的透视图，灭点的位置以及透视的参考线要准确，否则画面的失真会非常明显。

（2）平远式

画面的景深主要通过前后元素的遮挡、掩映来实现，这种透视突出的不是纵向的景深感，而是横向上的延展和开阔，适合于中景为开阔空间的场地以及自然空间，当然这种透视图中空间的几何感稍差。绘制这种透视图可以根据感觉大致估计元素的大小，正对画面的主要景点乃至建筑一般画出立面就行，如果不采用透视参考线（如 20 尺位置地面线、30 尺位置地面线等，）做参考，要注意把握好画面中元素的位置和量高。

（3）斜向式

画面上的主要空间要素为斜向的直线、折线或弧线（如滨水岸线、道路等），这种透视图的效果介于上述两种方式之间。图主要要素是斜向的，充满动感的同时，也要妥善考虑构图，避免明显的失衡。对于斜向元素的透视图可以据感觉或者透视参考线画出前后几个关键点的位置，再连接起来以确定画面主要元素（如是曲线，连接处要圆润），再依次画上配景元素。

绘制前对于透视图的图幅也要有所考虑，一方面是画面的面积大小，这取决于需要刻画的详细程度、绘制时间以及该画面在大图上所占的比重。另一方面是画面的长宽比，常见 3 种方式：

①高度远大于长度，常用于表现柱廊、高大乔木下的林荫路等；

②长度远大于高度，类似于摄影中的广角镜头效果，适合表达滨水岸带、开阔的场地和完整的建筑组群立面。这两种图幅超出人的正常视域范围，看图的感觉就像在现场移动头部观察，因此有一定的动感，易取得身临其境的效果；

③长宽比为 3 ：2，与普通相机胶片相近，这种比例的图幅接近人的清晰视域范围，是常用的透视图图幅比例。

三、文字说明与景名

（一）文字说明

以图示表达为主的快速设计中，一定量的文字说明和标注有助于补充设计理念，也体现了设计师的文字组织和表达能力。

文字说明应简洁扼要，内容涉及场地分析、立意布局、功能结构、交通流线、视觉景观、生态布局和预期效果等，每个条目几句话足矣；形式上要排列整齐、字体端正，可以在每个段落前加上序号或者符号，给人以思维清晰、条理分明的感觉。

要避免为了排成花哨的图案而牺牲可读性。图中的文字标注应采用引线或图例，引线的角度和形状尽可能相同，整洁易读。

（二）指标说明

经济技术指标对于说明方案的合理性非常重要，可以反映出设计者的全民和量化意识。读者应了解建筑学、城市规划中的常见术语如容积率、建筑面积等指标的含义，这样在理解题意时才不会有偏差。应试时的指标通过大概估计得出，不必精确计算，但要注意指标应控制在合理的范围内。风景园林中常见的指标如绿地率、人均绿地而积、道路铺装面积及比例、水面面积及比例、路网密度、水平郁闭度、垂直郁闭度、常绿/落叶比例等都应在设计时有所考虑并在成果中表达出来。

（三）景名

景名在园林设计中起到画龙点睛的作用。中国传统园林与琴棋诗画互相融通，营造美景的同时还要有美好的立意。为了抒发、寄托园主的情感，或者让游人了解已有景观的特征和意境，都需要有优雅切题的景名以点出其中奥妙。设计时应结合具体设计标出得体的景名会使设计意图更加明确，能展示设计者的文学修养、造景和点景意识。风景园林设计师要善于发现美、创造美，这离不开一定的文学修养。有人说设计师要有"诗心画眼"，即诗人的心灵、画家的眼睛，能将外在的景观与内在的意蕴有机结合起来。例如，泰山普照寺的筛月亭取苍松筛月之意，表达了如水的月光透过松林的层层树冠所呈现的静谧清虚的景观和意境，"筛月"两字非常形象。再如坡地上有一片樱花林，微风拂来，落英缤纷，为此景取名为"落英坡"显然胜过"樱花林"。

在我国的名胜古迹尤其是传统园林中，精练而传神的景名浩如烟海，常给人以余音绕梁的感觉，是值得品鉴和学习的典范，读者在平时的学习、旅游中对于景名、楹联、题刻要多加留意。

承德避暑山庄的康熙三十六景、乾隆三十六景和圆明园的四十景不仅贴切文雅，而且通过这些精练传神的景名将全园的风貌生动地概括出来。

在笔者参与的某采石宕口景观规划设计方案中，湿地公园部分采用的主要景名有：晴湖断壁、塔影空田、蝶舞幽潭、百一春、忘筌斋。在紧邻的其他景区中，主要景点有立雪拜石、寒山拾得、秋山听瀑、寒塘独钓、水石清华、松荫观瀑、一步两堤、三步两桥、天灵叠翠、秋水长天、石室藏烟、姑苏新容、似水流年、千水千月、咫尺山林、慕贤庄、慕贤街、观秋水、望灵言、韵石斋、与石居、茶寮等。

笔者在规划某国家旅游度假区滨湖湿地景观时，采用了如下景名：荷风四面、花屿流淙、柳丝拂岸、湖光林影、蒲丛听蛙、流光飞舞（漫天的萤火虫在夜色中隔翻起舞）、落花戏鱼、蒹葭苍苍等。

下面再列举一些景名，供读者参考：

登高问天、钓台问鱼、寒香草堂、金荷韵香、断桥斜径、溪雨蛙聚、潭深鱼静、放鹤寻仙、鸟喧暗树、沙鸟绕洲、莺声灌莺穿柳烟、远岸山晓、石梁挑云、闲寻古寺、曲岸藏春、霜华长堤、千林望郁、春雨笼山、晚烟凝树、雁送秋声、溪留云影春色、月上横塘、柳岸月低、淡月丛芦、月透疏栏、平湖秋月、平湖秋爽、清池涵月、山河流影、满林空翠、草径回碧、春深、朱栏几曲、柳岸听歌、半桥疏柳、渔樵晚唱、舟摇塔影、春江水暖、筝语琴声、雁渡南楼、水天一色、春雨维舟、溪流、闻雨滴阶、松杉交影、白鸥傍桨、竹里琴声、竹帘香细、隔岸观柳、红藕花香、花香客来、古城新貌、西津古渡、芦花客舍、吴牛喘月、花山烟雨、莲池卧虎、清溪夜雨、春山清晓、芳林蔓草、蝶恋花、池上居、百泉路、知色涧、浮翠阁、拜石轩、抱水台、秀竹园、雀谷、茶园、鹿苑。

除了景名，图上还要标出常见的功能分区、设施等，其名称要规范简洁，下面是一些常见名称举例。

功能分区名称如国务管理区、入口休息区、文化娱乐区、健身休闲区、科普观赏区等；服务设施类名称如游人中心、一级服务点、二级服务点、监测站、救护站、观鸟点、科普馆、景观钟塔、休息回廊、地方剧广场、少儿剧场、轮滑场、温室、公厕等。

景区划分类：

景区的名称与所含的景点密切联系，并要体现该区的整体特色，如缤纷水岸、廊桥卧波、水幕丽影、泛舟寻鹤、芦荡探幽。

交通流线与工程设施类：

陆上游线、水上游线、主要游线、次要游线、消防通道、主路、支路、游步道、林中栈道、水幕电影、吊桥、码头、栈道、高位水池、雨水收集点、滞留塘、污水处理站、人工湿地、垃圾转运站等。

空间形态类：

开敞空间、半开敞空间、内聚空间、流动空间、过渡空间、静思空间、滨水驻留空间等。

文字标注的方法有三种：①使用引线标注；②用数字符号索引；③直接在图上标注。其中前两种方法看上去更为整洁。

四、排版与展示

上面讲述了图纸上各分项的表达要点，如何将这些分项组合在一起，即版面布局将影响评图者在具体地辨识设计内容之前对设计者专业修养的第一印象。一般而言，高手不仅方案内容做得好，排版也很得体。

绘制设计中，排版的合理与否除了影响整体图面效果外，还会影响设计者画图的时间。

具体版面安排应该注意以下几个方面。

（一）图纸大小与版面布局

如果没有特别的要求，建议采用大号图纸以便将全部内容表现在一张图纸上，这样做的好处在于：①省去中途换纸的时间；②大幅面利于生动地安排版面；③避免交卷时个别图纸被遗漏；④一目了然，方便老师评图；⑤评图时大图更为醒目。

（二）图面排版匀称

任务书中要求的各分项的工作量、精彩程度各不相同，例如，总平面图上要素最多，所占幅面最大；立面图和剖面图图面较少，多呈长条形；鸟瞰图、透视图非常直观具象，往往最引人注意；分析图抽象概括，由几幅小图组成；文字部分要条理；形式简洁明快，不能喧宾夺主，指标分析多以表格形式出现，文字和指标较为理性、概括，宜放在总平面图或分析图旁边。各单项内容不同，繁简不同，在版面上自然会产生轻重差别。如果全部安排在一张图纸上，总平面图和鸟瞰图宜放在位置，下面布置江面图和剖面图，小透视图、分析图和文字说明的位置随后确定。如果是两张图纸，总平面图和鸟瞰图不宜布置在同一张上，避免两张图纸分量相差悬殊。对于要求绘制节点景观小透视图的题目，应将节点的平面详图与该点小透视图安排在一张图纸上，因为它们内容相关、尺度相近，便于对照。

如果图面排版不当，就会产生失衡混乱之感，图面效果大打折扣。版面要匀称、突出重点，宁可排版紧凑，也不要拖带水，宁可简单整洁，也不要稀奇古怪。

（三）版面填空补白

在排版时各单项中间难免出现较大的空隙，尤其当基地形状不规则时，这时就要加以适当处理，避免零乱之感。例如，总平面图周围可以结合比例尺、指北针以及文字说明布置，透视图或鸟瞰图周围可以加上缩小简化的总平面图，并标明视点、视角和视高。当不同的立面图与剖面图上下排版时如果有长短差别，可以通过采用等长的背景作为统一的手段，避免参差不齐。

绘制正图时，首先绘制主要部分，再根据已经完成图面的整体效果安排标题和图例也不迟，但切记不要遗漏。常用的标题为"快题设计""快图设计""风景园林快速设计""景观规划设计"等。字体以方块字为宜，简洁工整，不必标新立异。图面上还可以增加一点装饰性的符号和线条，以活跃图、完善构图。

（四）考虑绘图方便

绘制设计中，排版除了要考虑上面所说的美观因素，还要方便合理，以利于节约时间。有些分项图纸之间有密切的联系，若布局不当会影响画图速度。这在建筑快题考试中最为明显，例如，总平面图下面最好布置立面图和剖面图，这样画立面图时可以从总平面图中直接拉竖直线，而画剖面图和立面图则可以共享水平方向的参考线。对风景园林快题考试而言，总平面图最好也与立面图（或剖面图）安排在一张图纸上，如果剖面线与水平线平行，即可用从总平面图上往下拉线并在立面图（或剖面图）上确定元素的水平位置；若剖面线或者立面位置不在水平线上，可以采用前文所述的方法快速绘制。

方案草图定稿后，上正图之前要根据项目类型、基地形状、图纸数量与内容考虑充分，灵活地安排版面，既要紧凑美观，又要便于画图。

第六章　园林工程施工技术

第一节　园林工程施工概述

一、园林工程建设的意义

园林工程建设主要是通过新建、扩建、改建和重建一些工程项目，特别是新建和扩建，以及与其有关的工作来实现的。

园林工程施工是完成园林工程建设的重要活动，其作用可以概括为以下几个方面：

（1）园林工程建设计划和设计得以实施的根本保证

任何理想的园林建设工程项目计划，任何先进科学的园林工程建设设计，均需通过现代园林工程施工企业的科学实施才能实现。

（2）园林工程建设理论水平得以不断提高的坚实基础

一切理论都来自实践与最广泛的生产实践活动。园林工程建设的理论自然源于工程建设施工的实践过程。而园林工程施工的实践过程，就是发现施工中的问题并解决这些问题，从而总结和提高园林工程施工水平的过程。

（3）创造园林艺术精品的必经之途

园林艺术的产生、发展和提高的过程，就是园林工程建设水平不断发展和提高的过程。只有把经过学习、研究、发掘的历代园林艺匠的精湛施工技术及巧妙手工工艺，与现代科学技术和管理手段相结合，并在现代园林工程施工中充分发挥施工人员的智慧，才能创造出符合时代要求的现代园林艺术精品。

（4）锻炼、培养现代园林工程建设施工队伍的最好办法

无论是对理论人才的培养，还是对施工队伍的培养，都离不开园林工程建设施工的实践锻炼这一基础活动。只有通过实践锻炼，才能培养出作风过硬、技艺精湛的园林工程施工人才和能够达到走出国门要求的施工队伍。也只有力争走出国门，通过国外园林工程施工的实践，才能锻炼和培养出符合各国园林要求的园林工程建设施工队伍。

二、园林工程施工的特点

（一）园林工程施工具有综合性

园林工程具有很强的综合性和广泛性，它不仅仅是简单的建筑或者种植，还要在建造过程中遵循美学特点，对所建工程进行艺术加工，使景观达到一定的美学效果，从而达到陶冶情操的目的；同时，园林工程中因为有大量的植物景观，所以还要园林工程人员具有园林植物的生长发育规律及生态习性、种植养护技术等方面的知识，这势必要求园林工程人员具有很高的综合能力。

（二）园林工程施工具有复杂性

我国园林大多是建设在城镇或者自然景色较好的山、水之间，而不是广阔的平原地区，所以其建设位置地形复杂多变，因此对园林工程施工提出了更高的要求。在准备期间，一定要重视工程施工现场的科学布置，以减少工程期间对于周边生活居民的影响和成本的浪费。

（三）园林工程施工具有规范性

在园林工程施工中，建设一个普普通通的园林并不难，但是怎样才能建成一个不落俗套，具有游览、观赏和游憩功能，既能改善生活环境又能改善生态环境的精品工程，就成了一个具有挑战性的难题。因此，园林工程施工工艺总是比一般工程施工的工艺复杂，对于其细节要求也更加严格。

（四）园林工程施工具有专业性

园林工程的施工内容较普通工程来说要相对复杂，各种工程的专业性很强。不仅园林工程中亭、榭、廊等建筑的内容复杂各异，现代园林工程施工中的各类点缀工艺品也各自具有其不同的专业要求，如常见的假山、置石、水景、园路、栽植播种等工程技术，其专业性也很强。这都需要施工人员具备一定的专业知识和专业技能。

三、园林施工技术

（一）苗木的选择

在选择苗木时，先看树木姿态和长势，再检查有无病虫害，应严格遵照设计要求，选用苗龄为青壮年期有旺盛生命力的植株；在规格尺寸上应选用略大于设计规格尺寸，这样才能在种植修剪后，满足设计要求。

（1）乔木干形

①乔木主干要直，分枝均匀，树冠完整，忌弯曲和偏向，树干平滑无大结节（大于直径 20 mm 的未愈合的伤害痕）和突出异物。

②叶色：除叶色种类外，通常叶色要深绿，叶片光亮。

③丰满度：枝多叶茂，整体饱满，主树种枝叶密实平整，忌脱脚（指枝叶离地面超过 20 mm）。

④无病虫害：叶片通常不能发黄发白，无虫害或大量虫卵寄生。

⑤树龄：3 ~ 5 年壮苗，忌小老树，树龄用年轮法抽样检测。

（2）灌木干形

①分枝多而低度为好，通常第一分枝应 3 枝以上，分枝点不宜超过 30 mm。

②叶色：绿叶类叶色呈翠绿，深绿，光亮，色叶类颜色要纯正。

③丰满度：灌木要分枝多，叶片密集饱满，特别是一些球类或需要剪成各种造型的灌木，对枝叶的密实度要求较高。

④无病虫害：植物发病叶片由绿转黄，发白或呈现各色斑块。观察叶片有无被虫食咬，有无虫子或大量虫卵寄生。

（二）绿化地的整理

绿化地的整理不只是简单地清掉垃圾，拔掉杂草，该作业的重要性在于为树木等植物提供良好的生长条件，保证根部能够充分伸长，维持活力，吸收养料和水分。因此在施工中不得使用重型机械碾压地面。

（1）要确保根域层应有利于根系的伸长平衡。一般来说，草坪、地被根域层生存的最低厚度为 15 厘米，小灌木为 30 厘米，大灌木为 45 厘米，浅根性乔木为 60 厘米，深根性乔木为 90 厘米；而植物培育的最低厚度在生存最低厚度基础上草坪地被、灌木各增加 15 厘米，浅根性乔木增加 30 厘米，深根性乔木增加 60 厘米。

（2）确保适当的土壤硬度。土壤硬度适当可以保证根系充分伸长和维持良好的通气性和透水性，避免土壤板结。

（3）确保排水性和透水性。填方整地时要确保团粒结构良好，必要时可设置暗渠等排水设施。

（4）确保适当的 pH 值。为了保证花草树木的良好生长，土壤 pH 值最好控制在 5.5～7.0 范围内或根据所栽植物对酸碱度的喜好而做调整。

（5）确保养分。

适宜植物生长的最佳土壤是矿物质 45％、有机质 5％、空气 20％、水 30％。苗木栽植时，在原来挖好的树穴内先根据情况回填虚土，再垂直放入苗木，扶正后培土。苗木回填土时要踩实，苗木种植深度保持原来的深度，覆土最深不能超过原来种植深度 5 cm；栽植完成后由专业技术人员进行修剪，伤口用麻绳缠好，剪口要用漆涂盖。在风大的地区，为确保苗木成活率，栽植完成后应及时设硬支撑。栽完后要马上浇透水，第二天浇第二遍水，3～5 天浇第三遍水，一周后浇水转入正常养护，常绿树及在反季节栽植的树木要注意喷水，每天至少 2～3 遍，减少树木本身水分蒸发，提高成活率。浇第一遍水后，要及时对歪树进行扶正和支撑，对于个别歪斜相当严重的需重新栽植。

（三）苗木的养护

园林工程竣工后，养护管理工作极为重要，树木栽植是短期工程，而养护则是长期工程，各种树木有着不同的生态习性、特点，要使树木长得健壮，充分发挥绿化效果，就要给树木创造足以满足需要的生活条件，就要满足它对水分的需求，既不能缺水而干旱，也不能因水分过多使其遭受水涝灾害。灌溉时要做到适量，最好采取少灌、勤灌的原则，必须根据树木生长的需要，因树、因地、因时制宜地合理灌溉，保证树木随时都有足够的水分供应。当前生产中常用的灌水方法是树木定植以后，一般乔木需连续灌水 3～5 年，灌木最少 5 年，土质不好或树木因缺水而生长不良以及干旱年份，则应延长灌水年限。每次每株的最低灌水量——乔木不得少于 90kg，灌木不得少于 60kg。灌溉常用的水源有自来水、井水、河水、湖水、池塘水、经化验可用的废水。灌溉应符合的质量要求有灌水堰应开在树冠投影的垂直线下，不要开得太深，以免伤根；水量充足；水渗透后及时封堰或中耕，切断土壤的毛细管，防止水分蒸发。盐碱地绿化最为重要的工作是后期养护，其养护要求较普通绿地标准更高、周期更长，养护管理的好坏直接影响到绿化效果。因此，苗木定植后，及时抓好各个环节的管理工作，疏松土壤、增施有机肥和适时适量灌溉等措施，可在一等程度上降低盐量。冬季风大的地区、温度低，上冻前需浇足冻水，确保苗木安全越冬。由于在盐分胁迫下树木对病虫害的抵抗能力下降，需加强病虫害的治理力度。

第二节　园林土方工程施工

土方工程施工包括挖、运、填、压四部分内容。其施工方法可采用人力施工也可用机械化或半机械化施工。这要根据场地条件、工程量和当地施工条件决定。在规模较大、土方较集中的工程中，采用机械化施工较经济；但对工程量不大，施工点较分散的工程或因受场地限制，不便采用机械施工的地段，应该用人力施工或半机械化施工，下面按上述四部分内容简单介绍。

一、施工准备

有一些必要的准备工作必须在土方施工前进行。如施工场地的清理；地面水排除；临时道路修筑；油燃料和其他材料的准备；供电线路与供水管线的敷设；临时停机棚和修理间的搭设等；土方工程的测量放线；土方工程施工方案编制等。

二、土方调配

为了使园林施工的美观效果和工程质量同时符合规范要求，土方工程要涉及压实性和稳定性指标。施工准备阶段，要先熟悉土壤的土质；施工阶段要按照土质和施工规范进行挖、运、填、堆、压等操作。施工过程中，为了提高工作效率，要制订合理的土石方调配方案。土石方调配是园林施工的重点部分，施工工期长，对施工进度的影响较大，一定要做好合理的安排和调配。

三、土方的挖掘

（1）人力施工

施工工具主要是锹、铺、钢钎等，人力施工不但要组织好劳动力而且要注意安全和保证工程质量。

①施工者要有足够的工作面，一般平均每人应有 4～6 ㎡。

②开挖土方附近不得有重物及易坍落物。

③在挖土过程中，随时注意观察土质情况，要有合理的边坡，必须垂直下挖者，松软土不得超过 0.7m。中等密度者不超过 1.25m，坚硬土不超过 2m，超过以上数值的须设支撑板或保留符合规定的边坡。

④挖方工人不得在土壁下向里挖土，以防坍塌。

⑤在坡上或坡顶施工者，要注意坡下情况，不得向坡下滚落重物。

⑥施工过程中注意保护基桩、龙门板或标高桩。

（2）机械施工

主要施工机械有推土机、挖土机等。在园林施工中推土机应用较广泛，如在挖掘水体时，以推土机推挖，将推至水体四周，再行运走或堆置地形。最后岸坡用人工修整。

用推土机挖湖挖山，效率较高，但应注意以下几个方面：

①推土前应识图或了解施工对象的情况

在动工之前应向推土机手介绍拟施工地段的地形情况及设计地形的特点，最好结合模型，使之一目了然。另外施工前还要了解实地定点放线情况，如桩位、施工标高等。这样施工起来司机心中有数，推土铲就像他手中的雕塑刀，能得心应手、随心所欲地按照设计意图去塑造地形。这一点对提高施工效率有很大关系，这一步工作做得好，在修饰山体（或水体）时便可以省去许多劳力、物力。

②注意保护表土

在挖湖堆山时，先用推土机将施工地段的表层熟土（耕作层）推到施工场地外围，待地形整理停当，再把表土铺回来，这样做较麻烦费工，但对公园的植物生长却有很大好处。有条件时间应该这样做。

四、土方的运输

一般竖向设计都力求土方就地平衡，以减少土方的搬运量，土方运输是较艰巨的劳动，人工运土一般都是短途的小搬运。车运人挑，这在有些局部或小型施工中还经常采用。运输距离较长的，最好使用机械或半机械化运输。不论是车运还是人挑，运输路线的组织很重要，卸土地点要明确，施工人员随时指点，避免混乱和窝工。如果使用外来土垫地堆山，运土车辆应设专人指挥，卸土的位置要准确，否则乱堆乱卸，必然会给下一步施工增加许多不必要的小搬运，从而浪费人力、物力。

五、土方的填筑

填土应该满足工程的质量要求，土壤的质量要根据填方的用途和要求加以选择，在绿化地段土壤应满足种植植物的要求，而作为建筑用地则以要求将来地基的稳定为原则。利用外来土垫地堆山，对土质应该检定放行，劣土及受污染的土壤不应放入园内，以免将来影响植物的生长和妨害游人健康。

（1）大面积填方应该分层填筑，一般每层 20 ～ 50 ㎝，有条件的应层层压实。

（2）在斜坡上填土，为防止新填土方滑落，应先把土坡挖成台阶状，然后再填方。这样可保证新填土方的稳定。

（3）辇土或挑土堆山。土方的运输路线和下卸，应以设计的山头为中心结合来土方向进行安排。一般以环形线为宜，车辆或人挑满载上山，土卸在路两侧，空载的车（人）沿路线继续前行下山，车（人）不走回头路不交叉穿行，所以不会顶流拥挤。随着卸土，山势逐渐升高，运土路线也随之升高，这样既组织了人流，又使土山分层上升，部分土方边卸边压实，这不仅有利于山体的稳定，山体表面也较自然。如果土源有几个来向，运土路线可根据设计地形特点安排几个小环路，小环路以人流车辆不相互干扰为原则。

六、土方的压实

人力夯压可用夯、碾等工具；机械碾压可用碾压机或用拖拉机带动的铁碾。小型的夯压机械有内燃夯、蛙式夯等，如土壤过分干燥，需先洒水湿润后再行压实。

在压实过程中应注意以下几点：

（1）压实工作必须分层进行。

（2）压实工作要注意均匀。

（3）压实松土时夯压工具应先轻后重。

（4）压实工作应自边缘开始逐渐向中间收拢，否则边缘土方外挤易引起坍落。

七、土壁支撑和土方边坡

土壁主要是通过体内的黏结力和摩擦阻力保持稳定的，一旦受力不平衡就会出现塌方，不仅会影响工期，还会造成人员伤亡，危及附近的建筑物。

出现土壁塌方主要有以下四个原因：

（1）地下水、雨水将土地泡软，降低了土体的抗剪强度，增加了土体的自重，这是出现塌方的最常见原因。

（2）边坡过陡导致土体稳定性下降，尤其是开挖深度大、土质差的坑槽。

（3）土壁刚度不足或支撑强度破坏失效导致塌方。

（4）将机具、材料、土体堆放在基坑上口边缘附近，或者车辆荷载的存在导致土体剪应力大于土体的抗剪强度。为了确保施工的安全性，基坑的开挖深度达到一定限度后，土壁应该放足边坡，或者利用临时支撑稳定土体。

八、施工排水与流沙防治

在开挖基坑或沟槽时，往往会破坏原有地下水文状态，可能出现大量地下水渗入基坑的情况。雨季施工时，地面水也会大量涌入基坑。为了确保施工安全，防止边坡垮塌事故发生，必须做好基坑降水工作。此外，水在土体内流动还会造成流沙现象。如果动水压力过大则在土中可能发生流沙现象。所以防止流沙就要从减小或消除动水压力入手。

防治流沙的方法主要有水下挖土法、打板桩法、地下连续墙法、井点降水等。水下挖土法的基本原理是使基坑坑内外的水压互相平衡，从而消除动水压力的影响。如沉井施工，排水下沉，进行水中挖土、水下浇筑混凝土，是防治流沙的有效措施。打板桩法基本原理是将板桩沿基坑周遭打入，从而截住流向基坑的水流。但是此法需注意板桩必须深入不透水层才能发挥作用。沿基坑的周围先浇筑一道钢筋混凝土的地下连续墙，以此起到承重、截水和防流沙的作用。井点降水法施工复杂，造价较高，但是它同时对深基础施工起到很好的支持作用。以上这些方法都各有优势与不足。而且由于土壤类型颇多，现在还很难找到一种方法可以一劳永逸地解决流沙问题。

第三节　园林绿化工程施工

一、园林绿化的作用

园林绿化的施工能对原有的自然环境进行加工美化，在维护的基础上再创美景，用模拟自然的手段，人工重建生态系统，在合理维护自然资源的基础上，增加绿色植被在城市中的覆盖面积，美化城市居民的生活环境；园林绿化工程为人们提供了健康绿色的生活地、休闲场所，在发挥社会效益的同时，园林工程也获得了巨大的社会效益；人类建造的模拟自然环境的园林能够使植物、动物等在一个相对稳定的环境中栖息繁衍，为生物的多样性创造了相对良好的条件；在可持续发展和城市化的进程中，园林建设增加了绿色植被的覆盖面积，美化了城市环境，提高了居民生活的环境质量，能促使人们的身心健康发展，也发扬了本民族的优秀文化，为城市的不断发展、人们生活的不断进步做出了自己的贡献。

二、园林绿化工程的特点

（一）园林绿化工程的艺术性

园林绿化工程不仅仅是一座简单的景观雕塑，也不仅仅是提供一片绿化的植被，它是具有一定的艺术性的，这样才能在净化空气的同时带给人们精神上的享受和感官的愉悦。自然景观还要充分与人造景观相融相通，满足城市环境的协调性的需求。设计人员在最初进行规划时，就可以先进行艺术效果上的设计，在施工过程中还可以通过施工人员的直觉和经验进行设计上的修饰。尤其是在古典建筑或者标志性建筑周围建设园林绿化工程的时候，更要讲究其艺术性，要根据施工地的不同环境和不同文化背景进行设计，不同的设计人员会有不同的灵感和追求，设计和施工的经验和技能也是有差别的，因此相关施工和设计人员要不断地提升自己的艺术性和技能，这也是对园林绿化人员提出的要求。

（二）园林绿化工程的生态性

园林绿化工程具有强烈的生态性，现代化进程的不断加进，让人口与资源环境的发展其不协调，人们生存的环境质量也一再下降，生态环境的破坏和环境污染已经带来了一系列的负效应，也直接影响了人们的身体健康和精神的追求，间接的，也使经济的发展受到了限制。因此，为了响应可持续发展的号召，为了提高人们赖以生存的环境质量，就要加强城市的园林绿化工程建设力度，各城市管理部门要加强这方面的重视程度。这种园林绿化工程的生态性也成了这个行业关注的焦点。

（三）园林绿化工程的特殊性

园林绿化工程的实施对象具有特殊性，由于园林绿化工程的施工对象都是植物居多，而这些都是有生命的活体，在运输、培植、栽种和后期养护等各个方面都要有不同的实施方案，也可以通过这种植物物种的丰富的多样性和植被的特点及特殊功效来合理配置景观，这也需要施工和设计人员具有扎实的植物基础知识和专业技能，对其生长习性、种植注意事项、自然因素对其的影响等都了如指掌，才能设计出最佳的作品，这些植物的合理设计和栽种可以净化空气、降温降噪等，还可以为人们提供一份宁静与安逸，这也是园林绿化工程跟其他城市建设工程相比具有突出特点的地方。

（四）园林绿化工程的周期性

园林绿化工程的重要组成部分就是一些绿化种植的植被，因此，其季节性较强，具有一定的周期，要在一定的时间和适宜的地方进行设计和施工，后期的养护管理也一定要做到位，保证苗木等植物的完好和正常生长，这是一个长期的任务，同时也是比较重要的环节之一。这种养护具有持续性，需要有关部门合理安排，才能确保景观长久的保存，创造最大的景观收益。

（五）园林绿化工程的复杂性

园林绿化工程的规模一般很小，却需要分成很多个小的项目，施工时的工程量也小而散。这就为施工过程的监督和管理工作带来了一定的难度。在设计和施工前要认真挑选合适的施工人员，不仅要掌握足够的知识面，还要对园林绿化的知识有一定的了解，最后还要具备一定的专业素养和德行，避免施工单位和个人在施工时不负责的偷工减料和投机取巧，确保工程的质量。由于现在的城市中需要绿化的地点有很多，如公园、政府、广场、小区甚至是道路两旁等，园林绿化工程的形式也越来越多样化，因此今后园林绿化工程的复杂程度也会逐渐提高，这也对有关部门提出了更高的要求。

三、园林绿化施工技术

（一）园林绿化工程施工流程

园林绿化工程施工主要由两个部分组成——前期准备和实施方案。其中园林绿化工程的前期准备主要包括三个方面：技术准备、现场准备和苗木及机械设备准备。园林绿化工程分实施方案又由施工总流程、土质测定及土壤改良、苗木种植工程三个主要的部分构成。重点是苗木种植流程；选苗→加工→移植→养护。

（二）园林绿化工程施工技术要点

1. 园林绿化工程施工前的技术要点

一项高质量的园林绿化工程的完成，离不开完善的施工前的准备工作。它是对需要施工的地方进行全面考察了解后，针对周围的环境和设施进行深入的研究，还要深入了解土质、水源、气候及人力后进行的综合设计。同时，还要掌握树种及各种植物的特点和适应的环境进行合理配置，要适当地安排好施工的时间，确保工程不延误最佳的施工时机，这也是成活率的重要保证。为了防止苗木在施工时受到季节和天气的影响，要尽量选在阴天或多云风速不大的天气进行栽种。要严格按照设计的要求进行种植，确保翻耕深度，对施工地区要进行清扫工作，多余的土堆也要及时清理，工作面的石块、混凝土等也要搬出施工地区，最后还要铺平施工地，使其满足种植的需要。

2. 园林绿化工程施工过程技术要点

在施工开始后，要做到的关键部分就是定好点、栽好苗、浇好水等，严格按照施工规定的流程进行施工操作，要保证植物能够正常健康的生长，科学培育。首先，行间距的定点要严格进行设计，将路缘或路肩及临街建筑红线作为基线，以图纸要求的尺寸作为标准在地面确定行距并设置定点，还要及时做好标记，便于查找。如果是公园地区的建设，要采用测量仪，准确标记好各个景观及建筑物的位置，要有明确的编号和规格，施工时要对植被进行细致的标注。其次，树木栽植技术也对整个工程的顺利施工有着重要的影响，栽植树木不仅是栽种成活，还要对其形状等进行修剪等。由于整个施工难免对植被会造成一定的伤害，为了尽早恢复，让树木等能够及时吸收足够的土壤养分，就要进行适时的浇水，通常对本年份新植树木的浇水次数应在三次以上，苗木栽植当天浇透水一次。如果遇到春季干旱少雨造成土壤干燥还要适当将浇水时间提前。

3. 园林绿化工程的后期养护工作

后期的养护工作也是收尾工作是整个工程的最后保证，也是对整个工程的一个保持，根据植物的需求，要及时对其需要的养分进行适时补充，以免造成植被死亡，影响景观的整体效果。灌溉时，要根据树木的品种及需求适时调整，节约水资源和人力、物力。为了达到更好的美观性和艺术性，一些植物还需要定时进行修剪，这也是养护管理的重要工作内容，有些植物易受到虫害的侵袭，对于这类植被要及时采取相应措施，除此以外，还有保暖措施等。

四、园林绿化过程中施工注意事项

（一）苗木的选择

在园林绿化过程中，选择乔木苗木的时候应该尽可能选择分支均匀、树冠完整以及笔直的树苗来作为移植树苗，不要使用一些倾斜、弯曲的树苗。

（1）可以用作移植的树苗具有以下特点：

①树干特点选择相对平滑且没有大结节以及突出物的树干，大结节也就是树干上有大于 20 mm 直径的伤痕。

②叶片特点。能够进行移植的树苗除了拥有特殊的类型之外，一般情况下树木的叶片颜色为深绿色，并且还具有一定亮度。

③树木丰满度。在进行树苗移栽的过程中，应该尽可能选择整体饱满、树干枝叶繁盛，并且密实、平整的树苗来作为绿化需要的树木。

④合理的选择没有病害的苗木来进行移栽。在对树苗进行移栽的过程中，树苗的树叶不能出现发白的情况，还应该保证树苗内部没有寄生虫。

⑤合理选择树苗年龄。在进行移栽的过程中，一般应该选择 3～5 年树龄的树苗作为绿化移栽的树苗，不可以使用树龄过大或者过小的树苗来作为移栽树苗，并且在确定树龄的时候合理地进行年轮抽样检查。在园林绿化选择灌木树苗的时候，应该选择分支比较多以及主干比较低的树苗。一般来说，相对比较好的灌木树苗就是具有三个以上第一分枝，绿叶具有一定的光亮，或者为深绿和翠绿。以叶片分枝比较多、密集饱满为树木的丰满度。对很多球类树木来说，在对树苗进行修剪的过程中应该保持特定形状，所以，对于树木树叶的密实度就有一定的要求。在移栽灌木树苗的时候，应该仔细地观察是否被虫子咬过以及一些隐藏的病虫害。

（2）苗木的选择类型

①乔木类

对常绿及落叶乔木而言，园林施工作业人员最应注意的就是要保证乔木的正常生长，为植物提供必要的生长环境。在此前提下，通过整形修剪对树木的形状进行合理的美化修整，确保干性强、顶端优势强的树种生长成高大笔直的景观树，而干性弱、枝条形态分布优美的树种保持其自然、优雅的树形。其中，对于顶端优势强的乔木，修剪过程中需要将树干主干保留下来，并留取各层级主枝，形成类似圆锥形的树形。对乔木侧枝进行适当的修剪，能够合理控制其生长的态势，进一步推动乔木主干生长。但是，若在修剪中误将主枝顶端剪掉或者是对其造成损伤，则需要将靠近中间且生长强健的侧枝当作主干培养，保持树种的顶端优势，确保乔木生长态势良好。对于大型乔木的修剪，则应当在修剪工作完毕后及时对修剪的伤口进行清理，涂抹伤口愈合剂，促进伤口尽快愈合，并阻断树木伤口处在恢复期受到病虫害的侵染。此外，对于珍贵树种的处理，最好使用树皮修补或者是移植的方法，以确保植株伤口能够在短时间内愈合。

②花灌木类

园林中的花灌木种类繁多，景观各异。对此类植株栽植前的合理修剪，必须根据设计意图采用不同的修剪整形方式。如对于规整式园林景观，实质是通过人工细致的修剪使得自然生长的灌木形体转变成较为规则的形状，以自身自然的绿色和规整的形状不断装饰、美化园林，进一步增加园林的观赏性，体现出人类改造自然的能力。为此，园林施工作业人员在修剪灌木时，需要严格遵守以下几个技术要点：首先，需要依据园林中灌木丛的具体疏密情况，适当保留几个形状比较规则的主枝，疏剪一些生长较为密集的枝条，同时对侧枝进行合理的修剪，促使灌木呈现出圆形、椭圆形等设计规定的形状。其次，适当去除灌木植株体上一些较老的枝干并保留和培养一些新生枝，可以增强灌木的生长势，促进花灌木生长更为旺盛美观。而自然式园林，则强调虽由人作、宛自天开的人文意境，园林植物修剪注重植物本身自然的生长形态，仅对部分生长不合理的交叉枝、重叠枝、轮生枝、病虫枝、徒长枝等疏除，减少人为对原有树体形态的过多干预，形成模拟自然界真实、缩微的植物群落景观。

③绿篱类

绿篱主要由耐修剪的花灌木或小型乔木组成，一般是单排或双排形成植篱墙或护栏式景观。园林工作人员可以将绿篱中的植物修剪成各种规整式形状，如波浪形、椭圆形、方形等，设计师可以将绿篱设置在道路、纪念性景观两侧，达到引导游客视线、隔离道路和保护环境等目的。为了确保绿篱整体高度及形状一致，园林工作人员会定期安排整形修剪，适当修剪植株主尖，一般剪去主尖的1/3，剪口高度介于 5 ~ 10 ㎝之间，这样有助于控制植株的生长高度，促进绿篱的健康成长。

（二）对于种植土的复原与选择

在园林绿化工程施工过程中，土壤是花草树木能够生存的主要基础，基本上以土粒团粒为最好，直径一般都是 1 ~ 5 mm，孔径会小于 0.01 mm 的最为适合树木的生长。一般而言，土壤表层都具有大量的植物生长需要的营养及团粒结构。在进行园林绿化的过程中，时常会把表层去掉，这就破坏了植物能够生长的最有利环境。为了保证可以有效、科学地培养树木的生长，最好的办法就是把园林内部原有的土壤表层进行合理使用，在对土壤表层进行复原的过程中，应该尽可能避免大型机械的碾压，从而破坏土壤结构，可以使用倒退铲车来对土壤进行掘取。

（三）施工过程中的土建以及绿化

在园林绿化工程施工建设过程中，经常会用到种交叉施工方式，这会在一定程度上导致很多施工企业为了赶上施工进度以及其他的外在因素出现一些问题。在对园林进行绿化的时候，绿化与土建是由不同施工单位来分别完成的，因此，非常容易出现问题，特别是在保护砌筑路牙石以及植物方面，所以，需要密切注意施工过程中的细小细节，提高施工质量。

第四节　园林假山工程施工

一、假山的概念及功能作用

（一）假山的概念

假山是指用人工方法堆叠起来的山，是按照自然山水为蓝本，经艺术加工而制作的。随着叠石为山技巧的进步和人们对自然山水的向往，假山在园林中的应用也越来越普遍。不论是叠石为山，还是堆土为山，或土石结合，抑或单独赏石，只要它是人工堆成的，均可称为假山。人们通常所说的假山实际上包括假山和置石两个部分。所谓的假山，是以造景、游览为主要目的，充分地结合其他多方面的功能作用，以土、石等为材料，以自然山水为蓝本并加以艺术的提炼、加工、夸张，用人工再造的山水景物的通称。置石，是指以山石为材料做独立造景或做附属配置造景布置，主要表现山石的个体美或局部山石组合，不具备完整的山形。

一般来说，假山的体量较大而且集中，可观可游可赏可憩，使人有置身自然山林之感；置石主要是以观赏为主，结合一些功能（如纪念、点景等）方面的作用，体量小且分散。假山按材料不同可分为土山、石山和土石相间的山。置石则可分为特置、对置、散置、群置等。为降低假山置石景观的造价和增强假山置石景观的整体性，在现代园林中，还出现以岭南园林中灰塑假山工艺为基础的采用混凝土、有机玻璃、玻璃钢等现代工业材料和石灰、砖、水泥等非石材料进行的塑石塑山，成为假山工程的一种专门工艺，这里不再单独探讨。

（二）假山的功能作用

假山和置石因其形态千变万化，体量大小不一，所以在园林中既可以作为主景也可以与其他景物搭配构成景观。如作为扬州个园的"四季假山"以及苏州狮子林等总体布局以山为主，水为辅弼，景观特别；在园林中作为划分和组织空间的手段；利用山石小品作为点缀园林空间、陪衬建筑和植物的手段；用假山石作花台、石阶、踏跺、驳岸、护坡、挡土墙和排水设施等，既朴实美观，又坚固实用；用作室内外自然式家具、器设、几案等，如石桌凳、石栏、石鼓、石屏、石灯笼等，既不怕风吹日晒，也增添了几分自然美。

二、假山工程施工技术

（一）施工前准备工作

施工前首先应认真研究和仔细会审图纸，先做出假山模型，方便之后的施工，做好施工前的技术交底，加强与设计方的交流，充分正确了解设计意图。其次，准备好施工材料，如山石材料、辅助材料和工具等。还应对施工现场进行反复勘察，了解场地的大小，当地的土质、地形、植被分布情况和交通状况等方面。制订合适的施工方案，配备好施工机械设备，安排好施工管理和技术人员等。

（二）假山的材料选择

我国幅员辽阔，地质变化多端，为园林假山建设提供了丰富的材料。古典园林中对假山的材料有着深入的研究，充分挖掘了自然石材的园林制造潜力，传统假山的材料大致可分为以下几大类：湖石（包括太湖石、房山石、英石、灵璧石、宣石）、黄石、青石、石笋还有其他石品（如木化石、石珊瑚、黄蜡石等），这些石种更具特色，有自己的自然特点，根据假山的设计要求不同，采用不同的材料，经过这些天然石材的组合和搭配，构建起各具特色的假山，如太湖石轻巧、清秀、玲珑，在水的溶蚀作用下，纹理清晰，脉络景隐，有如天然的雕塑品，常被选其中形体险怪、嵌空穿眼者为特置石峰；又如宣石颜色洁白可人，且越旧越白，有着积雪一般的外貌，成为冬山的绝佳材料。而现代以来，由于资源的短缺，国家对山石资源进行了保护，自然石种的开采量受到了很大的限制，不能满足园林假山的建设需要，随着技术的日益发展，在现代园林中，人工塑石已成为假山布景的主流趋势，由于人工塑石更为灵活，可根据设计意图自由塑造，所以取得了很好的效果。

（三）假山施工流程

假山的施工是一个复杂的工程，一般流程为：定点放线→挖基槽→基础施工→拉底→中层施工（山体施工、山洞施工）→填、刹、扫缝→收顶→做脚→竣工验收→养护期管理→交付使用。其中涉及了许多方面的施工技术，每个环节都有不同的施工方法，在此，将重点介绍其中的一些施工方法。

（1）定点放线

首先要按照假山的平面图，在施工现场用测量仪准确地按比例尺用白石粉放线，以确定假山的施工区域。线放好后，跟着标出假山每一部位坐标点位。坐标点位定好后，还要用竹签或小木棒钉好，做出标记，避免出差错。

（2）基础施工

假山的基础如同房屋的地基一样都是非常重要的，应该引起重视。假山的基础主要有木桩、灰土基础、混凝土基础三种。木桩多选用较平直又耐水湿的柏木桩或杉木桩。木桩顶面的直径约在 10 ~ 15 cm。平面布置按梅花形排列，故称"梅花桩"。桩边至桩边的距离约为 20 ㎝，其宽度视假山底脚的宽度而定。桩木顶端露出湖底十几厘米至几十厘米，并用花岗石压顶，条石上面才是自然的山石，自然山石的下部应在水面以下，以减少木桩腐烂。灰土基础一般采用"宽打窄用"的方法，即灰土基础的宽度应比假山底面积的宽度宽出 0.5 ㎝左右，保证了基础的受力均匀。灰槽的深度一般为 50 ~ 60 ㎝。2m 以下的假山一般是打一步素土，一步灰土。一步灰土即布灰 30 ㎝，踩实到 15 ㎝再夯实到 10 ㎝厚度左右。2 ~ 4 ㎝高的假山用一步素土、两步灰土。石灰一定要新出窑的块灰，在现场泼水化灰。灰土的比例采用 3 ：7。混凝土基础耐压强度大，施工速度快。厚度陆地上约 1 ~ 20 ㎝，水中约为 50 ㎝。陆地上选用不低于 C10 的混凝土。水中假山基础采用 M15 水泥砂浆砌块石，或 C20 的素混凝土做基础为妥。

（3）拉底

拉底就是在基础上铺置最底层的自然山石，是叠山之本。假山的一切变化都立足于这一层，所以底石的材料要求大块、坚实、耐压。底石的安放应充分考虑整座假山的山势，灵活运用石材，底脚的轮廓线要破平直为曲折，变规则为错落。要根据皴纹的延展来决定，大小石材成不规则的相间关系安置，并使它们紧密互咬、共同制约，连成整体，使底石能垫平安稳。

（4）中层

中层是假山造型的主体部分，占假山中的最大体量。中层在施工中除要尽量做到山石上下衔接严密之外，还要力求破除对称的形体，避免成为规规矩矩的几何形态，而是因偏得致，错综成美。在中层的施工时，平衡的问题尤为明显，可以采用"等分平衡法"等方法，调节山石之间的位置，使它们的重心集中到整座假山的重心上。

（5）收顶

收顶即处理假山最顶层的山石。从结构上来讲，收顶的山石要求体量大的，以便合凑收压，一般分为分峰、峦和平顶三种类型，可在整座假山中起到画龙点睛的效果，应在艺术上和技术上给予充分重视。收顶时要注意使顶石的重力能均匀地分层传递下去，所以往往用一块山石同时镇压住下面的山石，当收顶面积大而石材不够时，可采用"拼凑"的施工方法，用小石镶缝使它们成为一体。

（四）假山景观的基础施工

假山景观一般堆叠较高、重量较大，部分假山景观又会配以流水，加大对基础的侵蚀。所以首先要将假山景观的基础工程搞好，减少安全隐患，这样才能造就各种假山景观造型。基础的施工应根据设置要求进行，假山景观基础有浅基础、深基础、桩基础等。

（1）浅基础的施工

浅基础的施工程序为：原土夯实→铺筑垫层→砌筑基础。浅基础一般是在原地面上经夯实后而砌筑的基础。此种基础应事先将地面进行平整，清除高垄，填平凹坑，然后进行夯实，再铺筑垫层和基础。基础结构按设计要求严把质量关。

（2）深基础的施工

深基础的施工程序为：挖土→夯实整平→铺筑垫层→砌筑基础。深基础是将基础埋入地面以下的基础，应按基础尺寸进行挖土，严格掌握挖土深度和宽度，一般假山景观基础的挖土深度为 50 ~ 80 ㎝，基础宽度多为山脚线向外 50 ㎝。土方挖完后夯实整平，然后按设计铺筑垫层和砌筑基础。

（3）混凝土基础

目前大中型假山多采用混凝土基础、钢筋混凝土基础。混凝土具有施工方便、耐压能力强的特点。基础施工中对混凝土的标号有着严格的规定，一般混凝土垫层不低于 C10，钢筋混凝土基础不低于 C20 的混凝土，具体要根据现场施工环境决定，如土质、承载力、假山的高度、体量的大小等决定基础处理形式。

（4）木桩基础

在古代园林假山施工中，其基础形式多采用杉木桩或松木桩。这种方法直到现在仍旧有其使用价值，特别是在园林水体中的驳岸上，应用较广。选用木桩基础时，木桩的直径范围多在 10 ~ 15 ㎝之间，在布置上，一般采用梅花形状排列，木桩与木桩之间的间距为 20 ㎝。打桩时，木桩底部要达到硬土层，而其顶端则必须至少高于水体底部十几厘米。木桩打好后要用条石压顶，再用块石使之互相嵌紧。这样基础部分就算完成了，可以在其上进行山石的施工。

（五）山体施工

1. 山石叠置的施工要点

（1）熟悉图纸

在叠山前一定要把设计图纸读熟，但由于假山景观工程的特殊性，它的设计很难完全一步到位。一般只能表现山体的大致轮廓或主要剖面，为了方便施工，一般先做模型。由于石头的奇形怪状，不易掌握，因此，全面了解和掌握设计者的意图是十分重要的。如果工程大部分是大样图，无法直接指导施工，可通过多次的制作样稿，多次修改，多次与设计师沟通，摸清设计师的真正意图，找到最合适的施工方法。

（2）基础处理

大型假山景观或置石必须要有坚固耐久的基础，现代假山景观施工中多采用混凝土基础。

2. 山体堆砌

山体的堆砌是假山景观造型最重要的部分，根据选用石材种类的不同，要艺术性地再现自然景观，不同的地貌有不同的山体形状。一般堆山常分为底层、中层、收顶三部分。施工时要一层一层做，做一层石倒一层水泥砂浆，等到稳固后再上第二层，如此至第三层。底层，石块要大且坚硬，安石要曲折错落，石块之间要搭接紧密，摆放时大而平的面朝天，好看的面朝外，一定要注意放平。中层，用石要掌握重心，飘出的部位一定要靠上面的重力和后面的力量拉回来，加倍压实做到万无一失。石材要统一，既要相同的质地、相同纹理，色泽一致，咬茬合缝，浑然一体，又要有层次有进深。

3. 置石

置石一般有独立石、对置、散置、群置等。独立石，应选择体量大、造型轮廓突出、色彩纹理奇特、有动态的山石。这种石多放在公园的主入口或广场中心等重要位置。对石，以两块山石为组合，相互呼应，一般多放置在门前两侧或园路的出入口两侧。散置，几块大小不等的山石灵活而艺术的搭配，聚散有序，相互呼应，富于灵气。群置，以一块体量较大的山石作为主石，在其周围巧妙置以数块体量较小配石组成一个石群，在对比之中给人以组合之美。

（1）山石的衔接

中层施工中，一定要使上下山石之间的衔接严密，这除了要进行大块面积上的闪进，还需防止在下层山石上出现过多破碎石面。只不过有时候，出于设计者的偏好，为体现假山某些形状上的变化，也会故意预留一些这样的破碎石面。

①形态上的错落有致

假山山体的垂直和水平方向都要富于变化，但也不宜过于零碎，最好是在总体上大伸大缩，使其错落有致。在中层山石的设置上，要避免出现长方形、正方形这样严格对称的形状，而要注重体现每个方向上规则不同的三角形变化，这样也可使石块之间搭拉咬茬，提高山体的稳定性。另外，山石要按其自然纹理码放，保证整体上山石纹理的通顺。

②山体的平衡

中层是衔接底层和顶层的中间部分，底层是基础，要保证其对整个上部有足够的承载力，而到中层时，则必须得考虑其自身和上部的平衡问题了。譬如，在假山悬崖的设计中，山体需要一层层往外叠加，这样就会使山体的重心前移，所以这时就必须利用数倍于前沉重心的重力将前移重心拉回原本重心线。

③绿化相映、山水结合

山无草不活，没有花草树木相映，假山就会光秃秃的，显得呆板而缺乏活力。所以在堆砌假山时，要按照设计要求，在适当的地方预留种植穴，待假山整体框架完工后种植花草树木，达到更好的观赏性。假山修建过程中，有时还需预留管道，用于设计喷泉和其他排水设施。再在假山建成后，在假山周围一定范围内，修建水池，用太湖石或黄石驳岸，把山上流水引入池中，使得树木、山水相映生趣，增加假山的观赏性。

（2）顶层

顶层即假山的最上面部分，是最重要的观赏部分，这也是它的主要作用，无疑应做重点处理。顶层用石，无疑应选用姿态最美观、纹理最好的石块，主峰顶的石块体积要大，以彰显假山的气魄。

在顶层用石选用上，不同峰顶要求如下：

①堆秀峰

堆秀峰特点是利用其庞大的体积显示出来的强大压力，镇压全局。峰石本身可用单块山石，也可由块石拼接。峰石的安置要保证山体的重心线垂直底面中心，均衡山势，保证山体稳定。但同时也要注意到的是，峰石选用时既要能体现其效果，又不能体积过大而压垮山体。

②流云峰

流云峰偏重于做法上的挑、飘、环、透。由于在中层已大体有了较为稳固的布置，所以在收头时，只需将环透飞舞的中层合而为一。峰石本身可以作为某一挑石的后坚部分，也可完成一个新的环透体，既保证叠石的安全，又保障了其流云或轻松的感觉不被破坏。

③剑立峰

剑立峰，顾名思义，就是用竖向条石纵立于山顶的一种假山布置。这种形式的特点在于利用剑石构成竖向瘦长直立的假山山顶，从而体现出其峭拔挺立、刺破青天的气魄。对于这种形式的假山，其峰石下的基础一定要十分牢固，石块之间也要紧密衔接，牢牢卡住，保证峰石的稳定和安全。

（六）假山石景的山体施工

一座山是由峰、峦、岭、台、壁、岩、谷、壑、洞、坝等单元结合而成，而这些单元是由各种山石按照起、承、转、合的章法组合而成。

（1）安稳。安稳是对稳妥安放叠置山石手法的通称，将一块大山石平放在一块或几块大山石上面的叠石方法叫作安稳，安稳要求平稳而不能动摇；石下不稳之处要用小石片垫实刹紧。一般选用宽形或长形山石，这种手法主要用于山脚透空巨石下需要做眼的地方。

（2）连。山石之间水平方向的相互衔接称为连。相连的山石基连接处的茬口形状和石面皱纹要尽量相互吻合，如果能做到严丝合缝最理想，但多数情况下，只要基本吻合即可。对于不同吻合的缝口应选用合适的石刹紧，使之合为一体，有时为了造型的需要，做成纵向裂缝或石缝处理，这时也要求朝里的一边连接好，连接的目的不仅在于求得山石外观的整体性，更主要地是为了使结构上凝为一体，以均匀地传达和承受压力。连好的山石，要做到当拍击石一端时，应使相连的另一端山石有受力之感。

（3）接。它是指山石之间的竖向衔接，山石衔接的茬口可以是平口，也可以凹凸口，但一定是咬合紧密而不能有滑移的接口，衔接的山石，外面上要依皱纹连接，至少要分出横竖纹路来。

（4）斗。以两块分离的山石为底脚，作成头顶相互内靠，认同的两者争斗状，并在两头顶之间安置一块连接石；或借用斗栱构件的原理，在两块底脚石上安置一块拱形山石。

（5）挎。即在一块大的山石之旁，挎靠一块小山石，犹如人肩之挎包一样。挎石要充分利用茬口咬压，或借用上面山石之重力加以稳定，必要时应在受力之隐蔽处，用钢丝或铁件加轻固定连接。挎一般用在山石外轮廓形状过于平滞而缺乏凹凸变化的情况。

（6）拼。将若干小山石拼零为整，组成一块具有一定形状大石面的做法称为拼，因为假山景观不会是用大山石叠置而成，石块过大，对吊装、运输都会带来困难，因此需要选用一些大小不同的山石，拼接成所需要的形状，如峰石、飞梁、石矶等都可以采用拼的方法而成；有些假山景观在山峰叠砌好后，突然发现峰体太瘦，缺乏雄壮气势，这时就可将比较合适的山石拼合到峰体上，使山峰雄厚壮观起来。

（七）假山景观山脚施工

假山景观山脚施工是直接落在基础之上的山林底层，它的施工分为拉底、起脚和做脚。

（1）拉底

拉底是指用山石做出假山景观底层山脚线的石砌层。

①拉底的方式：拉底的方式有满拉底和线拉底两种。满拉底是将山脚线范围之内用山石满铺一层。这种方式适用于规模较小、山底面积不大的假山景观，或者有冻胀破坏的北方地区及有震动破坏的地区。线拉底按山脚线的周边铺砌山石，而内空部分用乱石、碎砖、泥土等填补筑实。这种方法适用于底面较大的大型假山景观。

②拉底的技术要求：底脚石应选择石质坚硬、不易风化的山石。每块山脚石必须垫平垫实，用水泥砂浆将底脚空隙灌实，不得有丝毫摇动感。各山石之间要紧密咬合，互相连接形成整体，以承托上面山体的荷载分布。拉底的边缘要错落变化，避免做成平直和浑圆形状的脚线。

（2）起脚拉底之后，开始砌筑假山景观山体的首层山石层叫起脚。起脚边线的做法常用的有点脚法、连脚法和块面法。

①点脚法：在山脚的边线上，用山石每隔不同的距离做墩点，用于片块状山石盖于其上，做成透空小洞穴。这种做法用于空透型假山景观的山脚。

②连脚法：按山脚边线连续摆砌弯弯曲曲、高低起伏的山脚石，形成整体的连线山脚线，这种做法各种山形都可采用。

③块面法：用大块面的山石，连续摆砌成大凸大凹的山脚线，使凸出凹进部分的整体感都很强，这种做法多用于造型雄伟的大型山体。

三、施工中的注意事项

（1）施工中应注意按照施工流程的先后顺序施工，自下而止，分层作业，必须在保证上一层全部完成，在胶结材料凝固后才进行下一层施工，以免留下安全隐患。

（2）施工过程中应注意安全，"安全第一"的原则在假山施工工程中应受到高度重视。对于结构承重石必须小心挑选，保证有足够的强度。在叠石的施工过程中应争取一次成功，吊石时在场工作人员应统一指令，栓石打扣起吊一定要牢靠，工人应戴好防护鞋帽，保证做到安全生产。

（3）要在施工的全过程中对施工的各工序进行质量监控，做好监督工作，发现问题及时改正。在假山工程施工完毕后，对假山进行全面的验收，应开闸试水，检查管线、水池等是否漏水漏电。竣工验收与备案程应按法规规范和合同约定进行。假山景观是人工将各种奇形怪状、观赏性高的石头，按层次、特点进行堆叠而形成山的模样，再加以人工修饰，达到置一山于一园的观赏效果。在园林中假山景观的表现形式多种多样，可作为主景也可作为配景，如划分园林空间、布置道路、连廊等。再配以流水、绿草更能增添自然的气息。

第五节　园林供电与照明工程施工

一、园林景观照明设计

（一）城市园林景观照明设计

每个城市都有其独特的风俗文化，城市的风俗文化外化后就体现在城市的景观照明设计中。一个城市的白天和黑夜是截然不同的，日间的景致无法仿效，而夜晚当然会使它多一些"神秘感"，并具有它自己的味道。人们往往能通过城市夜间的照明，直观感受到城市的魅力，而园林景观照明设计作为城市景观照明的一部分，显得尤为重要，因此，对城市园林景观照明设计进行探究有其深层意义。

（二）城市园林景观照明设计的基本要求

1.满足人对照明的基本要求，使人感到舒适和健康

街道、广场、建筑和人构成了一座城市，其中人是最主要的元素，城市是人们居住的场所，城市园林景观设计要遵循以人为本的原则，城市园林景

观照明设计更要如此。遵循以人为本的原则，最基本的就是满足各个场所照明的照度要求，满足物体的可见度的需要，确保安全性和对方向的辨认，使人感到舒适和健康。

2.强调光与环境的融合，达到相铺相成的效果

园林景观照明设计在满足各个场所的照度要求的基础上，要注重与周边环境相融合，达到美化环境的效果。光与环境的融合主要体现在光的显色性上，光的颜色一定要与环境相适合，不可太突出抢了风头，也不可太暗淡，达不到照明的效果，在差异中强调整体性，彼此之间要形成平衡和联系，使其达到浑然一体的效果。

3.防止眩光，避免光污染

防止眩光是指必须对光在（接近）水平方向上的亮度进行限制或遮挡，这在照明设计上非常重要，眩光会使人眼对物体的识别产生偏差，导致判断失误，对行驶在车行道上的车辆来说，严重的可能会造成交通意外。而"光污染"这个术语是用来形容过度的灯光或指向有误的灯光。恼人的灯光大多来自温室射出的灯光、被照亮的园区广告牌、过量照明的建筑、过分的道路照明等，这些都是光污染的表现。

光污染是光的一种浪费，不仅会给公共区域的使用者和邻近环境中的居民造成烦扰，还会对植物的生长周期和动物的生命节奏造成一定的危害，所以，城市园林景观照明设计一定要防止眩光，避免光污染。

（三）城市园林景观中不同建筑物类型的照明设计

（1）园林道路照明

园林道路作为整个园林的骨架，其照明设计必须在保证照度安全、均匀的同时突出主次的差异，让游客和行人一目了然，不至于迷路。

①照度均匀、安全

在园林道路的照明中，必须根据灯具的高度和灯杆之间的距离采取相应的措施以确保灯光的均匀度，"锥形光束"必须彼此交叠。而行人行走的道路、区域，安全感总是关注的重点，要有足够的光线，不要有太多的黑暗的地方，

要看得到来往的交通，利于行人与车辆之间的避让。当某处光线很强的时候，与它相邻的四周看起来就会比实际情况暗。人的视觉会跟随眼前的光线进行调整，如果周围没有更强的光亮就会觉得该点的亮度是足够的了，这就是亮度平衡问题。

②突出主次

在园区的主要街道和次要街道之间，景观照明设计在照明强度上有强弱之分，在灯光色彩的运用上也有很大差异，这种差别对区分不同区域是有益的，可以使游客一目了然，清楚地知道园区的道路分布，了解自己所处的位置及目的地的方位。但在设计的时候，不可一味地突出差异，还需考虑整体性，注意彼此之间形成平衡和联系。

（2）公共活动区域照明

在园林设计中，建筑设计师总会设计一部分供游客小憩的开放性场所，比如，园区中间的小广场，园林的休息区、咖啡厅、品茶店，等等，通常这些场所都会在户外设置长椅、座椅和石桌来供游客休息、用餐，需要给游客提供一种轻松愉悦的气氛，让游客疲惫的身心得到舒缓。因此，在该公共区域的照明设计中，景观照明设计师要有无限的创意和浓厚的艺术素养，有独特的艺术欣赏力，通过采取降低照度、采用彩色灯具等来调节情调，烘托气氛，营造舒适静谧的氛围，给人以轻松愉悦的享受。

（3）绿植和水景照明

在园林景观设计中，绿植和水景往往是少不了的，毕竟园林主要是让人放松的地方，绿色植物能产生新鲜的空气，水景也能让人的心瞬间平静下来。植物的照明为表现其生机勃勃的色泽，一般是采用白光或与植物色相近的光源，主要有卤素等、金属卤化物灯以及荧光灯等，其中金属卤化物灯适合中等或大尺度的数木，荧光灯和卤化灯适合中小尺度的数木及灌木、矮树丛。水景分为静态和动态两种，静态的水景如平静的人工湖面、池塘，动态的水景如喷泉、小溪。静态的水景照明主要烘托一种宁静的氛围，该照明设计一般利用反射的光学原理，采用反射比较高的材料灯具，反射岸边景物来突出水体的存在和景观效果。动态的水景照明主要给人一种魔幻、戏剧性的感受，该照明设计一般以彩色的灯具设计居多，在流动的水中设置不同位置的灯具，利用水的落差和灯具的配合，使水的动态效果因为光线的作用变得更加强烈。

（四）特色建筑物照明

园林景观中有很多有特色的建筑物，比如，纪念碑、桥梁、塔楼等建筑物，这些建筑物都需要进行独特的照明设计，以突出建筑物的特色。

（1）纪念碑

纪念碑是为了纪念某个重要人物或是某个重要事件而建设的，往往是整个园区的标志物。为了突出纪念主题的严肃性和内涵，纪念碑的照明设计一般采用单纯的暖白色调为基本色调，通过光影变化突出建筑自身特点，塑造建筑形象，营造出一种庄重、大方的环境气氛。

（2）桥梁

桥梁是由石材、砖或混凝土建造的功能型建筑，有的则是全木结构，或是为实现某种设计特点而采取的材料组合。不同材质和不同性质的桥梁都应该有不同的照明设计，如石桥的照明，主要利用灯光来凸显其材质和细节；铁桥的照明，主要用冷色光呈现其架构；古迹桥梁的照明，主要利用灯光强化其历史、文化方面的色彩。而园区里的桥梁照明设计一般是夜晚用来引导桥上的行人和交通，因此，在照明设计上，要求在距桥较远处不应该看到眩光，而桥下的通道必须清晰可辨，满足桥上和桥下两方面的要求。

（3）塔楼

一座塔楼基本分成三部分，分别为基座、塔身和塔顶。在进行塔楼照明设计时，应该对不同的部位有不同的照度要求，但同时又要求其塔的整体性。一般来说，塔的基座主要体现塔的完整性，照度比较小，主要是轮廓照明；塔身主要承载了塔的设计风格和建筑特色，一般在塔的檐口和上挑的四个角做特殊照明，照度大一点，突显其特色；塔顶一般都是供人们远观的，照度最强，与塔身和基座在照度上形成一定的强弱差异，产生惊心夺目的效果吸引人们的注意，给人以惊艳感。塔楼的照度从下往上逐渐增加，满足了人眼对光的视觉过度，营造出了一种高耸入云的感觉。

二、园林景观照明设计应该遵循的原则

（一）以人为本原则

在城市园林景观照明设计中应该突出以人为本的思想，每一个设计细节都需要考虑到人们的需求，考虑不同的要求，反映不同的观念，突出人性化。

（二）低碳节能原则

由于现代社会大力倡导可持续发展，实行低碳经济计划，因此，园林景观照明设计者要提高环境保护意识，自觉遵守国家节能降耗指标的要求，把低碳节能的理念深入到园林景观照明设计中去。

（三）文化特色原则

园林景观照明设计不仅要看出其科技的发达程度，还需要遵循园林绿化与历史文化相结合的原则，通过对历史文化的挖掘与传承，设计出有独特城市文化的园林作品，展现城市的文化内涵，改良城市的自然景观和人文景观。

三、关于园林景观照明设计的有关对策

（一）制定行业标准

园林景观照明行业应该制定一定的行业标准，因为行业标准的制定最能够体现出一个行业的技术含量，如果园林企业能够参与制定行业标准，就会尽量把企业的技术加进去。这样就园林企业制定行业标准，国家职能部门、行业协会进行组织引导，能够充分反映市场的需求，避免了园林行业的恶性竞争，使得园林景观照明设计人员有标准参照，从而提高园林景观照明设计的质量，真正为人民的高品质生活服务。

（二）应形成现代城市园林照明设计理念

园林景观照明设计应该随着社会经济的发展而发展。在建设园林景观时，将生态学原理充分应用到园林建设中，逐步形成生态园林景观建设的理念。准确认识生态园林的概念，从人与自然共存的角度出发，认识到生态保护的

重要性，创新现代园林景观照明设计理念。不仅要从园林景观照明设计的美观效果出发，还要结合园林植物的生长特性、能源的消耗，从而高度统一现代城市园林景观照明设计理念，真正意义上实现低碳环保节能。

（三）加强对复合型园林景观照明设计人才的培养

现代社会的竞争，其实质就是人才的竞争，园林景观照明设计行业也是如此。园林景观照明设计企业如果想要坚定地站在园林行业中，就必须要加强对复合型园林景观照明设计人才的培养。在对复合型设计人才进行培养时，要摒弃高校采取的传统"重专业轻基础，重技术轻素质，重知识轻能力"的培养模式，而要重点培养复合型设计人才的基础知识、创造能力。通过对园林照明设计人员系统而理论的培训，对审美知识的培养，对园林照明设计技能的考核，提升园林景观照明设计人员的设计质量。

（四）园林景观照明设计应该严格遵循其设计原则

园林景观照明设计者在进行园林景观照明设计时，应该充分认识园林景观照明设计应该遵循的原则，根据原则设计出高质量的作品，最终使园林景观照明有良好的视觉效果。

四、园林供电与照明施工技术

（一）照明工程

在施工过程中，主要分为以下几大部分：施工前准备、电缆敷设、配电箱安装、灯具安装、电缆头的制作安装。

1.施工前准备

在具体施工前首先要熟悉电气系统图，包括动力配电系统图和照明配电系统图中的电缆型号、规格、敷设方式及电缆编号，熟悉配电箱中开关类型、控制方法，了解灯具数量、种类等。熟悉电气接线图，包括电气设备与电器设备之间的电线或电缆连接、设备之间线路的型号、敷设方式和回路编号，了解配电箱、灯具的具体位置，电缆走向等。根据图纸准备材料，向施工人员做技术交底，做好施工前的准备工作。

2.电缆敷设

电缆敷设包括电缆定位放线、电缆沟开挖、电缆敷设、电缆沟回填几部分。

（1）电缆定位放线

先按施工图找出电缆的走向后，按图示方位打桩放线，确定电缆敷设位置、开挖宽度、深度等及灯具位置，以便电缆连接。

（2）电缆沟开挖

采用人工挖槽，槽梆必须按1：0.33放坡，开挖出的土方堆放在沟槽的一侧。土堆边缘与沟边的距离不得小于0.5米，堆土高度不得超过1.5米，堆土时注意不得掩埋消火栓、管道闸阀、雨水口、测量标志及各种地下管道的井盖，且不得妨碍其正常使用。开槽中若遇有其他专业的管道、电缆、地下构筑物或文物古迹等时，应及时与甲方、有关单位及设计部门联系，协同处理。

（3）电缆敷设

电缆若为聚氯乙烯铠装电缆均采用直埋形式，埋深不低于0.8M。在过铺装面及过路处均加套管保护。为保证电缆在穿管时外皮不受损伤，将套管两端打喇叭口，并去除毛刺。电缆、电缆附件（如终端头等）应符合国家现行技术标准的规定，具备合格证、生产许可证、检验报告等相应技术文件；电缆型号、规格、长度等符合设计要求，附件材料齐全。电缆两端封闭严格，内部不应受潮，并保证在施工使用过程中，随用、随断，断完后及时将电缆头密封好。电缆铺设前先在电缆沟内铺砂不低于10㎝，电缆敷设设完后再铺砂5㎝，然后根据电缆根数确定盖砖或盖板。

（4）电缆沟回填

电缆铺砂盖砖（板）完毕后并经甲方、监理验收合格后方可进行沟槽回填，宜采用人工回填。一般采用原土分层回填，其中不应含有砖瓦、砾石或其他杂质硬物。要求用轻夯或踩实的方法分层回填。在回填至电缆上50㎝后，可用小型打夯机夯实。直至回填到高出地面100㎜左右为止。回填到位后必须对整个沟槽进行水夯，使回填土充分下沉，以免绿化工程完成后出现局部下陷，影响绿化效果。

3. 配电箱安装

配电箱安装包括配电箱基础制作、配电箱安装、配电箱接地装置安装、电缆头制作安装几部分。

（1）配电箱基础制作

首先确定配电箱位置，然后根据标高确定基础高低。根据基础施工图要求和配电箱尺寸，用混凝土制作基础座，在混凝土初凝前在其上方设置方钢或基础完成后打膨胀螺栓用于固定箱体。

（2）配电箱安装

在安装配电箱前首先熟悉施工图纸中的系统图，根据图纸接线。对接头的每个点进行涮锡处理。接线完毕后，要根据图纸再复检一次，确保无误且甲方、监理验收合格后方可进和调试和试运行。调试时保证有两人在场。

（3）配电箱接地装置安装

配电箱有一个接地系统，一般用接地钎子或镀锌钢管做接地极，用圆钢做接地导线，接地导线要尽可能的直、短。

（4）电缆头制作安装

导线连接时要保证缠绕紧密以减小接触电阻。电缆头干包时首先要进行抹涮锡膏、涮锡的工作，保证不漏涮且没有锡疙瘩，然后进行绝缘胶布和防水胶布的包裹，既要保证绝缘性能和防水性能，又要保证电缆散热，不可包裹过厚。

4. 灯具安装

这包括灯具基础制作、灯具安装、灯具接地装置安装、电缆头制作安装几部分。

（1）灯具基础制作

首先确定灯具位置，然后根据标高确定基础高度。根据基础施工图要求和灯具底座尺寸，用混凝土制作基础座，基础座中间加钢筋骨架确保基础坚固。在浇注基础座混凝土时，在混凝土初凝前在其上方放入紧固螺栓或基础完成后打膨胀螺栓用于固定灯具。

（2）灯具安装

在安装灯具前首先对电缆进行绝缘测试和回路测试，对所有灯具进行通电调试，确信电缆绝缘良好且回路正确，无短路或断路情况，灯具合格后方可进行灯具安装。安装后保证灯具竖直，同一排的灯具在一条直线上。灯具固定稳固，无摇晃现象。接线安装完毕后检查各个回路是否与图纸一致，根据图纸再复检一次，确保无误且甲方、监理验收合格后方可进行调试和试运行。调试时保证有两人在场。重要灯具安装应做样板方式安装，安装完成一套，请甲方及监理人员共同检查，同意后再进行安装。

（3）灯具接地装置安装

为确保用电安全，每个回路系统都安装一个二次接地系统，即在回路中间做一组接地极，接电缆中的保护线和灯杆，同时用摇表进行摇测，保证摇测电阻值符合设计要求。

（4）电缆头的制作安装

电缆头的制作安装包括电缆头的砌筑、电缆头防水，根据现场情况和设计要求，以及图纸指定地点砌筑电缆头，要做到电缆头防水良好、结构坚固。此外在电缆过电缆头时要做穿墙保护管，此时要做穿墙管防水处理。先将管口去毛刺、打坡口，然后里外做防腐处理，安装好后用防水沥青或防膨胀胶进行封堵，以保证防水。

五、电气配置与照明在园林景观中的应用

近几年，随着城市建设的高速发展，出现了大量功能多样、技术复杂的城市园林环境，这些城市园林的电气光环境也越来越受城市建设部门的重视和社会的关注。对园林光环境的营造正逐步成为建筑师、规划师以及照明设计工程师的重要课题。目前我国的园林设计行业仍处在初期发展阶段，不仅缺少专业设计人才和系统的园林电气技术规范，而且缺乏正确的审美标准和理论基础。

（一）园林景观中的电气配置与应用

优秀的环境电气设计一定要准确分析把握环境的性质，在电气照明方式的选择上要力求融入环境设计，使电气照明策划成为环境设计的有机组成部分，支持并展现园林环境的创作意图，帮助达成环境整体风格的照明塑造。环境照明设计应依据环境各类景观特点，做到风格一致。在策划设计园林环境夜间照明时，应考虑各种光元素对环境夜间基本性质的影响，使得观察者在相对于该环境的任何位置，都能获得良好的光色照明和心理感觉。不同的环境电气照明设计中对灯型和光源的选用必须和灯具安装场所的环境风格一致，和谐统一。在选择电气照明方式和光源时，环境现有景观的布置方式、建筑风格形式、园林绿化植物品种等因素都需综合考虑。此外，环境照明灯具的选用除了考虑夜间照明功能外，白天也必须达到点缀和美化环境的要求。

园林环境照明所要求的环境主题包括领域感、归属感、亲密性、公共性、科技性、趣味性、虚幻感、商业性、民族性等。环境照明的主题定位是至关重要的，它决定了其他各要素的安排。通过充分解剖被照对象的功能、特征、风格，透彻理解光影与环境的特定作用，模拟各视点和视距的夜景状态，加强建筑及环境对视觉感知的展示。借助夜景照明对环境关键特征的表现或夸张来丰富该主题。充分利用非均匀照明、动态照明，在需要光的时间，把适量的光送到最需要的地点，以人为本，展现主题个性化的设计，加强照明调控，关怀不同主题对光的不同需求，追求个性化的照明风格。仔细分析被照主题的方向与体量，环境主题照明要求根据设计目标来安排光的方向、体量。

（二）园林景观中的照明的对象

园林照明的意义并非单纯将绿地照亮，而是利用夜色的朦胧与灯光的变幻，使园林呈现出一种与白天迥然不同的旨趣，同时造型优美的园灯亦有特殊的装饰作用。

1.建筑物等主体照明

建筑在园林中一般具有主导地位，为了突出和显示硬质景观特殊的外形轮廓，通常应以霓虹灯或成串的白炽灯安设于建筑的棱边，经过精确调整光线的轮廓投光灯，将需要表现的形体用光勾勒出轮廓，其余则保持在暗色状态中，这样就对烘托气氛具有显著的效果。

2. 广场照明

广场是人流聚集的场所，周围选择发光效率高的高杆直射光源可以使场地内光线充足，便于人的活动。若广场范围较大，又不希望有灯杆的阻碍，则应在有特殊活动要求的广场上布置一些聚光灯之类的光源，以便在举行活动时使用。

3. 植物照明

植物照明设计中最令人感到兴奋的是一种被称作"月光效果"照明方式，这一概念源于人们对明月投洒的光亮所产生的种种幻想。灯光透过花木的枝叶会投射出斑驳的光影，使用隐于树丛中的低照明器可以将阴影和被照亮的花木组合在一起。灯具被安置在树枝之间，将光线投射到园路和花坛之上形成类似于明月照射下的斑驳光影，从而引发奇妙的想象。

4. 水体照明

水面以上的灯具应将光源隐于花丛之中或者池岸、建筑的一侧，即将光源背对着游人，避免眩光刺眼。叠水、瀑布中的灯具则应安装在水流的下方，既能隐藏灯具，又可照亮流水，使之显得生动。静态的水池在使用水下照明时，为避免池中水藻之类一览无遗，理想的方法是将灯具抬高贴近水面，增加灯具的数量，使之向上照亮周围的花木，以形成倒影，或将静水作为反光水池处理。

5. 道路照明

对于园林中可有车辆通行的主干道和次要道，需要使用一定亮度且均匀的连续照明的安全照明用具，以使行人及车辆能够准确识别路上的情况；而对于游憩小路则除了照亮路面外，还要营造出一种幽静、祥和的氛围，可使其融入柔和的光线之中。

（三）园林景观中的照明方式

1. 重点照明

重点照明是为了强调某些特定目标而采用的定向照明。为让园林充满艺术韵味，在夜晚可以用灯光强调某个要素或细部，即选择特定灯具将光线对准目标，使某些景物打上适当强度的光线，而让其他部位隐藏在弱光或暗色之中，从而突出意欲表达的部分，以产生特殊的景观效果。

2. 环境照明

环境照明有两方面的含义：其一是相对重点照明的背景光线；其二是作为工作照明的补充光线。主要提供一些必要亮度的附加光线，以便让人们感受到或看清周围的事物。环境照明的光线应该是柔和的，弥漫在整个空间，具有浪漫的情调。

3. 工作照明

工作照明就是为特定的活动所设，要求所提供的光线应该无眩光、无阴影，以使活动不受夜色的影响。对光源的控制能做到很容易被启闭，这不仅可以节约能源，更重要的是可以在无人活动时恢复场地的幽邃和静谧。

4. 安全照明

为确保夜间游园、观景的安全，需要在广场、园路、水边、台阶等处设置灯光，让人能看清周围的高差障碍；在墙角、丛树之下布置适当的照明，给人以安全感。安全照明的光线要求连续、均匀、有一定的亮度、独立的光源，有时需要与其他照明结合使用，但相互之间不能产生干扰。

（四）园林景观中的电气设计

园林景观照明的设计及灯具的选择应在设计之前做一次全面细致的考察，可在白天对周围的环境进行仔细的观察，以决定何处适宜于灯具的安装，并考虑采用何种照明方式最能突出表现夜景。

1. 供电系统

用电量大的绿地可设置 10kV 高配，由高配向各 10kV/0.4kV 变电所供电；用电量中等的绿地可由单个或多个 10kV/0.4kV 变电所供电；用电量小的绿地可采用 380V 低压进线供电。绿地内变电所宜采用箱式变电站。绿地内应考虑举行大型游园时的临时增加用电的可能性，在供电系统中应预留备用回路。供电线路总开关应设置漏电保护。

2. 电力负荷

地内常用主要电力负荷的分级为：一级，省市级及以上的园林广场及人员密集场所；二级，地区级的广场绿地。照明系统中的每一单独回路，不宜超过 16A，灯具为单独回路时数量不宜超过 25 个，组合灯具每一单相回路不宜超过 25A，光源数量不宜超过 60 个。建筑物轮廓灯每一单相回路不宜超过 100 个。

3. 弱电和电缆

绿地内宜设置有线广播系统。大型绿地内宜设公共电话。除《火灾自动报警系统设计规范》指定的建筑外，对国家、省、市级文物保护的古建筑也应作为一级保护对象，设置火灾探测器及火灾自动报警装置。绿地内的电缆宜采用穿非金属性管理地敷设，电缆与树木的平行安全距离应符合以下规定：古树名木 3.0 米，乔木树主干 1.5 米，灌木丛 0.5 米。线路过长，电压降低难以满足要求时，可在负荷端采用稳压器升高并稳定电压至额定值。

4. 灯光照明

无论何种园林灯具，其光源目前一般使用的有汞灯、金属卤化物灯、高压钠灯、荧光灯和白炽灯。绿地内主干道宜采用节能灯、金卤灯、高压钠灯、荧光灯做光源的灯具。绿地内休闲小径宜采用节能灯。根据用途可分为投光灯、杆头式照明灯、低照明灯、埋地灯、水下照明彩灯。投光灯可以将光线由一个方向投射到需要照明的物体，如建筑、雕塑、树木之上，能产生欢快、愉悦的气氛；杆头式照明灯用高杆将光源抬升至一定高度，可使照射范围扩大，以照全广场、路面或草坪；低照明灯主要用于园路两旁、假山岩洞等处；埋地灯主要用于广场地面；水下照明彩灯用于水景照明和彩色喷泉。

总之，在园林景观规划中电气设计要全面考虑对灯光艺术影响的功能、形式、心理和经济因素，根据灯光载体的特点，确定光源和灯具的选择。确定合理的照明方式和布置方案，经过艺术处理、技巧方法，创造良好的灯光环境艺术。它既是一门科学，又是一门艺术创作，需要我们用艺术的思维、科学的方法和现代化技术，不断完善和改进设计，营造婀娜多姿、美仑美奂的园林景观艺术。

第七章　城市园林规划理论研究

第一节　城市园林规划建设理论

一、相关理论

（一）田园城市

"田园城市"与一般意义的花园城市有区别，是英国人霍华德提出一种城市规划的设想，他认为这种城市是将城市和乡村的优点相结合的。霍华德于1898年在《明日：一条通向真正改革的和平道路》中提出"田园城市"的基本概念。书中提出一种新的社会变革思想，建设田园城市，为健康、生活和城市的各种产业而设计。田园城市可以满足人们的日常生活，城市被乡村所包围，城市和乡村之间有隔离的绿带。"田园城市"这个概念是构建一个公正的社会，坚持城乡一体的建设理念，创造一个有着自然之美的城市，这里空气清新，无污染，人们都可以充分就业，是一个人人平等的社会。

"田园城市"理论推动了城市绿地系统规划理论的发展，随着理论的提出，涌现出一批花园村、花园区、绿色城镇的建设。莱奇沃思就是第一座田园城市，还有伦敦西北的韦林，这些田园城市只是有着这个名称，实质上只是城郊的居住区。"生态园林城市"要比"田园城市"这个城市规划理念的含义更加科学全面，可操作性更强，能更加精准地反映未来家园的目标，这个概念包含了自然、经济、社会多个角度的协调发展，整体性、系统性地建设人与自然和谐相处的城市，建立风景优美、居民满意、经济发展迅速的社会，强调创造一个全民共享、绿色生态的宜居城市环境。

（二）公园城市

"公园城市"是高质量发展背景下的城市建设新模式探索与实践，体现了"以人民为中心"的发展思想和构建人与自然和谐共生的绿色发展新理念。"公园城市"建设的核心是以人为本、美好生活，根本是生态优先、绿色发展，关键是优化布局、塑造形态，目标是回归城市建设的初心——满足人民对美好生活的向往。从核心目的来看，"生态园林城市"要求建设生态良好、景色优美的宜居家园，但是"公园城市"在于构筑山水林田湖城生命共同体。在评选指标层面，"公园城市"的相关指标更加丰富，包含城市的自然生态环境、市政基础设施指标，还融入了能源、人居、生态建筑、生态产业、环境教育等指标，提倡"人、城、境、业"高度和谐统一。

（三）园林城市

"园林城市"是结合我国的实际国情提出来的，它可以继承和弘扬我国古典的私家园林，延续山水城市的概念与内涵，注重城市景观的塑造。《园林城市评选标准》中提到建设"园林城市"首先要保护城市的自然山水基底，然后依托城市天然形成的地形地貌，改善城市的生态环境，塑造出独具特色的城市风貌。实现"园林城市"的建设应该通过城市对于自身自然资源的保护、城市绿地的建设、城市空间布局的优化、园林绿地形式的塑造以及视觉、心灵美感效果等方式，达到提高生态环境质量、环境宜人的目的。

"园林城市"的探索是构建"自然—经济—社会"复合型生态系统的早期阶段。在绿地建设时，保证其完整性和有效性，充分利用城市中现有的景观元素，创造一个景观优美、人居生态、环境舒适并且富于艺术感的城市绿色开放空间。在申报、评选过程中，目前，以多项指标作为基本项和否决项来进行评选，园林绿化建设作为重点。与其对比，"生态园林城市"建设评选对城市生态环境、生活环境、市政设施等都提出了相应的要求，更加注重自然生态环境和社会生态、绿地质量以及文化内涵的结合，评判标准更加综合全面，注重生态优先、全域统筹、以人为本、系统性及适地适树这些原则，追求比"园林城市"更美好的城市愿景。

二、生态园林城市绿地系统研究

生态园林城市绿地系统是以生态园林城市导向进行的城市绿地系统规划，是城市建设发展过程中想要达到的理想目标，能够实现城市的生态文明建设。城市绿地系统应该要树立良好的以人为本的规划理念，打造城市大园林绿地布局，挖掘地方文化特色，融入绿地建设。

近年来，我国在城市绿地系统的理论研究成果丰富，国内关于绿地系统规划的研究主要从可持续性发展、城市园林绿化、评价指标体系等方向展开，指导城市绿地建设的实践。在建设生态园林城市过程中积累了许多的经验，具体注重以下方面的提升：构建生态网络，统筹全域的绿地体系；重视区域整体性评估，实现区域整体协调发展；整合特色要素，布局城市的绿地结构。充分分析生态要素与人文要素进行现状研判，进行城乡绿地体系的规划；拓展绿色空间，提升城市的环境品质，建立科学的绿地规划和评价机制，切实满足市民对休闲、游憩的需求；推动生态修复，提升城市的生态功能。

第二节　城市园林规划现状调查

一、城市园林规划设计的重要性

园林规划设计是整个园林建设项目的灵魂，它决定了建设项目的水平，而一个城市的整体风貌与城市园林有重要关系，一个有特色的城市园林规划设计能打造出一个城市的亮丽名片，使城市具有高识别度，也能提高城市的认可度。

二、园林规划设计在城市建设中的应用原则

（一）整体性原则

城市是生态系统的重要组成，具有人文特征，同时也是彰显地域文化和景观特色的关键。因此，在城市规划和建设进程中，需要将景观与城市整体环境相融合，设计师通过考察城市地理环境、文化特色、历史发展历程等多方面的因素，合理规划园林景观，增强城市规划建造的合理性。

（二）多样化原则

城市规划建设是一项系统性工程，涉及的因素较多、持续的时间比较长。因此，城市园林规划建设呈现多样化特点。在实际应用中，整合园林功能制订不同的建设方案，将不同建造材料和生态环境相结合，打造形态各异的景观，以提升城市整体的观赏性，同时提高城市规划建设的效率与质量。

（三）个性化特征

城市景观建设除了要遵循生态环境发展规律，还要凸显城市景观的个性化特点。这就需要设计者深入分析城市环境，利用艺术化手段，将更多当地文化元素融入设计中，打造更加个性化的景观，避免出现各地景观千篇一律的情况。

三、城市园林规划的现状分析

（一）园林规划设计不合理

经济的飞速发展与人们生活水平的不断提升，使越来越多的人开始提升对于居住环境的要求，希望通过有效手段提升居住舒适度，从而提升自身的幸福感。而园林规划设计作为彰显城市美好景色、增强城市观赏性的主要方式，将其应用到城市规划建设中，能增加城市绿植覆盖面积，同时，缓解生态破坏给城市带来的影响，为城市可持续发展提供帮助。然而，随着城市的快速发展和对园林设计要求的提高，部分城市建设开始出现规划不合理的问

题。究其原因，主要是在确立城市园林规划方案时，缺少对城市空间和布局的考察，在设计图纸和筹备方案时，管理人员不能投入全部精力，导致规划建设效果达不到预期。同时，部分规划者未在规定时间内完成工作任务，而出现照搬其他城市设计案例的情况，缺少对不同城市差异性的考虑。这不仅造成了资源浪费和闲置，还影响了整体的建设效果。

（二）园林规划设计缺少人文关怀

随着人们对美的认识不断增长，人类文明不断进步，园林规划设计也逐渐提高了水平，由以前的单调、布局简单和僵硬变成了灵活多样、五彩缤纷。园林里面的植物变得多种多样，植物的配置也根据城市的特点进行，在绿化方面也更加合理。城市通过园林的合理规划，让人们的生活变得更加舒适。但是城市园林在建设的时候，也会出现过度开发的情况。城市园林太过于追求绿化的面积，为了吸引人们的眼球，使用了很多的草坪和很高、很低的植物，利用这些植物构成复杂的图案，形成很大的视觉冲击。这样设计的效果不是很好，更像是展览品，让人不能充分放松，产生了和自然界之间的界限，体现不出人文关怀。

（三）园林规划设计目标和城市总体规划不相符

现阶段的园林规划设计忽视了城市总体规划要求，其制订的园林规划设计目标不符合城市总体规划目标，两者不一致成为制约现代园林发展的重要因素。城市和城市之间存在差异性，客观方面的地理位置、气候条件以及主观方面的城市历史文化、城市民俗特征等均存在差异。园林规划设计作为城市建设中的一部分，须与城市整体规划布局相协调，展现城市的自身特点，不可脱离城市进行规划设计。部分城市进行规划建设时，给予园林规划设计的空间较少，忽视了园林规划设计的必要性。

（四）园林设计缺少创新性

园林设计在城市规划建设中的应用，不但要体现其为人服务的主要功能，还要保证城市景观设计的整洁性和美观性，以发挥园林规划设计的作用。但在具体落实过程中，许多城市园林设计不能满足人们日益增长的品位需求，设计师在不了解人们居住需求和城市发展理念的情况下，无法展示城市的特色和精神面貌，降低了城市的生命活力。如果园林设计者缺少对创新方式的理解，就会导致设计效果不理想，还会使园林设计失去其应用价值。

第三节　城市园林绿化树种应用存在的问题

一、城市园林规划中的树种选择要求分析

在城市园林规划中，必须根据区域气候特征、地形条件和植物的生长特性选择生命力顽强的植物，做好植物景观搭配工作。在欣赏园林美景的过程中，不难看出不同树种的外形与五彩缤纷的颜色均具有极高的审美价值。另外，树种的自然形态与质感可以衬托人工硬质材料构成的规则建筑形体，建筑的光影反差和树种的光影反差能营造灵动的情趣。施工技术人员应充分发挥植物造景的功能，在选择园林树种的过程中，合理安排景物、建筑、围墙、屏障、道路之间的关系。此外，应合理规划树种分区，这样才能将不同植物种植区域划分成更小且能象征各种植物类型、大小与形态的区域。

二、城市园林树木规划建设现状

中国园林树木种类丰富，在园林规划建设中，设计师会协同园林工程管理人员和施工技术人员精选多种树木，以此，丰富树种美化园林植物景观。

从整体上分析，中国园林树木资源有以下四大特点：

第一，生物多样性丰富。据调查统计，原产于中国的树种大约有8000种，其中许多名花以我国为分布中心。如山茶树，全球共250余种，其中90%产于我国；全球有800多种杜鹃花属，中国就有600余种；全世界有90种木兰科植物，中国有73种；世界上有30种丁香属植物，中国有25种；全球有50种毛竹属植物，中国有40种；世界上有6种蜡梅，均原产于中国。

从统计数据可以看出中国原产的园林树木在世界树木总数中所占的比例极高。中国在园林植物栽培和树种规划实践中，培育出了大量观赏价值极高的品种和类型，梅花的品种多达 300 个以上，牡丹园艺品种高达 600 多个，桃花品种上千。此外，还有黄香梅、龙游梅、红花含笑、重瓣杏花等极珍贵的种质资源。

第二，原产树木种类繁多。在中国地域内，集中着众多世界著名原产树木的种类，很多著名园林树木的科、属也以中国为分布中心。从中国分布总数占世界总种数的百分比证明中国的确是多种著名树种的分布中心。

第三，形态变异显著。中国地域广阔，环境变化多，许多树种经过长期的影响形成了许多变异类型。就拿杜鹃花科来讲，这种花卉曾经被划为独立的属——映山红属，后来才发现映山红是典型落叶树，花整体呈筒状双唇形，花蕊通常有芳香气味，筒状中心有五个雄蕊。杜鹃类常绿，花钟状五香味，雄蕊有十个或者更多，但是两者间存在中间类型。两者间的差异不恒定，还不足以将它列为两个属。现在，杜鹃花科杜鹃花属约 800 种木本植物，种类极富变化，花叶均美观。杜鹃花的习性由常绿到落叶，由低矮的地表覆盖植物到高大乔木不等，花通常是管状或者漏斗状，颜色变异颇大，有白色、红色、粉色、黄色、紫色和蓝色等。

第四，特异种属多。受四级冰川的影响，中国保存有许多欧美国家已经灭绝的科属。

三、园林规划建设中如何合理选择树种

（一）科学制订树种规划方案

在园林规划建设中选择最佳树种，首先，要根据植物学、园林学、美学和生物学等学科知识，制订科学的树种规划方案，精确预估不同树种所占比例。在树种规划工作中，将可持续发展作为规划方针，以组建完整的绿地系统为指导，注重维护植物种群多样性，在广泛种植本土植物的同时适当引入生命力顽强且不会成为"生物入侵者"的外来之物，以此丰富植物种类。此外，从生长速度来看，植物可分为速生植物与慢生植物；从自然规律来看，植物有常绿植物和落叶植物之分。而且，植物还可以分为乔木和灌木。在选用树种的过程中，应根据园林面积和植物学、园林学、美学和生物学等学科知识合理规划不同植物的种植比例。

（二）量化树种评价指标

打造优美的城市园林，合理选择园林树种，必须着重量化树种评价指标。从宏观视角来看园林树种有五项指标，各指标又分为不同级别且不同级别所占的分数比例也各不相同，以下内容就是园林树木的五大评价指标与级别所占分数：如果树种为中性中生中速树，指标分数为 10 分；如果树种为中性中生慢生树，指标分数为 6 分；如果树种为喜光性速生树，指标分数为 4 分。

1. 树形

如果树种为成形性树种，指标分数为 10 分；

如果有一定的形状，能生长为优势树种，指标分数为 6 分；

如果是小树苗，指标分数为 4 分。

2. 叶子的形状与颜色及花果

如果叶子的形状与颜色独特，花朵色泽鲜艳、有浓郁的芳香，会结果，指标分数为 10 分；

如果叶子形状独特，花朵美丽而无香，指标分数为 6 分；

如果叶子形状与颜色以及花朵一般，无味不会结果，指标分数为 4 分。

3. 根系

如果树木根系发达，有极强的抗风能力，不会穿透建筑物，指标分数为 10 分；

如果根系较为发达，侧根外生出主根，对建筑物没有明显的穿透作用，指标分数为 6 分；

如果根系发达，侧根中有粗壮的主根，指标分数为 4 分。

4. 养护管理

如果树木养护管理方法简单，指标分数为 10 分；

如果养护管理较为方便，但是需要专业科技，指标分数为 6 分；

如果养护管理方法极为复杂，指标分数为 4 分。

在选择树种的过程中，应根据指标分数与级别进行精选，并做好相应的护理工作，相比而言指标分数越低，养护管理工作的要求越高。

（三）恪守树种选用原则

从整体结构来分析，园林树种规划设计工作有三大基本原则：

第一，以人为本原则。

该原则要求设计师在园林空间设计工作中应充分考虑游客的审美情趣和精神需求，为游客设计唯美的植物景观，促进自然景观和人文景观的有机融合，为游客提供舒适、和谐的园林艺术环境。

第二，植物造景原则。

该原则要求设计师应充分发挥园林植物的造景作用，精心选择不同树种，设计优美的植物景观，根据植物的特性发挥其形体、色彩与线条等方面的美感。同时，要确保植物景观能够与周围环境相协调，进而创造唯美的艺术空间。

第三，园林景观艺术原则。

该原则要求设计师应继承中国传统园林设计艺术并予以创新和突破，从而创造艺术化空间意境，体现独特的中华文化。

第四节　我国城市园林规划思考

一、园林规划设计在城市规划建设中的应用途径

（一）制订城市园林设计方案，合理设置城市园林规模

由于我国城市园林建设起步较晚，受城市快速发展的影响，许多设计者认为城市园林建设面积和规模越大，越能发挥其净化生态环境的作用，缺少对城市实际需求的考量，导致所建造的园林作品具有一定的不适应性，同时，破坏了城市的布局和结构。针对这类问题，在进行城市园林设计之前，设计

者应在充分了解城市发展需要的基础上，合理规划城市建设方案，既考虑园林设计成本，利用最少的投入营造最好的效果，还应重视园林设计和建造的适用性，设置合理的建造规模。为此，应在建造之前，进行实地考察，了解城市独特的地理特征，并将信息反馈给设计团队，在充分听取他人意见的情况下，选取最优质的建造方案，保障城市园林设计的合理性，同时，增强城市景观的美感。

（二）科学合理地布置绿植，增强城市景观特色

要想充分发挥城市园林规划与建设的作用，就要坚持人与自然和谐相处的理念，既保持城市园林景观的自然特征，又要凸显城市特色，以更好地彰显城市的魅力。绿植是城市景观营造中的主要设计内容，通过对植物的合理布置，可使城市用地更具合理性，同时，还能降低工业生产对生态环境带来的污染，为城市居民营造健康干净的环境。在具体实施过程中，一方面，设计者可将城市公园作为主要规划对象，利用适应城市环境的植物扩大城市绿化面积；另一方面，设计者要加强对居住区的建设，将绿植均匀分布在居住区内，实现居住区与城市整体绿地的有效衔接。还应加强对原有土地的改造，将不被利用的坡地或洼地作为主要建设目标，不断提升居住区土地的使用率，并为居住环境增添更多色彩。

（三）充分展示地域特色，增强城市园林建设的美观度

我国地域广阔，东西部跨度较大，园林景观呈现多样化的特点。而对于结合地理地貌特点的城市规划设计工作，在实践过程中要对不同区域的气候条件和景观进行调查，并结合居民的实际需求展开研究，既保障所设计的景观保持原有的自然性，避免使用工业材料和外来装饰物，又能降低整体建设成本，为城市发展带来更多的效益。为此，在进行城市园林规划时，应充分了解当地的文化和习俗，并将具有代表性的元素应用其中，构建具有城市代表性的景观，带给当地居民更好的视觉体验，满足其精神文化需求。另外，在进行城市规划设计时需利用相应的辅助工具，提高城市不同区域的实用性。比如，可利用大型植物将城市公共区域分割成不同的功能区，并在靠近居民区的地方设置娱乐健身器材，满足不同人群体育锻炼的需要。

二、打造地方特色园林的建议

（一）特色园林文化的融入

园林文化可以是多方面的。除了当地的历史文化，其他国粹文化、有生活气息的传统文化都是可以运用的，关键是如何提炼，用合适的元素来展现园林文化，并如何与环境融为一体，这才是最重要的。

1. 做好园林文化的统一规划

对全市的园林绿地文化进行统一规划，使园林文化具有整体性，可以用几条主线来进行贯穿，同时，各个区域又有各自的特色，有所区别，避免杂乱和重复。各绿地可以有不同的主题，某一区域可以相对统一。主题性公园、城市出入口，可以用地域历史文化，具有高识别度，能够增加当地居民的归属感和自豪感。

2. 园林文化的多种表现形式

园林文化的表现有多种形式，大型的雕塑、园林景观小品、浮雕绘画，其体量大、醒目，有很强的视觉冲击力，能让人瞬间记忆；小型的园林小品、诗词石刻、楹联、牌匾也是很好的形式，更容易与周边环境融为一体，能让人在不经意间驻足欣赏。园林文化在表现方式上可以是抽象的，在尊重本地传统文化的基础上大胆创新，在似与非似之间给人以无限想象的空间。

3. 提炼具有本土文化特征的代表性元素，将之融入各细节

细节最能体现管理水平，园林文化可以在细节上体现出精致。可以提炼具有本土文化特征的代表性元素，经过艺术加工，形成本地园林的特色标志，在全市园林绿地中大量运用，如在全市的园林绿地的坐凳、垃圾桶上可以加以定制的特色标志；花坛侧石也可以相对统一，采用独特的图案和形式，在变化中求统一；园路中也可以嵌入有本土特色的文化元素等。细节出高度，看似不经意，其实很用心，能起到意想不到的效果。

4. 打造不同特色的街头游园文化

街头游园由于方便快捷，利用率很高，成为市民休闲娱乐健身的好去处，

市民满意度很高，各个地市都在大力推行街头游园建设。在街头游园中融入园林文化，由于其高利用率，其园林文化的宣传度和影响力将会更加明显，能起到事半功倍的效果，根据不同的设计主题，采用不同的文化元素，让街头游园文化大放异彩。

（二）景观元素的合理运用

1. 特色植物配置

花草树木是最典型的园林景观元素，中国园林讲究的是花草树木的自然式配置，乔灌花草的合理搭配，在遵从总体规划和单项规划的前提下，在树种设计上要体现自己的特色。树种设计上不应简单追求小而全，树种多样性不需要体现在某一个单体设计中，在重点区域、重点位置要设计有特色的植物，能为游客留下深刻的印象。更可以大量使用乡土树种，容易形成自己的特色，而且后期养护管理成本低，有利于节省管理成本。

2. 充分挖掘园林植物的文化内涵

我国古典园林在植物配置方面有着很高的造诣，园林植物配置在形成不同植物景观的同时，也有园林文化的表达，一花一树都被赋予了某种思想情感。时至今日，我们仍然可以将其发扬光大，在不同的场所配置不同的植物，通过植物来体现文化内涵。

3. 充分保护古树名木及大树后备资源

古树名木及大树后备资源是城市园林绿化的宝贵财富，在园林绿化设计中要充分保护，并将其融入整体规划设计中，彰显其特色，从而体现出与众不同的园林景观。

4. 注重园林景观小品及园林建筑的应用

亭台、楼阁、雕塑及园林建筑等也是景观园林的重要元素，要重视这些园林景观元素的运用，合理应用这些园林景观元素，能整体提升园林景观的品质。特色明显、设计感强的园林建筑或园林景观小品，能让一个项目有更高的识别度，能成为项目的核心价值。如果有历史建筑的融入，那将是锦上添花，有更好的代表性，更能体现本地特色。当然建筑和景观小品也必须与园林环境充分融合，浑然天成。

5.因地制宜，注重保留原有山水风貌和地质景观

这种设计方法体现了节约型园林建设原则，既省时省力，节省建设成本，也容易形成地方特色，打造家乡文化情怀。如对自然湿地景观，可以在保护原有生态环境的同时适当进行改造；在矿山治理及景观营造方面也可以充分利用原有矿坑和开采时遗留的痕迹，打造矿山开采文化等。

三、园林规划的优化措施

（一）提高园林规划设计师的水平

城市园林规划在设计的时候，需要相关的设计人员有很高的技术水平和修养。所以相关的工作人员要不断学习新的技术，提高自己的能力。增强设计理念，到设计院进行培训，争取外出学习的机会，提高自己的专业水平。要接受新的设计理念，了解不同地区的文化特点。园林设计师之间要互相沟通，交流想法，能够激发设计灵感，提升业务水平和设计理念。

（二）增强园林规划对环境的保护

现在我们地区越来越重视环境保护。我们不能只为了发展经济而忽视对环境的保护工作。在园林建设的时候，要根据国家的大政方针，坚持可持续发展的理念。倡导国家政策，在新的形势下要不断加强对环境保护的认识，在园林设计的时候，实现人和自然的和谐相处。对城市进行合理的规划和布局，这样能够保护城市的环境，保持水土。同时，通过绿植能够净化城市的空气，让人们呼吸到新鲜的空气，实现城市的可持续发展。

（三）增强园林的规划和种植水平

城市在进行园林规划的时候，不能千篇一律，要根据城市自己的特点和文化，充分利用城市的自然条件，整理好诚实的发展规划思路，把传统的文化和新的设计理念结合起来，显示出城市的特色，也能够显示出城市的民俗民情。如果有其他城市的人到了这个城市里，要被其独特的影响所吸引，从而留下深刻的印象。另外，在城市园林设计中，要实现融合发展，把城市的文化和经济发展，生态平衡相协调起来，要有自己的内涵和特点。

四、城市园林规划创新设计理念的有效应用

（一）创新园林功能

在城市园林规划创新设计理念中，强调园林功能的创新，打造多元属性的城市园林。多元属性的城市园林具有较好的绿化功能，其可为人们提供休闲去处，丰富人们的日常生活，提高生活质量，有利于改善城市生态环境，降低自然灾害的发生概率。在城市绿化系统中，园林工程占据着重要地位，应与城市住宅建设、公共绿地、交通等各方面有效配合，根据城市当前的绿化实况实施有针对性的规划设计，满足城市绿化需求。若是修建景观类园林，设计时应考虑园林的美观性，吸引更多人前去观赏，为其提供舒适的休憩场所，合理规划、布局散步通道，保障人员安全。应充分考虑人们的实际需求，多安设休憩桌椅，条件允许的情况下还可以安置一些娱乐设施。若是住宅区的园林绿化设计，应充分结合住宅建筑物的风格、特色以及其周边所处的环境、地形等进行科学的规划设计。

未来园林规划创新设计理念将向科技化、生态化方向发展。城市园林设计应彰显城市人群的个性化需求，丰富城市园林的功能性。在园林规划设计过程中，应充分发挥现代科学技术的作用，以拓展城市园林设计思路，获取更多的设计灵感。除此之外，城市园林具有较好的生态功能，在后期发展过程中，其将向生态化方向前进，提升城市园林的生态价值，在城市园林规划设计中实现内涵和功能的统一性，贯彻落实科学发展观。在规划设计过程中，应融入城市的地域性特色，彰显城市文化的特点，使园林成为城市标志之一，增强园林景观的生态美。应坚持园林生态设计理念，遵循城市生态原则，选择本土材料，降低城市园林设计成本，提高城市自然资源的利用率。

（二）协调城市建设和园林设计，体现生态功能

在以往的城市经济发展过程中，未意识到环境保护工作的重要性，城市经济建设水平在提升的同时，生态环境受到严重破坏，影响了人们的生活质量，资源日益稀缺。现阶段，不以破坏环境为代价发展城市经济，开始意识

到城市建设、生态环境保护间的关系，为了协调发展城市建设和园林绿化规划设计，寻找两者间的平衡，应格外重视城市园林工程。在进行城市园林规划设计时，需要基于城市建设目标科学规划设计方案，提高城市园林设计的科学性，使其与城市建设相融合。相关部门应严格遵循城市整体发展规划目标，优化园林规划设计施工方案，突出城市的功能性，改善城市生态环境。在进行城市园林规划设计时，应从整体设计效果考虑，优化风景园林空间设计，体现城市园林景观的空间层次感。可利用借景、框景等传统园林的设计方法，彰显园林空间优势，合理布局园林空间条件，使景观更具特色，提升城市园林的美观性，吸引群众的注意力。应充分发挥绿化植被的作用，在塑造视觉空间效果的同时，凸显城市园林的生态功能。

（三）突出城市园林绿化的艺术特征

城市园林绿化景观具有生态性、艺术性等特点。在规划设计城市园林时，应在设计方案中突出园林的艺术特征，提升其应用价值。创新城市园林规划设计理念的前提是尊重园林绿化的艺术性，可借鉴传统园林的空间处理方式，融入传统园林艺术风格，并将其与现代园林建设特点相结合，打造特色十足、具有城市独特印记的现代园林。对城市园林的设计人员有较高的要求，设计人员需要其不断丰富自身素质，提高专业能力，全面了解城市的历史文化特点，创新设计理念，以获取更多的艺术灵感。

（四）有效地应用计算机技术

目前，计算机信息技术与人们的生活密切相关，在此背景下，城市园林规划设计工作中应有效利用计算机信息技术，利用计算机网络系统，多维度地分析城市园林绿化的影响因素。为提高城市园林规划设计的合理性，需要考虑城市地下管线布局、所在区域地形、城市地质条件等因素，以免设计方案产生冲突，影响后期园林绿化施工的顺利开展。基于计算机信息技术的创新设计，能够提升设计的效率和质量。在规划设计城市园林时，设计人员可以充分发挥计算机虚拟技术的作用，构建城市园林设计模型，模拟园林景观所在城市的交通布局、土地利用布局，基于整个城市的园林景观生态水平深入分析城市园林的建设特色。根据对比分析的数据优化城市园林规划设计方案，在设计中突出城市独有的风格和文化特征。有效地应用计算机技术创新设计城市园林，有利于为城市园林规划设计理念的创新提供重要的技术保障，顺应时代发展潮流。

第八章 园林景观布局理论研究

第一节 景观园林艺术布局

一、景观园林设计中的空间艺术布局意义

在景观园林设计工作中，对其空间艺术进行合理的布局，其意义主要体现在以下方面：

首先，通过对风景园林空间艺术的布局进行综合考虑与规划，能够使风景园林所具有的娱乐观赏性得到大幅提升。娱乐观赏是景观园林的基本功能之一。通过对景观园林中的各个要素进行巧妙的空间设计，可使观赏者在景观园林中获得更多的趣味。而且空间合理的布局也能使观赏者在景观园林中获得更加舒适的感受。

其次，景观园林的空间艺术布局能够使其给人带来的立体化感受更加强烈。对于景观园林来说，需要利用图案与色彩等要素，以此增加风景园林的立体感和层次感，这有助于增强其艺术感染力。

最后，通过对景观园林进行空间布局，可使其类型变得更加丰富，空间布局能够使自然景观与人工景观变得更加契合，进而使园林的景观效果得到有效提升。

二、空间艺术布局的目的

对于景观园林来说，其空间艺术布局需要依据空间组织中所具有的尺度概念，以其尺度概念来规划草图，以此确保园林景观的功能得以充分发挥，其空间艺术布局的目的能够顺利实现。在将景观园林的实施功能与平面规划进行融合的过程中，需要以"以人为本"这一基本原则为主要前提，以确保实施原则中的均衡性、对比性、韵律性以及对称性能够得到体现，进而使其在视觉艺术形式上变得和谐而融洽，并能够满足人们的审美特点。

设计人员在针对风景园林的平面尺度进行具体设置时，需要从生理与心理两个方面来对人体功能进行分析，以确保所设立的空间尺度参数能够满足人体在心理与生理上所具有的功能，进而使平面设计形态得以明确地凸显出来。在平台中，点、线、面是其基本构成元素，正是应为有了这些元素，景观布局形式才变得更加富有视觉美感。举例说明，在对景观园林的车行道进行设计时，需要确保行车空间充足，为了达到这一目的，如果树木位于行车道的两侧时，则需确保树木与行车道之间的空间能够预留出 0.6 ~ 1.5m。在空间艺术布局中，纳入平面空间布局，并对设施、场地等尺寸调控模式进行了解，能够使这些设施在建设中的标准性与舒适性得以充分体现。

三、景观园林设计中的空间艺术布局原则

（一）景观丰富

要想提升景观的立体感，需要合理规划不同种类植物的布局，详细分析空间分配，合理分配不同颜色植物的数量和位置。景观丰富表现在多个方面，主要包括：景观园林的植物种类丰富；景观中人工景观的内容丰富；空间规划的内容丰富等。空间艺术设计需要合理分配景观中不同的元素，不同元素的主要装饰作用不同，不同种类的植物的颜色也不尽相同。只有合理地分配各种元素，才能达到良好的空间布局效果。要合理地把握人工景观与各种植物的配比，在空间设计时，还要考虑人们实际需要的丰富性，如可设计走向

丰富的小路供人们行走。景观的丰富性不仅可提升景观带来的美感，还能增加景观的实用价值，使景观设计能更多地满足人们亲近自然、欣赏美景的实际需要。

（二）绿化环保

城市的景观园林设计最基本的要求是满足环保的需要，景观不仅是美化城市的基础，更是改善城市自然环境的基础。在空间设计中，景观必须满足改善城市生态环境的实际需要。在进行景观园林设计时，需要制订科学的绿化方案，使园林改善城市环境，特别是起到减少城市噪声、扬尘和改善城市空气质量的作用。绿化环保原则对景观园林空间设计的主要启示是，在对景观园林进行空间艺术布局时，必须要深入考究景观的实用性。此外，在用人工景观进行点缀时，要确保人工景观的环保性，避免选择对环境产生污染的人工合成材料。景观园林中的软景部分设计要注意选择合适的植物种类，改善环境的同时，保证植物能适应城市的气候，避免气候适应不良造成的植物资源浪费，使各种植物和人工景观形成一个具有多样化功能的小型生态系统，改善城市环境，提升人们的生活品质。

（三）功能丰富性

在景观园林的空间艺术布局中，不仅要确保其所具备的观赏功能得到充分体现，还要重视其实用性功能的体现。通常而言，在景观园林中需要应用到许多设施，如假山、座椅、路标等，这些设施的设置需要遵循功能丰富性原则，以此实现对这些设施的合理安排，使每个设施的功能都能得以充分发挥，进而使其利用率得到有效提升。例如，在对景观园林内用于休憩的座椅进行设置时，需要考虑到游客在使用座椅时的舒适性，因此，需要将其设置到周围有密集景观。而且能够比较阴凉的地方，以确保游客在休憩的过程中，既能通过环境温度获得舒适的感觉，也能在休憩之余观看各种景观。

（四）以人为本

在景观园林的空间布局中，还要遵循以人为本这一基本原则。以人为本是将人的需求作为设计过程中的考虑范畴，确保游客能够对园林内的资源进行有效享受。而这就需要从以下两个方面进行考虑：一方面，在对景观园林进行设计时，需对人的体能进行有效考虑，避免游客在景观园林内长时间游览而无法获得足够的休息，以减轻游客的疲累感；另一方面，还要依据不同游客的年龄、性格特征、身体状况等，在固定范围内，必须设立相应的休息区、厕所、游乐区，使小孩子和老年人在园区内的基本需求得到有效的满足。

四、景观园林设计中的空间艺术布局

（一）园林建筑的空间艺术布局

在设计景观园林时，应考虑城市美化的不同层次需要，合理搭配不同种类、不同形态的植物。同时，在建设立体景观时，要让观赏者站在不同视角观赏的视觉体验不同。在分割园林建筑空间时，可用多种方法提升空间布局特点的多样性，如延伸、错位等技巧能丰富空间结构。我国很多城市中均有具体实例可作为参考，在苏州园林设计中，就实现了建筑物与植物的合理搭配，使园林中的植物与建筑物之间形成默契配合，提升了不同景观在园林中的艺术魅力。园林建筑的空间布局与城市的空间舒适度具有一定的联系，园林建筑风格需要与城市的整体建筑风格相协调，建筑空间要与植物空间形成一个有机统一的整体，使园林建筑在具有美感的同时，体现实用性。

（二）园林地形地貌的空间艺术布局

在景观园林的空间艺术布局中，地形是实现布局的基本框架，对地形结构进行科学的塑造，能够对景观园林的空间艺术布局效果产生直接影响。因此，在空间艺术表达中必须高度重视地形要素。就目前来看，我国在对景观园林的空间艺术进行布局时，其整体布局效果呈现出非常明显的地理区位特征，所以设计员在景观园林的空间艺术布局时，需彻底转变以往的"人工造景"这一陈旧落后的设计思路，通过对天然地理形态进行巧妙的利用，采取对景、透明、接景等多种应用方法，使景观空间在远、中、近上呈现出丰富的空间层次，进而使景观园林能够与本地的实际地情相符。

（三）园林水体景观的空间艺术布局

在景观园林的空间艺术布局中，水体在空间艺术上的主要特点是具有流动性，能给人一种灵动感。水体在空间设计中的主要作用是分割空间，提升空间设计的灵活性，水体可作为空间的软分割手法，但空间设计中，水体的运用也属于空间设计的重点和难点。科学地把握水体的空间划分技巧，能借助水的流动性，使整个景观更加生动自然。湖泊或鱼塘出现在景观中，可提升景观的观赏价值，提升城市景观的环境调节能力。

（四）园林植物的空间艺术布局

在对景观园林进行空间艺术布局时，植物是不可或缺的一环，其作为一个重要的软空间元素，是景观园林空间艺术布局方案中的一大重要元素。对于植物来说，其在空间艺术上的布局，以其形态构成与颜色搭配为主要体现。所以对于设计师而言，在对植物这一元素进行空间艺术布局时，需要依据景观园林所采用的施工类型，对适宜的植物进行合理选用，通过多种栽植方法的灵活运用，实现对景观园林的合理规划。

植物在空间艺术形态上有着多种表现，如水生植物、常绿灌木、草本植物等，在对植物空间艺术形态进行选择时，需结合主题需求来进行。举例说明，如果主题景观是以休闲娱乐或观赏为主，则采用的景观植物在空间艺术形态上应以部分水生植物或盆栽为主，以确保主题景观在氛围营造上能够变得轻松而舒适；如果主题景观具有纪念性意义，则植物应采用松树、柏树、竹子等来展现其空间艺术形态，以确保空间艺术在布局上能够营造出一种严肃而庄重的效果。在对庭院景观中的植物进行选择时，以杉木、乔木最为适宜，这有助于给人带来一种"庭院深深"之感。在对景观园林中的小尺度空间进行设计时，还可适当地栽种一些颜色鲜艳的花卉，以确保景观效果能够满足不同游客的观赏需求。对植物的搭配与选择，能够为景观园林营造出不同的空间艺术气息，进而使空间在视觉冲击力上变得更加强烈。特别是针对植物高度来进行合理的组合，能够使景观的视觉空间变得更具层次感、错落感。

第二节　园林景观动态布局

一、园林动态景观在城市美化中的地位和作用

　　园林景观有动态和静态之分。所谓的园林动态景观就是在一定的园林空间范围内，人们在时间和空间转换过程中，景观在动态变化之中，构成丰富的连续景观，形成动态景观序列，或具有直观动态效应，在构图造型、图案上给人以视觉动感。园林景观具有动态艺术效果，可令人产生愉悦的感受。

　　动态景观是静态景观的延伸，与静态景观是统一的有机整体，尤其是植物一年四季不同形态、色彩变化，增添了环境的动态美化效果，同时也奏响了一首首动态的生命回旋曲，令人回味无穷，得到极大的满足和愉悦感。园林动态景观增加了城市景观的生机和活力，为园林艺术在城市中的运用提供了更大的空间，其动态的喷泉、瀑布；植物形、姿、色的动态变化；鲜艳的花卉；动感的植物图案和造型等给城市园林景观注入了无穷的韵味。动态景观与静态空间形成鲜明对比，可产生突变作用，增加游人动态情感，丰富景观层次，从而使景观始终吸引住游人的视线。

二、动态景观在城市园林中的运用类型

（一）时间转换型

　　通过园林植物合理配植和生长时间的转换变化，形成有规律的季相景观，构成植物景观时间变化序列。植物是园林景观的主体，又是活的生物体，具有独特的生态生长变化特性，利用植物的个体、群落在不同季节、不同发育阶段丰富变化的形、姿、色、韵，可塑造出绚丽多彩的动态序列景观。

（二）空间转换型

　　通过园林空间的转换和变化，通过视点移动使游人在游览过程中产生步

移景异的感觉，构成园林景观空间变化动态序列。这种类型通过园林道路系统和空间分隔手法变换园林空间，引导游人在不同的视角对植物个体和群落、园林建筑、小品、地形、空间开合、假山等园林构成要素产生动态景观效应，以艺术手法展示景观程序，达到动态的观赏效果，以满足园林功能要求，提高园林艺术品位。

（三）动态构图型

以树木、花卉、道路、雕塑、地形等要素，采用动感图案、流线型线条、林冠线的起伏变化、交错变化的地形塑造、动感立体造型等形式，打破静的空间，愉悦人心，构成视觉动态景观。

（四）运动表现型

它是以直观的实体景观要素运动表现园林动态景观。近年来，人们利用喷泉、水幕墙、溪流、瀑布等动态水的运动及运动的风车、旋转的动画造型塑造园林动态景观，从听觉和视觉上勾画出最直观的动态景观。

（五）动态意念型

园林景观艺术表现中，采用多种景观元素合理地注入具有较深意境的历史文化，使游人产生动态遐想，使城市景观空间向更深更远的层次延伸和发展。

（六）光影艺术型

园林动态景观与科技的发展密不可分，光影技术的运用使园林景观的观赏性具有极大的动态效应。

三、园林动态景观设计塑造的美学基础

"动态"从美学来讲就是变化，有变化才有活力，变化是兴味的源泉，动态产生于变化之中。对构图来说就是以不对称均衡表现其动感，对称均衡只宜表现静态，使人感到规则、稳定和沉静。构图上具备动感，只有打破平衡，形成不对称均衡，塑造一种运动感，才使构图具有生气和趣味。从运动学上讲，就是事物处于运动变化之中，只有运动变化的景观，才能吸引游人，引起游览的兴趣，提高景观的观赏效果。

（一）通过变化来表现园林景观的动感效应

变化中的园林景观，可以增加园林艺术的趣味，创造出无限的园林意境，调动游人的情趣，但多样变化必须统一在整体之中。变化与统一是自然法则中的矛盾统一关系，自然动态景观就是变化的和谐统一关系，它可以使变化中的景观既具有鲜明的独立性，又可表现为本质上的整体性。过分强调景观动态变化，而缺乏整体感，这种动态园林景观群体就会杂乱；反之，景观群体就无动感，显得呆板、单调。变化有序的动态园林景观，有起有结、有开有合、有低潮有高潮、有发展也有转折，它是寓变化于整体之中。只有这样，创造的园林动态景观才能使游人得到艺术享受，园林空间艺术、视觉艺术才能表现得淋漓尽致。

（二）动态景观

动态景观群体空间关系是建立在不均衡基础之上的。静态景观的均衡表现为稳定、庄严和稳固；而动态景观的均衡是有意识打破局部静态均衡，强调群体景观之中具备视觉构图中心，使互相关联的局部园林景观之间在总体上取得动态均衡。而利用不对称构图创造的动态景观，则强调构图的重心，使动态景观群体处于均衡之中。在立体或平面上利用动态线条美、图案美和装饰美表现的园林动态景观在整体视觉空间上也要取得均衡。

（三）园林动态景观的差异

园林动态景观必然存在显著差异，这种差异现象也就是动态景观群体之间的对比关系。它既有空间大小、开敞与郁闭的对比，也有主景与副景、高潮与低潮、流畅与曲折的对比。它们所表现的动态群体景观就存在于这些对比关系之中，它是表现动态景观园林美必不可少的，只有通过和谐的对比关系，才能真正表现具有园林形式美的动态景观。

（四）比例与尺度

比例与尺度是人类在长期实践中形成的一种美感效应。园林动态景观比例关系包括园林动态景观自身的长、宽、高之间的关系和动态景观群体之间或动态景观与整体的大小比例关系。它要求动态群体景观之间、人与景观之间的比例尺度符合人类心理经验，使人得到美感。动态景观表现不能超越合乎逻辑的比例关系，如果为了塑造动态较强的景观，使景观之间差异过大、体量比例失调，只能创造出失败的动态园林景观。

（五）节奏与韵律

节奏与韵律是表现动态景观的最常用手法，利用地形、植物配置、园林建筑、道路等组成有规律的抑扬起伏的节奏和韵律，塑造动态园林景观，给人更富于浓厚的抒情色彩，产生具有音乐的律动感和较强的视觉效果，使游人的视线随着园林景观曲线、形态、色彩、质感、动态、变化、节奏和韵律流转萦回，使动态园林景观更具吸引力。

四、动态园林景观的塑造方式和手法

（一）植物的季相景观运用

植物的季相景观运用是园林造景的一个重要手法。园林植物是风景园林主体，在不同季节、不同立地条件，其植物个体和群落在外形、色彩、质感均富于变化。通过配置季节特征明显的园林植物个体和群落，形成丰富的具备动态景观效应的季相园林景观。最典型的是扬州个园，春植青竹；夏植槐树、广玉兰；秋植枫树、梧桐；冬植蜡梅、南天竹，并把四种配景合理布置于庭园之中，创造四时季相景序。

（二）利用园林构成要素不同组合形式在视觉上勾画动态园林景观

现代园林艺术常常采用不同色彩树木、花卉有机组合，构成具有强烈动感色彩的线条和色块；采用流线型园路分割园林空间；采用地形整理塑造高低错落的自然地形；利用树木群体的自然形态和林冠线的变化表现园林动态景观。

（三）运用具有动感的立体造型在空间布局中表现动态园林景观

如在园林绿地中配置具有动感效应和园林雕塑、座椅、景石、曲廊等园林建筑小品突出景观的动态感应；现代园林采用五色草、盆花及其他配套材料搭制成具有动态效果的立体花坛都是塑造动态园林景观的最常用手法。

（四）采用光影艺术化手法

运用水系空间变化使游人在听觉、视觉上产生直观动态园林景观。动态的水让游人在视觉、听觉上产生动态感受，给人们以轻松愉悦之感。园林设计中运用动态水系如音乐灯光喷泉、瀑布、水幕墙、溪流等合理配置在园林绿地中，游人能产生直观动态效应，增加园林景观的活力。如苏州狮子林的瀑布，水流入湖池，"滴水传声"既可以衬托出园林幽静的氛围，塑造园林的空间意境，又可以增添游人的心理动态感受。

（五）客体参与化

客体参与化也是表现园林动态景观的重要方法之一。它是利用游人在游览过程中深入体验变化设置步移景异的效果，创造园林动态景观。景观设置可采用节奏断续、平面曲折、竖向起伏、反复交替、空间开合等手法合理分隔空间，设置游人不同的观赏点，塑造动态园林景观空间序列，使游人随着视点的转移始终感到景观处于动态变化之中。如苏州拙政园的建筑群起伏、道路峰回曲折、闭锁空间与开阔空间合理运用，真正使游人从不同视点、不同角度欣赏园林景观的动态变化，领略古典园林动态的景观神韵。

（六）以动感意境化的表现用法

运用匾额、楹联、诗文、碑刻、浮雕等内容的提示，使游人产生动态联想，从而表现园林意境动态感受，体现景观的动态效果，这也是园林空间布局中动态景观的表现方式之一。采用词简意丰的匾额、楹联等来记事、抒情、写景、言志，可启发游人动感联想，加强其景观的艺术感染力。如亭两侧的一副对联"一亭俯流水，万竹影清风"将园林意境包容其内，通过蜿蜒曲折的流水，烘托出清风吹动、万竹清雅这一颇富动感的园林意境。

第三节　园林景观空间布局

一、景观空间概述

人们关注的空间无非是以现代几何学为基础的空间三维设计，空间设计注重的是两个方面：空间和节点设计。长、宽、高的意义在于表达空间边界限度。一般设计中最重要的是空间的形态。景观设计也不例外，设计和重构美化空间。伴随研究深度和考虑的因素，空间设计中不只是空间尺度、设计功能不同、运用生产要素不同、营造的方法不同，更多的是在塑造场所精神。人是空间的主要感受者，应提高人的视知觉和心里的感受。对于景观来说光影是一种实用也出彩的元素，光作为空间的一个元素存在，如合理地加以利用会达到事半功倍的效果。空间中光可以是一种量的存在，比如说光是有方向、强度、色度等，在空间中的作用是揭示空间的长宽高的维度。光并不是与影以一对矛盾出现的，是相对的一个并列的条件相互影响相互制约，这些变量的光影可以影响人对空间的感知。园林艺术的美正是运用自然要素来创造生态优美的环境生活。而环境正是由空间来呈现，其重点内容就是对空间的设计，人的视觉是空间设计中的视线。空间关系的组织源于光影，适用于空间规划和分类。

二、特征

景观空间必须强调围合的大小和形态，处理的方法通常用尺度和比例来表示。围合的这个形态必须由量来确定其关系。美感的表现也是需要光影作为尺度来丈量，形成空间领域。景观空间中构件标准围合就是高低起伏的地形、地势以及建筑物的边界线，高低不同的乔灌草本等植物也是实体空间的组成部分。探讨科学的倍数关系来用数学比例的理性方式处理空间的大小、边界，那么空间存在更具有形象化。在同一环境下，空间是人活动的一个大背景，认识光与影的明暗空间也是对人的行为属性和领域的理解。

现代景观设计是在城市规划大空间下的小空间设计，在场地规模有限的围合空间创造出更大的围合感。通常阳光直接照射的园林的区域被我们理解成亮空间，照不到的部分便自然成了暗空间，公共部分的半光影状态便形成了灰空间。灰空间的区分很难有真正的划分和限定空间，只是从人的主观感受出发，人为地划分，是心理上的空间区域。空间的大小与光影的强度、方向和被照物具有明显的联系。比如在太阳高度角低的情况下，光照强度越强，由投影产生的暗空间也就越大。在景观设计中掌握不同空间中由光产生的光影是营造景观虚空间良好的手段。

虚空间不是固定不变的，比如一棵大树随着一天时间延续而变化形成不同的空间形态，设计者掌握其造型手段就可以营造有趣和实用的空间关系，形成构成感丰富的光影变化，惟妙惟肖地界定外部空间。虚空间可以很好地延续时空间形状，比如廊的阴影可以使得室内和室外都融为一体。

日本建筑师芦原义信在他的《外部空间设计》中说，"空间基本上是由一个物体同感觉它的人之间产生的相互关系所形成。"这说明空间的形成必须具备三个条件：一是要有存在具形实体；二是存在观察具形实体的人；三是具形实体必须被人所感知。作为外部空间的景观空间是人对外部自然空间的划分，使人能够很好地感知外部空间。准确完整的规划外部空间，创造出别具一格的空间的特征，塑造的外部空间考虑不同物体之间的关系，而是又加入了观察和感受的人形成合乎人与自然的和谐。光影的特征表现光线的强弱、虚实，人对一个空间感受，越明亮的空间越容易反映到人的大脑中，光线变得微弱，空间变得模糊看不清时，就会感知不到空间的边界，使得空间尺度难以捉摸。会发生两种可能，既感觉空间变小，也感觉空间变大，心里会有一种不安定感。光影空间中还有反射或镜像，空间还体现在镜像反射上。空间光影的特征不仅可以分割空间，更能统一空间，利用光影在不改变各个要素属性的情况下，统一光影将风格空间的景观通过其他植物或构筑物的阴影将其统一到环境中。

第四节　园林景观布局设计

一、园林景观建设对城市发展的重要性

（一）自然生态性

自然生态性包含空间意志性和多样化、协调性等多个因素。空间意志所指的是外部空间的特点与整体结构之间的关联，通过调节内部格局，能够提升园林景观与外部环境的适应性。多样性指的是不同区域在进行园林景观的施工与养护时所选择的类别。自然心态性，则是需要根据环境的变化调整种植，现在人们越来越重视人与自然的交流，人与自然在相处中更多地开始追求一种更为原始的自然美感，这也直接导致自然生态性受到了现代民众的高度重视。所以在选择时，需要全面了解植物的生长习性，尤其是在北方和南方以及热带地区和温带地区，需要结合气候特征进行选择，以保障自然生态的特性。

（二）艺术性和美学性

从美学性的角度进行分析，主要针对施工与养护的构图、造型以及色彩选择的多个要素进行综合分析，主要内容包括植株、树形、花叶色彩等。在进行建设时，需要分析观赏性，并且结合自然建设的需求评价构图造型的重点，同时，还需要注意季节性变化，在不同季节同一种景观所展现的也有极大的差异，可以结合季节的变化选择，从整体的美学角度出发，审视构图和造型，以保障园林建设的美感。

（三）绿色环保性

在优化城市园林景观工程节能设备的建设时，需要尽可能融入绿色环保原则，将现代社会环境中的绿色能源应用于园林节能设备的安装与使用中，如可应用太阳能等能源，降低能源损耗，提升绿色能源的利用率。绿色环保

原则不仅能提升能源的利用率，还能实现不同产业的可持续发展。在景观工程的整个产业中，可以根据人们对光照的需求开展景观工程节能施工与养护，尽可能地满足人们光照需求的同时降低能耗。无论是何种景观控制设备，在进行施工与养护时都需要按照相应的规章制度进行，并且使整个景观控制设备符合相应的标准需求，才能达到现代园林环境的使用标准。例如，在进行园林施工与养护时，部分园林施工与养护单位会设置一定的灯光展现景观，但在低碳环保的理念中，需要尽可能减少这种施工与养护方式，或者对相应的电路及灯光进行进一步的优化，降低能源的损耗量，在现代的园林施工与养护中应用绿色节能。

二、园林规划设计遵循的原则

园林规划的相关建设原则对于城市化建设中绿化建设的内容具有重要的借鉴意义，在进行城市化建设中，要注重园林规划对城市整体环境质量的重要作用，促进园林规划不断创新，将城市化与自然系统相融合，实现城市的可持续发展。

（一）以人为本的规划原则

以人为本的建设原则是城市园林规划需要遵循的首要原则，城市化建设的最终目标是实现人们生活质量以及生活水平的提升；以人为本的建设原则也是城市化建设需要遵循的根本原则，只有规划内容符合人们对环境的要求，为人们的日常生活以及工作生活带来便利，才能实现城市建设的快速发展和本质意义。因此，在进行相关建设规划时，要注重将城市绿化的内容与人们的生活相结合，设计方案要符合人们的认知和环境接受能力，符合人们日常生活的特点和模式，使得服务群体能够对城市绿化建设有一定的要求和了解，从而提升园林设计对于城市化建设中人性化的要求。只有园林规划符合以人为本的规划要求，才能真正实现园林规划对于城市化建设的发展及人们生活质量和生活总水平提升的具体作用，发挥园林规划的环境效益和社会效益。

（二）环境适宜性的规划原则

城市化建设中的园林规划不同于一般景区或者景点的园林建设。城市化中的绿化建设是要以城市主要的发展类型和建筑规模相符合，通过园林规划的辅助作用，实现城市的综合全面发展。这就要求在进行城市园林规划中要保证绿化建设符合因地制宜的原则要求。例如，在适当的规划区域配备合适的绿化建设，在人们经常进行日常娱乐生活以及家居生活的地方设置一些绿化公园，了解当地人民的生活和情况，对当地城市化建设的规模、地形等进行合理的分析，使绿化建设能够发挥出最大的环境适宜性。另外，设计人员在进行规划时，还要注意气候的适宜性，建立科学的规划方案，将合适的园林植被应用到适宜的地区，达到自然与社会相融合。只有园林规划符合因地制宜的要求，才能实现园林植物以及相关建设资源充分利用，降低建设规划成本和减少资源浪费，实现园林规划对于经济发展以及环境保护的作用。

（三）创新发展的规划原则

随着城市化建设水平的提升，人们对于城市化建设中的质量要求及规划要求也越来越高，不同的城市具有不同的发展速度和发展水平，这就使得在进行园林规划建设中要保证园林规划的创新型，通过借鉴以往的园林规划经验，将传统的园林规划模式进行合理的创新。例如，区别于以往大面积利用绿色植物进行园林规划的作用，配备一些具有城市特色的植被，将同一植被类型设计成不同的形状等。园林规划的创新型是城市化建设中绿化建设的源泉和动力，只有不断创新园林规划的应用方式和内容，不断革新传统的规划方法，建立符合现代化发展的新的园林规划模式，展现现代化城市发展的新面貌，才能实现城市化建设及现代化水平的可持续发展。

三、城市规划中园林规划设计的运用

（一）城市公园规划的适宜性

城市公园的主要作用是通过与城市化建设商业性的融合，体现一个城市建设的全面性和系统性，在促进城市工业化发展的同时，不断促进城市的环境保护作用。城市公园的设置要体现城市的适宜性，在合适的区域设置不同类型的公园建设。例如，在居民区，可以设置规模较大的城市公园作为人们进行日常娱乐生活和锻炼的区域，在繁华的商业区，可以建设规模较小的绿化休憩场所，使人们在繁忙的工作中享受到环境的美好带来的体验。

（二）科学利用绿化资源环境

园林规划要注重对自然资源的保护，要实现每一种自然资源都能够有效利用和发挥真正的效用，充分考虑城市区域的环境、地形、天气等自然因素，将合适的植被科学地应用到不同的区域。例如，在一些常年温度较高的地区，可以栽种一些枝叶较大较繁茂的植被；在一些偏远的西北地区，要注意植被的防风防沙的效果。

（三）园林规划要符合个性化建设的原则

不同的城市建设具有不同的类型和不同的发展规模，城市建设的种类多样，有主要针对文化建设的文化底蕴较为丰富的城市，也有商业建设比较发达的商业化城市。不同类型的城市，体现园林规划的个性化原则。另外，具体到城市的不同发展地区，也要因地制宜地进行相关园林规划的内容，使城市景观能够融入不同的城市环境中去，形成良性的发展模式，从整体上提升城市的环境建设水平。

第九章　园林绿地规划设计

第一节　园林绿地系统

一、概念

　　园林绿地是建设现代化城市的重要组成部分。绿地系统是各种类型和规模的园林绿地所构成的生态网络体系，是城乡和区域总体建设规划中的重要组成部分之一。根据规划任务，人口社会经济现状和历史文化资源（植物）、土壤地形、气候等自然条件，以及与周边用地的关系等，研究现状特点，发展趋势，确定绿地的类别、面积和结构布局，组成一个完整的绿色网络系统，并与城乡和区域总体规划的其他部分密切配合，取得协调。绿地系统可分为区域绿地系统（如太湖风景名胜区）、城市绿地系统、城镇绿地系统和公园绿地系统四个层次。

二、发展简史

　　古代的园林主要属于皇室、贵族等少数人游玩、狩猎之用。规模较大的园林大多分布于城市外缘，数量少，分布不匀，对城市环境影响不大。产业革命后，工业国家城市人口不断增加，环境日益恶化。1858年，美国纽约创建了世界上最早的公园之一——中央公园。一些著名的社会改革者和热心公益的活动家、科学家和工程师纷纷从事改善城市环境的活动。他们把发展城市园林绿地作为改造城市物质环境的手段，主张增大绿地面积，形成体系，使城市具有田园般的优美环境。1898年，英国E·霍华德提出了"田园城市"理论。在霍华德思想的影响下，以后又出现了有关新城和绿带的理论（见新城建设运动、绿带、楔形绿地）。科学家也开展了植物对环境保护作用的研究，使城市园林绿地系统的理论有了科学基础。

三、主要作用

从生态学、环境心理学和环境美学等方面看，绿地主要有两方面的作用。

（一）净化空气，提高环境质量

植物通过光合作用，吸收空气中的二氧化碳，释放氧气，能提高空气的含氧量。植物的根部吸收水分，通过叶片蒸发到空气中，可以提高空气湿度。某些植物能够吸收工厂排放的有害气体，从而降低空气中的有害物质含量；某些植物能够分泌杀菌物质，有助于降低空气的含菌量。植物枝叶可以滞留、过滤空气中的尘粒，起到净化空气的作用。植物吸收一部分太阳辐射热和通过浓荫的覆盖降低地面的热辐射，造成局部地区的温度较低，而周围地区温度较高，这样便会因温差而形成空气对流，可以改善小气候。此外，林带还有降低噪声的作用。

（二）美化环境，满足精神需要

以各类建筑物为主体的城市空间环境，使人感到单调和枯燥。植物以其纷繁的品种、色彩、线条、造型，丰富城市景观，有利于缓解人们心理上的压力。将各类植物穿插布置在建筑之间和建筑周围，既可冲淡单调、枯燥的人工化气氛，又可烘托建筑的个性，构成人工和自然相融合的空间环境。

第二节　园林绿地规划体系

一、相关概念

（一）绿地系统规划

绿地系统规划是为了满足城市未来发展的需要，确定城市规划内各类绿地的类型、指标、规模、用地范围、植物种类和群落结构，合理安排各类绿地的布局，使各类绿地搭配合理、结构完善，进而达到改善城市生态环境、满足市民户外游憩需求和创造优美的城市景观的目的。绿地系统规划对城市园林绿化未来建设和管理进行了一系列的指导，决定了城市未来园林绿化的发展、规模和面貌，规划的目标是要建立一个生态化、人文化、系统化以及网络化的绿色系统。

（二）生态园林城市绿地系统

生态园林城市是中国新的机遇和挑战。在高标准的生态园林城市要求下，由各类型、规模的绿地组成的城市绿地系统规划应具备可持续发展化、生态园林化、地方特色化的特点，更应该体现对城市新需求和新问题的响应。以生态园林城市为导向的城市绿地系统应该具备美化环境、改善和恢复生态、服务社会的综合功能。城市绿地能够体现城市特色，在城市景观中，起着决定性的作用。

绿地系统可以美化环境，城市可以通过植物创造整洁美观的城市环境，形成富有季节和空间的变化性、色彩丰富的城市环境。绿色植物为城市增添了活力，植物的四季变化可以成为城市的风景线。同时，绿地系统要素可以体现出特有的美感，可以增加城市的景观艺术效果，布置在城市的各个区域之间，衬托出城市各种建筑和其他景观，共同构成城市的景观特点。城市绿地可以从城市空间布局、城市发展形态、植物色彩、风格等方面体现出与众不同的特色。

二、城市园林绿地规划内涵

中国城市园林艺术的最高境界是"虽由人作，宛自天开"，讲究自然天成，不露人工斧凿的痕迹。城市园林绿地规划内涵的最大特点是一切要按照自然美的规律来进行，这与西方园林一切按几何数学原则来造景的方法不同。城市园林少不了花草树木、建筑、山水，其中，花草树木最富有生命力**和形象美**，颜色最为自然、明丽，在中国传统文化理念中，许多花草树木被赋予了特殊含义，提高了园林景观的审美价值。建筑在东西方园林中扮演的角色完全不同，在西方园林布局中，建筑占有主导地位，园林只是建筑的延伸部分，推动了园林"建筑化"，因此，西方园林与建筑无法相互渗透。

在中国，建筑是园林内部的景物，园林设计能够巧妙地使花草树木、山石流水渗透或者映衬到建筑中，建筑设计会随高就低，因山就势，使建筑景观与自然融为一体。此外，山在中国园林里是永恒与稳定的象征，如果园林规模比较大，就会用土山做主山，将山石用于重点部位，使之成为"山骨"；如果园林规模比较小，就要全部用山石堆叠造景，表现出自然山的局部，在山石旁边栽种适宜的花草树木，如用兰花和翠竹营造"竹石兰"的美景。水在园林里是智慧和廉洁的象征，水从山泉流出可以形成"清泉石上流"的美感，水流再通过曲折的溪涧最后汇成清澈的小池，池塘里栽种着美丽的莲花和其他水生植物以营造"水上花园"景观；同时，会在池塘里饲养各色金鱼和各种水禽（如鸭子、天鹅、白鹭、鸳鸯等），使园林更有生命力。此外，中国城市园林的特色还在于园路要"曲径通幽"，将建筑分散在自然要素之中，与自然的景物（特别是花草树木）交织在一起。园中的主要建筑往往和花木形成映衬，和主山池相对，使园林景色更加具有自然美。

三、园林绿地系统规划的要求

1. 根据当地条件，确定城市园林绿地系统规划的原则；

2. 选择和合理布局城市各项园林绿地，确定其位置、性质、范围、面积；

3.根据经济计划、生产和生活水平及城市发展规模，研究本城市园林绿地建设的发展速度与水平，拟定城市绿地分期达到的各项指标；

4.提出城市园林绿地系统的调整、充实、改造、提高的设想，提出园林绿地分期建设及重要修建项目的实施计划，以及划出需要控制和保留的绿化用地；

5.编制城市园林绿地系统规划的图纸和文件；

6.对于重点的公共绿地，还可以根据实际工作需要提出示意图和规划方案，或提出重点绿地的设计任务书，内容包括绿地的性质、位置、周围环境、服务对象、估计游人量、布局形式、艺术风格、主要设施的项目与规模、建设年限等，作为绿地详细规划的依据。

三、城市园林绿地系统规划的原则

1.城市园林绿地规划应结合城市其他组成部分的规划，综合考虑，统筹安排。如城市规模大小、性质、人口数量、工业企业的性质、规模、数量、位置、公共建筑、居住区的位置、道路交通运输条件、城市水系、地上、地下管线工程的配合等。

2.城市园林绿地规划，必须从实际出发，结合当地特点，因地制宜。不同地区的城市自然条件差异很大，城市的绿化基础、习惯、特点也各不相同，各城市不可结合现有的和可供开发利用的自然风景资源及文物名胜古迹一起考虑。

3.城市园林绿地系统规划既要有远景目标，又要有近期的安排，做到远近结合。

4.城市园林绿地的规划与建设，还要考虑建设与经营管理中的经济问题。

四、城市园林绿地规划建设方案

（一）优化城市园林绿地系统

加强城市园林绿地规划建设，首先，要构建完善的园林绿地系统，做好市级公园、区域公园、小区公园、历史性公园、儿童公园、植物园、居住乐园、游乐园、花园、带状公园、生产绿地、街边绿地、居住绿地、交通绿地、公共绿化带和防护绿地的规划工作，确保城市园林能够为市民提供良好的生活环境，提升城市景观审美效果，创设和谐的城市生态环境。

其次，要增强园林绿地系统的综合功能，通过精心栽培适量的绿色植物改善市内环境，优化城市水循环系统与通风系统，调节空气湿度，净化空气中的杂质，涵养水源，改良城市土壤质量，维持城市氧平衡，降低风害与噪声的危害指数。不可忽视的是，城市园林绿地的综合功能与城市的管理制度、传统文化习俗、经济实力、历史事件、自然地理环境与科技发展状况息息相关。因此，在城市园林绿地规划建设工作中，要根据本市的具体情况栽种适宜的植物，规划绿地面积与形状。

最后，园林绿地建设离不开草坪这一分支体系。草坪的定义为"草坪植被，通常是指以禾本科草或者其他质地纤细的植被为覆盖，并以它们大量的根或者匍匐茎充满土壤表层的地被，是由草坪草的地上部分及根系和表土层构成的整体"。在园林绿地草坪修建工作中，要选好草坪草，合理规划草坪的占地面积。所谓的"草坪草"，一般是指适应性较强的矮生科本科草，是能够形成草皮或者草坪，并能耐受定期修剪和人、物使用的一些草本植物品种，也有一些莎草科、豆科、旋花科等非禾本科草类。

（二）优化园林植物造景方案

加强城市园林绿地规划建设，提升绿色植物景观效果，首先，要注重发挥植物造景的实用美，在不同场所配置不同的植物。例如，在城市公园内栽种各种花草树木，为学校和小区种植樱花、睡莲、桂花与含笑花等植物以营造美丽、温馨的空间环境，在城市各广场与路边栽种银杏、女贞、梧桐、柳树、黄杨、雪松等树木，用月季、蝴蝶兰、玫瑰、兰花等花卉做陪衬以形成良好的视觉效果。其次，园林设计师在配置植物景观时，要科学地选择花木，充分利用园内其他景观，综合运用对景和借景的方法使植物造景与城市文化环境融为一体，从而充分体现植物造景的生活美感。例如，在山石旁边种植几株翠竹和粉色的芍药以形成映衬与良好的对景效果，借助建筑的镂空图案、门洞、窗洞或者间隙收纳植物景观，营造"框景"意境。最后，要做好露地花卉在园林中的绿化配置。一般来讲，露地花卉是园林中最常用的花卉，具有种类繁多、色彩丰富的特点，在园林中常被配置成花坛、花径、花丛、花群等形式，一些藤蔓性花卉可用以布置柱、廊、篱垣以及棚架等，而园林中的水面则可以采用水生花卉来布置，从而在园林中创造出花团锦簇、荷香拂水、空气清新的景观与绿色环境。

（三）科学栽培露地花卉

目前，露地一二年花卉是城市园林绿地规划建设中至关重要的美化材料，经常用于花坛、花墙、绿岛等区域的布置。其中，一年生花卉大多不耐寒，进入深秋易受霜害；二年生花卉耐寒能力极强，有的能忍受 0℃以下的低温，但不耐高温，花卉幼年期较长，苗期要求短日照，在 0℃ ~ 10℃低温下进行春化，成长过程需长日照，并在短日照下开花，像植物体春化型的风铃草、洋地黄等。科学栽培露地花卉，首先，要做好花卉的繁殖工作，通常，一二年花卉多使用种子繁殖，也可用扦插繁殖，如一串红、牵牛花、彩叶草等。其次，要针对花卉的特性，选用最佳栽培方式，对于虞美人、矢车菊、花菱草等主根明显、须根少、不耐移植的花卉，应采用直播栽培方式，也就是将种子直接播于需要美化的地块。对于万寿菊、郁金香等主根、须根发达又耐移植的花卉，应采用育苗移栽方式。

（四）做好园林树木的栽植管理工作

树木对园林绿地建设起到的绿化作用至关重要，因此，在园林绿地规划建设中，必须全面做好树木栽植工作，营造绿树成荫的环境。通常对于城市园林树木来说，从栽植到成活期这段时期通常需要 1 个月，但最关键的是前半个月这段时间的护理，在此阶段，城市园林管理人员要做好以下四步工作：

定根水。该项工作是指栽完树苗之后，要立即灌水，注意在栽后 24 小时内浇第一遍水。水一定要浇透，这样才能保持土壤吸足水分，并有助根系与土壤密接，提高树苗成活率。在正常栽植季节，栽植后 48 小时之内必须及时浇第二遍水，第三遍水在第二遍水的 3 ~ 5 天内进行。在高温、干燥季节植树，则需要每天向树苗喷水。

固定支承。对于树干直径大于 5mm 的树苗，均需要设立支架，绑缚树干进行固定，以防止树干倾倒。

做好树体裹干作业。用草绳、蒲包、苔藓等包裹枝干，可以避免强光直射和干风吹袭，减少水分蒸腾，为幼树保存足量的水分；与此同时，可以调节枝干温度，减少高温和低温对树干的伤害。

科学施肥。园林管理人员应该在一个月之后开始为树苗施肥，薄施一次复合肥或者有机肥，以后每个月最少施一次肥，保证树苗健康成长。

第三节 园林树种的分类与功能

园林树木不仅具有通过光合作用吸收二氧化碳、释放氧气维持城市生态平衡的作用，而且树木浓密的枝叶具备降温、增湿、遮阳、削弱噪声、防风固沙、阻滞粉尘和美化环境等功能。

园林树种的选择是园林绿化过程中的重要环节，通过对特定地域内的绿化树种进行适应性辨识，能够提供一种选择园林树种的基本分类方法，为风景园林绿化的树种选择明确了界定的依据。该研究针对城乡园林绿化树种进行了适应性的定性划分，在实际应用时需经过长期的实践验证，逐步建立和完善适应性植物的基础数据库。后续植物适应性库的建立，便于在选择具体植物种类时更加科学直接、简洁明了地做出判断，极大地提高园林绿化设计水平和效率，使得园林绿化设计、施工、养护等能够得到优化，并充分发挥其在生态、社会和经济方面的综合效益，达到预期的绿化效果，创造更加自然舒适美观的城乡环境。

一、适应性的类型

园林绿化树种的适应性是相对于特定的地域范围而言的，适应性的程度是树种适应性划分的基础和前提条件，可以通过在生长性能（生长势、生活力等）、抗逆性能（抗逆性）和观赏性能（树型、开花结果等）等方面的表现来判断其适应性的程度。根据树种对入植区域适应性程度的表现可将园林绿化树种分为以下三种适应性类型：适应性强、适应性弱和适应性过。

（一）适应性强

一般条件下性状表现良好，与当地物种能互利共生的称为"适应性强"。如南京地区种植的朴树、梧桐、冬青等，其生长发育良好、生命力强，能够自我繁衍，抗逆性较高。

（二）适应性弱

一般条件下性状表现一般，极端条件时性状表现出异常的称为"适应性弱"。如南京地区种植的杜英、金合欢等，其生长发育表现一般，抗逆性差，生态效益和观赏效果差。

（三）适应性过

一般条件下无天敌、无竞争、无干扰等限制因素，只要有适宜条件便极易四处扩张，威胁地域内其他植物的生长空间，以致破坏当地生物多样性的称为"适应性过"。如南京地区种植的刺槐、空心莲子草、一年蓬等，其表现为扩张性强，侵占其他树种的生存空间，给绿化管理带来极大不便。

二、树种适应性划分

在分析园林绿化树种三种适应性类型的基础上，对园林绿化树种适应性类型的划分。乡土树种可分为广义乡土树种与狭义乡土树种两类，均属于适应性强的树种。广义乡土树种是指起源于本地区并天然分布的树种或从外地引入多年且在本土一直生长优良的外来树种，包括本地树种和驯化外来树种；

狭义乡土树种仅特指本地树种，即本地区土生土长、天然分布的树种。外来树种是相对于本地树种而言的，指由于人类活动或与人类有关活动的影响，其分布区域重新分配，出现在历史上没有自然存在的地区树种，包括驯化外来树种、归化树种和入侵树种。

（一）适应性强树种

1. 本地树种

本地树种，即自然起源于一特定地域或地区，由人工选择引入的当地固有树种，即土生土长、天然分布于本地域的树种。本地树种能很好地适应当地气候、土壤等自然条件，经自然分布、演替，已成为当地自然生态系统的重要树种，生长发育良好，能代表当地特色，且具有一定"乡土文化"内涵的树种，但不包括一部分经长期引种驯化，已经逐步适应了当地生态环境的外来树种。如南京地区的"南京椴"树、柞木、枫香树、栓皮栎、榔榆、赤杨、黄檀、宝华玉兰等，特征表现为长势良好、较强地适应地方环境、养护管理简易、生态和景观效果较佳。这类本地树种具有以下几方面的特点：

①对当地极端温度、洪涝干旱、病虫害等极端环境条件具有极强的适应性和抵抗性；

②性状表现优秀，地域特色强，易于养护；

③对当地生物多样性有积极作用；

④能够产生较高的生态、社会和经济效益。

2. 驯化外来树种

驯化外来树种指地域内原来没有分布或栽培，在迁移到地域内，经长期人为引种栽培、选择、繁殖及演替后，已被证明对地域内的自然环境有较强生态适应性、性状表现良好且不形成入侵的外来树种。如苏南地区内引入的雪松、北美鹅掌楸、墨西哥落羽杉、桉树、金叶女贞、广玉兰、三球悬铃木、白皮松、苏铁、棕榈等外来树种，移植后特征表现为长势良好、较为适应当地环境，对极端天气具有一定的承受能力，景观和生态俱佳。这类驯化外来树种具有以下几方面的特点：

①经长期生长发育、自然（人工）选择和演替后对当地极端温度、洪涝干旱、病虫害等具有较好的适应性和抵抗性，但存在遭遇突发灾害性的极端条件造成严重后果的情况；

②性状表现良好，易于养护；

③当地生物多样性影响较小，不形成入侵。

（二）适应性弱树种

适应性弱树种即归化树种，指城乡园林绿化范围内原来没有分布或栽培，在迁移到园林绿化范围内，经自然（人为）选择及演替后，逐步适应新环境并趋于野生，对区域内有较弱生态适应性且不形成入侵的外来树种。如江苏地区引入的杜英、金合欢、乐昌含笑等树种，移植一段时间后特征表现为长势一般、对不良气候条件和病虫害缺乏足够抵抗能力、性状表现较不稳定。这类适应性弱树种具有以下特点：

①经长期生长发育、自然（人工）选择和演替后对当地极端温度、洪涝干旱、病虫害等具有一定适应性和抵抗性，但适应性和抵抗性较弱，存在同一地区的不同环境下长势差异大、对极端条件应对能力差等情况；

②性状表现不稳定，养护存在困难；

③当地生物多样性影响较小，不形成入侵。

（三）适应性过树种

适应性过树种即入侵树种，是指外来树种在引入城乡园林绿化范围后，因缺少天敌、环境适宜等原因建立种群并自然扩展种群规模，使当地生态失衡，对本土植物产生威胁，表现为"适应性过"的树种。树种的入侵性是指树种经繁殖、扩散后，进入特定生态环境（适宜条件）的生物学特性，入侵树种对该生境会产生一定的影响。南京地区引入的部分木本和草本植物，如刺槐、落葵薯、曼陀罗、水茄、五叶地锦、空心莲子草、一年蓬、凤眼莲、大花金鸡菊等呈现入侵性，其表现特征为生长发育旺盛、强，大量繁殖扩张、影响当地生物和景观多样性、养护管理困难。

这类适应性过树种具有以下特点：

①引入区域无天敌、竞争、干扰等限制因素；

②自繁速度打破自身局限，中间竞争过强，致使区域内本地树种没有生存空间，且有扩张趋势，难以管理，造成巨大经济损失；

③威胁地域内动植物生存，使当地生物多样性和生态系统的稳定性降低。

三、树种在园林绿化中的配置模式

（一）单株种植模式

为了进一步彰显树种卓越的观赏效果，在城市园林绿化的过程中，通常会引入单株种植技术。一般是将形态、花卉、果实、颜色秀美奇特的树种，单独栽种在花坛中心地带及景观门口的两侧，具有代表性的单株树种如海棠树、石榴树等。

（二）列植、丛植模式

树种可应用于道路绿化、湖畔造景中，一般采用列植模式。列植的树种也很丰富，如桃树、柑橘树、枇杷树等。进行列植时要科学规范地设计出树木间的有效距离。此外，为了展现树种独特的风韵，可多引入两种树种或以多种树种相结合的方式进行丛植，从而形成颇为美观的树丛。丛植在草坪的中心、院落、假山等区域的使用频率较高。

（三）林植、群植模式

园林林植、群植应按照统一规划标准，按一定行距成片栽种。在栽种的时候应选择土地肥沃、气候适宜、面积开阔的场地，如公园、风景区等。

第四节　园林树种的内容和原则

一、树种在园林绿化中的应用价值

（一）丰富园林植物资源

园林是自然生态系统的一个重要构成元素，在保护生物多样性方面具有非常重要的价值。众所周知，构成单一的植物族群非常容易发生病虫害，有的植物族群甚至会在病虫害中灭亡。在园林护理的过程中，经常会引入化学处理方法消除病虫害，但大量化学物质的残留，会严重危害生态环境，危害生命健康。因此，在园林绿化中可引入多种树种，增加树种种类，使园林资源更加丰富，并防止病虫害的大范围发生。

（二）提升园林景观的观赏性

树种种类繁多、造型各异，花期、果实丰富多样，因此，要因地制宜，有效配置，合理引入树种到园林绿化中。这样既可以丰富园林景观的植物类型，又可以创造出自然的生态景观，提高园林的观赏价值，吸引游客的眼球，为城市经济创收和园林绿化事业做出贡献。

二、园林树种选择的原则

（一）以乡土树种为主，实行适地适树与引入外来树种相结合

积极引入一些适应本地气候条件的外来树木品种，就是扩大树源增加树木品种的重要途径。因此，在树木品种的选择中，在以乡土树种为主的前提下，大量引入外地树木品种，才能更好地筛选出优良的园林树木品种来。

（二）以主要树种为主，主要树种与一般树种相结合

在长期的应用实践中，经过人工筛选，总会出现一批适应性强、优良性状明显、抗逆性好的主要树种。这些树种就是园林绿化的骨干与基础，就是

经过长期选择的宝贵财富。在生产中，除了大量应用这些树种外，还要经过
选择应用一般树种，只有这样的结合，才能丰富品种，稳定树木结构，增强
城市的地域特色与园林特色。

（三）以抗逆性强的树种为主树木的功能性与观赏性相结合

抗逆性强就是指抗病虫害、耐瘠薄、适应性强的树种，选用这种树木作
为城市的主体树种，无疑会增强城市的绿化效益。但抗逆性强的树种，不一
定在树势、姿态、叶色、花期等方面都很理想。为此，在大量选择抗逆性强
的树种的同时，还要选择那些树干通直、树姿端庄、树体优美、枝繁叶茂、
冠大荫浓、花艳芳香的树种，加以配置，只有这样才能形成千姿百态、五彩
缤纷的绿化效果。

（四）以落叶乔木为主，实行落叶乔木与常绿乔木相结合，乔木与灌木相结合

城市绿化的主体应该就是落叶乔木，只有这样才能起到防护功能、美化
城市与形成特色的作用。在园林树种的选择中，应以落叶乔木作为主体，占
有优势。在北方城市，选择落叶乔木更有利于漫长冬季的采光与地面增温。
此外，为了减少某些落叶乔木产生的飞絮污染，在选择这类树种（如杨、柳、
桑等）时，要注意选择雄株。当然为了创造多彩的园林景观，适量地选择常
绿乔木就是非常必要的，尤其对于冬季景观更为重要。但常绿乔木所占比例，
应控制在20%以下；否则，不利于绿化功能与作用的发挥。实行落叶乔木
与常绿乔木相结合，乔木与灌木相结合。适量地选择落叶灌木与常绿灌木就
是十分重要，因为灌木不仅能增加绿化量还能起到增加绿化层次与美化、彩
化的作用。

（五）以速生树种为主，实行速生树种与长寿树种相结合

北方地区，由于冬季漫长，植物生长期短，选择速生树种会在短期内形
成绿化效果，尤其是街道绿化。长寿树种树龄长，但生长缓慢，短期内不能
形成绿化效果。所以在不同的园林绿地中，因地制宜地选择不同类型的树种
是必要的。在街道中，应选择速生、耐修剪、易移植的树种；在游园、公园、
庭院的绿地中，应选择长寿树种。当然，速生树种与长寿树种相互结合当地

配置，是园林绿化的主要方向。速生树种有易老早衰的问题，可通过树冠更新复壮与实生苗育种的办法加以解决。在园林树种选择中，还要注意选择根深、抗风力强、无毒、无臭、无飞絮、无花果污染的优良树种。但一个好的园林树种的优点都就是相对的。选择的目的，就是不断把具有优良性状的树种选出来，淘汰那些生长不良、抗性较差、绿化美化效果不良的树种。

三、树种在园林绿化中的应用形式

树种还具备实现经济效益的价值和功用，其花、叶、果实、根、茎、种子等基本上都可以用来入药、做膳食，也可作为工业原料，如沙棘树就可用作日化原料、工业原料及食品、保健品原料等。树种的用途颇广，可以用于城市绿化、乡村绿化、观光果园绿化等。此外，为了发展旅游业，推动区域经济的发展，园林绿化工程开始利用开启"采摘文化""茶韵文化"等多种文化模式，在这个维度上逐渐打造文化品位效应，进行经济创收，实现园林绿化目标，推进城市生态文明建设进程。

（一）公园绿化

随着我国经济的发展，人们对于休闲观光的生活需求也越来越高，公园已经成为市民和游客休憩、观光、娱乐等的重要场地。现有公园绿化设计较为随性，在公园绿化工作开启的过程中，可根据各地的气候特点、土壤特点引入不同种类的树种，并依照其叶和果实的形状和颜色等因素来开启造景设计，观赏性极强，能引起人们的兴趣，使当地市民及游客都流连忘返。树种种类繁多，包括杨梅树、苹果树、橘树、白梨树、杏树、枇杷树、海棠树、枣树等。

公园绿化栽植的树种要与公园内的设施以及城市文化氛围相契合，树种与栽植方式要依据当地的气候条件、自然环境、土壤因素等进行选择。如为了烘托氛围，桃树要栽种在桥边或者河畔，周围围绕着稠密茂盛的垂柳，可以营造出"逃之夭夭，灼灼其华""落花流水""春风知别苦，不遣柳条青"等意境；梨树可以在草坪上种植，再引入各种假山、石头、奇珍异草，给人以梦幻般的"千树万树梨花开"的如同置身于仙境的奇妙感觉。在栽种树种时，可以片植成林的方式栽种，之后可以用具有文化气韵的名字命名，如"桃林""梅园"等；可在公园一角栽植成片的柿树，秋季串串果实成熟，像是一盏盏红灯笼挂在枝头，呈现出一片丰收的盛况，使人赏心悦目，再附以草坪、花卉等，可以打造出异常闲适、唯美主义风格的田园风光。

（二）乡村美化树种

树种在乡村美化中占据着重要的地位。树种在乡村的种植过程中，主要是利用其独特、丰厚的果品资源，结合旅游开发项目，在为乡村获得经济利益的同时，也可以改善乡村的生态环境。例如，在我国甘肃省临泽县，当地农民在田间地头广泛栽植枣树，到了秋季红枣成熟的时候，风景格外美丽，吸引了大量游客来游览观光。游客在采摘鲜枣、品尝绿色果实美味的同时，还可以在农家驻足，领略枣乡的自然风光，其乐无穷。因此，要从地域特点出发，在不同的地域栽种不同类型的树种。这种绿化工程建设既可以促进乡村旅游业的发展，还可以为乡村绿化事业做出贡献，实现乡村的经济创收。

（三）庭院绿化

随着我国绿化事业的快速发展，庭院开始规模化地栽植树种。近些年来，我国城市庭院多数以垂柳、榆树作为主要绿化植物。随着现代人们审美意识的提升，人们对于具有生态性的庭院绿地的需求越来越强烈，因此，城市住宅区绿化建筑引入了屋顶绿化、生态围墙绿化建筑模式，树种作为庭院绿化的首选植物，在庭院绿化过程中占据着重要的比例。

第十章　环境艺术设计概述

第一节　环境艺术设计原则

环境艺术设计的根本目的是为人们的生活提供一个理想的、合乎生理和心理需求的高品质的生存空间。这个空间应该首先符合自然发展规律，环境艺术设计中合理的空间功能及技术要求完成后，需要进行外在的形态设计。室内家具陈设、照明，室外绿化、环境设施等的设计都是环境艺术设计的任务。这些设计任务主要是针对形态、肌理、质感、色彩等造型元素进行有机合理组织的关系艺术，包括材料色彩的冷暖关系、光照强度的对比关系、空间形态的虚实关系、形式体量的大小关系等。整体与局部关系的总体把握是表达艺术形式美感的关键点。外在形态依靠体现视觉与功能之间关系的形态、线条、体块、材质、色彩等要素的有机组织得以表现，视觉与功能之间的关系必须经过规律的形式美法则的训练来把握。形式创造力是合理组织审美能力与形式表达能力的形态创新，环境艺术设计形态从原理上讲由不同的几何形体组合而成，几何形式的抽象性对于设计而言是抽象美感表达的视觉敏感力再现。因此，即使是最好的设计，不与环境中的其他元素协调起来也是失败的，技术的发挥需要整体的配合，才能产生集体的整合能力。

一、尊重环境自在的原则

环境是一个客观存在系统，有它自身的特点和发展规律，人类应该尊重它，而不是随意改变它。人类自身也带着自然的属性，也是环境的一部分，和其他元素一起构成自然环境的整体。人类破坏了自然，也就等于破坏了自己。自从有了人类社会，人类为了改善生存环境，开始了对自然的利用和改造，早期的人类活动由于技术能力的限制，只是在有限的条件下进行，随着科学和技术的发展，人类开始大量地开发自然资源，建造了大规模的人工环境，违背了自然的规律，生态平衡在一定程度上受到破坏。在进行环境艺术设计时我们应该与环境协调共处，尊重客观规律。环境是一个复杂的完整的生态平衡系统，是相互牵连的网络关系，对某一局部的破坏就可能引起全局发生变化。从某个角度看，人类的科学技术能力还远远不能掌握和控制自然，只有人与自然的和谐相处才是真正尊重自然、尊重人类自身的最佳选择。除了对自然环境的保护外，还应注意对历史环境的保护，我们国家的历史悠久，留有相当多的古建筑和古环境，尽管有些由于年代的久远，但是古迹是不能轻易地去修复或重建的，即使破旧，但仍有沧桑感，使人体验和怀恋。因此，在环境艺术设计过程中对于自然环境和历史环境应该予以同样的尊重，尊重它们的自在性。

二、科学、技术与艺术结合的原则

环境艺术应该体现当今科学技术的水平和人的审美追求和趣味，将现代科技成果用于构筑理想的环境之中，科学技术与艺术在环境艺术中是既相互制约又相互促进的关系，技术在一定程度上制约著名术的形象创造，环境中的造型是以实体形态出现的，物质实体造型通常需要科学理论和技术支持才能得以实现，如建筑空间的跨度在古代是非常小的，以至于稍大的空间内必然会有许多柱子。随着科技的发展，新的结构理论出现，新的材料使用，使建筑空间的跨度越来越大，如今一个容纳几万人的室内体育场，中间无一柱子，也已是司空见惯。这是受益于薄壳、网架等结构技术的出现。艺术是在技术制约的前提下发挥想象力和创造力的，创造的形象应是符合使用、审美和文化要求的，而且是合乎技术和科学规律的，这是一般的规律。在实践中，艺术也并不总是受制约和被动的，艺术要求通常可以促进技术的改进和发展。对造型的要求是技术追求和发展的目标。例如，悉尼歌剧院的造型设计是当时的结构技术无法实现的，但是新颖和奇妙的形式让人们希望它能实现，经过结构工程师的多年的努力，最终得以成功。同时，也使技术得到进步和提高。设计最合乎需要的造型是我们的目标，技术是手段，是艺术实现的支撑，科学技术应与艺术紧密结合，而不应当片面强调某一方面，应是互相的有机结合关系。

三、注重空间表达的原则

随着社会经济日益繁荣，人们对环境艺术设计的要求也不断提高。最初，建筑空间环境是基于人们生活功能需求逐渐细化产生的。在当下社会中，人们对空间环境的要求不仅局限于功能环境的满足，更多的是渴望得到精神享受与自身社会价值的实现。一个空间环境无非就是通过点、线、面等要素有机组合形成的，但这只是手段和方式。我们所要求的理想空间环境并不是一个冰冷的居住机器，而是充满感情和诗意的栖居空间。通过环境艺术设计的塑造和表现，把特定的空间环境情感、意境传递给人们，以此作为环境艺术设计特定的表达方式。人们随着对环境艺术设计体验的变化，在情感和心灵上得到了不同的感受。这种通过环境艺术设计氛围营造出来的时空变换所带来的审美趣味，绝不是单靠具有象征意义的装饰可以获取的，而是深层文化特质的充分体现。

四、关注精神需求的原则

中国传统美学为现代环境艺术设计注入了新的美学精神。关注精神需求要求现代环境艺术设计不仅要具备一定的艺术性，满足人们的审美要求、情感要求和思想要求，还要通过物化的手段体现其文化性，反映室内外环境的历史底蕴、文化内涵等，以满足人们的精神需求。此外，还应该反映当地的民风民俗，创作一些具有一定地域性和时代性的设计作品。

不同的艺术形式都有自己存在的准则和价值。环境艺术设计作为一种抽象且立体的艺术形式，它的存在总会承载着某个时代所赋予它的特征，也记录着那个时代人们的审美需求。在当今社会，人们过于强调对物质价值的追求，而忽略了人最原本存在的意义、心灵的寄托、生活的初衷及精神元素的终点。设计师应把中国传统美学融入当下环境艺术设计创作中，使人们与空间产生一种精神对话，开启对生活深层的探索。

五、系统和整体原则

环境艺术是一个系统，它由自然系统、人工系统组成。自然系统又有地形、植物、山水、气候等多方面，人工系统则更加多样和复杂，建筑、交通、设备、供给水设施、电力照明设施、绿化等，从环境艺术的构成上说，除实体的元素外，还有思想、观念、意识等涉及多门学科或领域，是一个真正包罗万象的庞大系统。因此，环境艺术设计必须要有一个系统和整体的观念，整体是由局部构成的，但是局部与局部的相加并不等于整体，这是视觉认知的规律之一。格式塔心理学理论对此做过详细的阐述，对一个物的形的认识，不是这个物的轮廓所构成的形状，或是它的表现形式，而是物在观察者心中形成的一个有高度组织水平的整体。"整体"是格式塔心理学的核心，它有两个特征：一是整体不等于各个组成部分之和；二是整体在其各个组成部分的性质（大小、方向、位置等）均变的情况下，依然能够存在。例如，一个轮廓上有缺口的圆的图形，人的视觉会自动将其补足而保持圆的整体性。一个三角形，不管它朝向哪一方，人们都能识别到是三角形。环境艺术的整体效果，不是各种要素简单、机械地累加，而是各要素相互补充、相互协调、相互加强的综合效应，是整体和部分之间的有机联系。

环境艺术设计的整体还可以分两个不同层次来理解，首先是指建筑、道路、绿化、设施等实体元素构成的环境整体，这是客观物质的层面。其次是从功能、科技、经济、文化、艺术等要素组成的环境艺术整体，这是深层次理解环境艺术的整体观念。环境艺术整体意识是设计的重要原则，在进行具体设计的时候必须要考虑到整体，用联系的方式思考局部与整体的关系。

六、创建时空连续的原则

环境艺术是一门兼有时间和空间性质的实用性艺术，是由自然要素和人文要素共同构成的。从自然方面说，任何环境都处在特定的自然条件下，受到当地的地理、气候和材料技术及物质条件的制约和影响，也由此形成各自不同的地域差别，如各地形态各异的民居就是最为典型的例子。当然，各地区的人们的思想观念、道德伦理、审美意识和种种人文因素也同时对环境的创造产生巨大的影响，因此从空间角度看，环境艺术带有鲜明的地区性。从时间角度看，环境艺术作为一种文化类型有着很强的传承性质，一个时代的风格和特点总是受着上一代的影响，但同时也会烙上当代的明显印记，这是时间的连续性。人类文明总是在前人的基础上继续发展和进步，环境艺术设计注重对传统的继承和对未来的延续。环境艺术是一个动态发展的过程，永远在一个不断的新旧交替中，在一个变化的过程中，这种变动是一种积累，它既有传统的东西，又不断地有新的内容补充，新旧共生于同一载体内，相互融合，共同发展。每一特定环境总是对一个时期和一个区域的物质和精神文化的真实记录，从某种意义上说，环境艺术的发展史就是一部记录人类文明的发展史。任何事物都是在否定之否定的规律下发展的，舍弃不利于自身发展的因素从外吸收养分，促进新陈代谢，有机更新。环境艺术也需要在这种积极的发展规律下吸收外来的合理成分，改善自身的机能，促进自身的发展。

七、尊重民众、树立公共意识的原则

现代环境艺术设计从它产生之日起，就注重它的民众性，不管它的初衷是否出于经济利润的考虑。社会发展到了今天，为百姓服务，为大众的利益考虑，应该已经达成了共识。当今是一个消费的时代，设计不再是设计师强调自己的意愿，强加于人的设计，而是尊重社会公众的意识，由公众来选择的设计。从使用的对象上说，环境之术设计大多是为使用者，为公众而作的，所以必须要听取使用者的意见，征求公众的建议，设计师与使用者的关系应该是明确的。作为设计师不能一味地迎合一些低级要求，设计师应该比使用者和公众有更高的审美眼界，向使用者和公众推出高质量的设计方案，正确地引导使用者和公众。现代社会的环境大多是为公众服务的，所以一定要有较强的民众意识，"公众参与"也不应是一句口号，而是实实在在的行动，这是当今社会对民主意识的重视所应该发扬和强调的。尽管在现实中还有许多不尽如人意的地方，忽视民众意愿的现象依旧存在，但设计师应该坚持尊重民众，树立公共意识，这也是现代环境艺术设计的原则之一。

八、可持续发展的原则

人类开发和利用自然资源和能源的目的是为了改善自己的生存环境，但是过度的开发和毫无节制地滥采导致了自然环境的破坏，结果必然是损害了人类自身。自然资源和能源不是轻易就能再生的，有些根本就是不可再生的，例如，石油、煤等。即使像木材等可以再次生长的植物也需要相当长的生长周期，而人类现在利用自然资源的速度要远比自然生长的周期快得多，如此下去的结果必然是资源的枯竭。对自然的开发和利用以及由此带来的废气、废物等又造成环境的污染，甚至废弃的产品又会出现对环境的再次污染，导致了生态环境的改变。而需要提醒的一点是，许多环境一旦破坏，就有不可复现的性质，一些原本是植物茂盛的绿地，由于水土的流失而成为荒漠，寸草不生的例子无论在我国和世界其他一些国家都相当普遍，教训是深刻的。所以，在我们利用自然资源的时候，应该考虑未来，考虑生态的平衡，考虑可持续发展的可能。"绿色设计"和"可持续发展"不应该仅仅挂在嘴上，而是具体的行动，可持续发展的原则在环境的建设中具体体现在保持自然原本的生态，不要肆意破坏自然，不能大面积地砍伐森林和铲除绿地。在环境艺术设计中，对建设材料的选用也应该尽量采用可再生的植物，以及可再利用的材料和没有环境污染的材料。总之，为了人类自己，对自然的开发和利用应慎之又慎。

九、形态要素与环境艺术设计相协调的原则

环境中的各种实体与空间都是具体的、可感知的，可以传达复杂的感情意味和审美信息。而塑造环境的造型艺术，就要用物质形态进行研究。形态要素不能只是随意地组合线条、体块，而应以满足人们的使用功能为目标，并以材料、结构、技术及地域文化特点为基础来限定环境空间。

构成环境艺术的形态要素有形体、材质、色彩、光影等，它与功能、意识等内在因素有着相辅相成的必然联系。作为外在的造型因素，形态是传达设计物功能、意识因素信息的最直接媒介，它的产生受到实用功能的制约，同时又对意识的形式具有重要的反馈作用，他们之间的关系应该是意识产生功能，功能决定形式，形式反映意识。

造型因素的形态有两个层次的意义：一方面是指某种特定的外形，是物体在空间中所占的轮廓，自然界中一切物体均具备形态特征；另一方面还包括物的内在结构，是设计物的内外要素统一的综合体。

形态可分为具象形态和抽象形态两种类型。具象形态泛指自然界中实际存在的各种形态，是人们可以凭借感观和知觉经验直接接触和感知的，因此又称为现实形态。抽象形态包括几何抽象形、有机抽象形和偶发抽象形，是经过人为的思考凝练而成的，具有很强的人口成分。抽象形态又称作纯粹形态和理念形态。

对环境形态要素之间的相互关系的控制与把握，是通过对各个具体要素分析后的综合。"这不是一种被动的，或把其中混杂的特征一个一个地识辨出来，而是对其具体细节进行积极的、有选择的审视和组合。首先把模糊地感觉到复杂性形式分解为一个一个的部分，然后再把这些部分组织成一个有机的整体。"这种思想是建立在对局部分析后的综合及在综合分析的基础上对各个局部的再次分析。以下从形体、色彩、材质和光影四个方面分析环境形态要素。

（一）形体

我们在构建环境空间时，必须通过有形的实体来限定出无形的空间。实体与空间是相互依存的，正如老子曾说过的："故有无相生，难易相成，长短相形，高下相倾，声音相和，前后相随。"表达了实体与空间相得益彰的关系。形体是由点、线、面、体和形状等基本形式构成的。

形是客观的，但又带有一些主观成分。对于环境而言，形是具体的、客观的，是环境形态的基本组成部分。但是人们对不同的实体形态有着不同的感受，我们在感受实体与空间的时候，会产生柔和、细腻、流畅、宁静、冷酷、紧张等不同的心理感受。

环境形体又分为静态形体和动态形体。环境空间形体一般都是静态的造型，我们通常通过流动的视点、倾向性张力的处理，去观赏静态形体，而使环境中的静态形体通常表现出动态之美。

（二）色彩

色彩作为环境形态的基本要素，却不能独立存在，必须依附在形体的基础上才能表现出它的优势。色彩是环境中最生动、活跃的因素，通常给人以最直观的视觉印象和可识别性。色彩的节奏感与层次感以及色彩中的色相、明度、纯度的应用，给环境添加了无穷的魅力。色彩在人的生理和心理上起到了特殊的作用，使它成为传达事物信息的重要形式。色彩只有与形相一致，与环境相协调，做到既要服从整体色调的统一，又要积极发挥色彩间的对比效应，做到统一而不单调，对比而不杂乱，创造出良好的环境空间。

（三）材质

材质在审美过程中主要表现为肌理美。人们在和环境的接触中，肌理起到了给各种心理上和精神上引导和暗示作用。

材质是由物体表面的三维结构产生的一种特殊品质，它最常用来形容物体表面的粗糙与平滑程度，它也可用来形容物体特殊表面的品质，成为环境艺术设计中重要的表现性形态要素。

（四）光影

光与照明存在环境艺术设计的运用中越来越重要，是环境艺术设计中营造性的形态要素。光不仅起到照明的作用，作为界定空间、分隔空间、改变室内环境气氛的手段，同时还具有表现的装饰、营造空间格调和文化内涵的功能，是集实用性和文化性为一体的形态要素。

十、形式美原则

形式美是一种具有相对独立性的审美对象，它与美的形式之间有质的区别。美的形式是体现合规律性、合目的性的本质内容的那种自由的感性形式，也就是显示人的本质力量的感性形式。形式美与美的形式之间的重大区别表现在：首先，它们所体现的内容不同。美的形式所体现的是它所表现的那种事物本身的美的内容，是确定的、个别的、特定的、具体的，并且美的形式与其内容的关系是对立统一、不可分离的。而形式美则不然，形式美所体现的是形式本身所包容的内容，它与美的形式所要表现的那种事物美的内容是相脱离的，而单独呈现出形式所蕴有的朦胧、宽泛的意味。其次，形式美和美的形式存在方式不同。美的形式是美的有机统一体不可缺少的组成部分，是美的感性外观形态，而不是独立的审美对象。形式美是独立存在的审美对象，具有独立的审美特性。

构成形式美的感性质料组合规律，也即形式美的法则主要有齐一与参差、对称与平衡、比例与尺度、黄金分割律、主从与重点、过渡与照应、稳定与轻巧、节奏与韵律、渗透与层次、质感与肌理、调和与对比、多样与统一等。这些规律是人类在创造美的活动中不断地熟悉和掌握各种感性质料因素的特性，并对形式因素之间的联系进行抽象、概括而总结出来的。

探讨形式美法则，是所有设计学科共通的课题。在日常生活中，美是每一个人追求的精神享受。当接触任何一件有存在价值的事物时，这种共识是从人们长期生产、生活实践中积累的，它的依据就是客观存在的美的形式法则，称之为形式美法则。在人们的视觉经验中，高大的杉树、耸立的高楼大厦、巍峨的山峦尖峰等，它们的结构轮廓都是高耸的垂直线，因而垂直线在视觉形式上给人以上升、高大、威严等感受；而水平线则使人联系到地平线、一望无际的平原、风平浪静的大海等，因而产生开阔、徐缓、平静等感受，这些源于生活积累的共识，使人们逐渐发现了形式美的基本法则。时至今日，形式美法则主要有以下几条：

（一）和谐

宇宙万物，尽管形态千变万化，但它们都各按照一定的规律而存在，大到日月运行、星球活动，小到原子结构的组成和运动，都有各自的规律。爱因斯坦指出，宇宙本身就是和谐的。和谐的广义解释是：判断两种以上的要素或部分与部分的相互关系时，各部分所给人们的感受和意识是一种整体协调的关系。和谐的狭义解释是统一与对比两者之间不是乏味单调或杂乱无章。单独的一种颜色、单独的一根线条无所谓和谐，几种要素具有基本的共通性和融合性才称为和谐。比如一组协调的色块、一些排列有序的近似图形等。和谐的组合也保持部分的差异性，但当差异性表现为强烈和显著时，和谐的格局就向对比的格局转化。

（二）对比

对比又称对照，把反差很大的两个视觉要素成功地配列于一起，虽然使人感受到鲜明强烈的感触而仍具有统一感的现象称为对比，它能使主题更加鲜明，视觉效果更加活跃。对比关系主要通过视觉形象色调的明暗、冷暖、色彩的饱和与不饱和，色相的迥异，形状的大小、粗细、长短、曲直、高矮、凹凸、宽窄、厚薄，方向的垂直、水平、倾斜，数量的多少，排列的疏密，位置的上下、左右、高低、远近，形态的虚实、黑白、轻重、动静、隐现、软硬、干湿等多方面的对立因素来达到。它体现了哲学上矛盾统一的世界观。对比法则广泛应用在现代设计当中，具有很大的实用效果。

（三）对称

自然界中到处可见对称的形式，如鸟类的羽翼、花木的叶子等。所以，对称的形态在视觉上有自然、安定、均匀、协调、整齐、典雅、庄重、完美的朴素美感，符合人们的视觉习惯。平面构图中的对称可分为点对称和轴对称。假定人体的黄金分割比在某一图形的中央设一条直线，将图形划分为相等的两部分，如果两部分的形状完全相等，这个图形就是轴对称的图形，这条直线称为对称轴。假定针对某一图形，存在一个中心点，以此点为中心通过旋转得到相同的图形，即称为点对称。点对称又有向心的"求心对称"、离心的"发射对称"、旋转式的"旋转对称"、逆向组合的"逆对称"以及自圆心逐层扩大的"同心圆对称"等。在环境艺术设计中运用对称法则要避免由于过分绝对对称而产生单调、呆板的感觉，有的时候，在整体对称的格局中加入一些不对称的因素，反而能增加构图版面的生动性和美感，避免了单调和呆板。

（四）衡器

在衡器上两端承受的重量由一个支点支持，当双方获得力学上的平衡状态时，称为平衡。在平面构成设计上的平衡并非实际重量 × 力矩的均等关系，而是根据形象的大小、轻重、色彩及其他视觉要素的分而作用于视觉判断的平衡。在环境艺术设计的平面构图上常以视觉中心（视觉冲击最强的地方的中点）为支点，各构成要素以此支点保持视觉意义上的力度平衡。在实际生活中，平衡是动态的特征，如人体运动、鸟的飞翔、野兽的奔驰、风吹草动、流水激浪等都是平衡的形式。

（五）韵律

韵律原指音乐(诗歌)的声韵和节奏。诗歌中音的高低、轻重、长短的组合，匀称的间歇或停顿，一定地位上相同音色的反复几句及句末，行末利用同韵同调的音响，用以加强诗歌的音乐性和节奏感，就是韵律的运用，环境艺术设计的平面构成中单纯的单元组合重复易于单调，由有规则变化的形象或色彩间以数比、等比处理排列，使之产生音乐、诗歌的旋律感，称为的律。

（六）联想

环境艺术设计平面构图的前面通过视觉传达而产生联想，达到某种意境。联想是思维的延伸，它由一种事物延伸到另外一种事物。例如，图形的色彩，红色使人感到温暖、热情、喜庆等；绿色则使人联想到大自然、生命、春天，从而使人产生平静感、生机感、春意等。各种视觉形象及其要素都会产生不同的联想与意境，由此而产生的图形的象征意义作为一种视觉语义的表达方法被广泛地运用在平面设计构图中。

第二节　环境艺术设计要素分析

环境艺术设计是根据空间环境的使用性质、环境类型和相应的标准，运用物质手段和环境艺术设计美学原理，给人创造合理、舒适、优美且能满足人们物质和精神需要的一门实用艺术。作为环境设计的一个重要组成部分，环境艺术设计涉及社会、经济、文化等各个方面，环境艺术设计是在自然所构成的特定空间环境中形成的，它的研究对象简单地说就是建筑的内部和外部空间。可以说，环境艺术设计是依附于自然环境的产生而产生的，同时是对建筑设计的继续和深化，是对室内环境和室外环境的再创造。环境艺术设计与现代科学技术和文化艺术相互融合，同时充分考虑了建筑、装饰、人体工程学、美学、心理学等方面的因素。

一、环境艺术设计主体要素分析

（一）空间环境的界面要素

界面装饰由底面装饰、侧面装饰、顶面装饰三个部分构成。界面装饰是在两个层次进行的，装修设计实际是完成了第一层次的装饰，在装修设计完成的基础上，对界面进行张贴、悬挂、铺设等是第二层次的装饰。就环境艺术设计而言，界面装饰是为了美化环境艺术设计而进行的，并不是所有空间环境的界面都需要进行装饰，这取决于业主对设计和审美的要求。换句话说，界面装饰需要满足功能和审美的双重要求。各界面有各自的功能和结构特点，满足了不同的物质和精神需求，设计时对形、色、光、质等因素的处理也各不相同。

1. 空间环境的界面组成

（1）地面

地面是指空间环境中的底界面或底面，建筑上也称为楼地面。地面作为空间环境的承重基面，是空间环境的主要组成部分，也是人们日常生活接触最多的面。地面的处理形式可根据其功能区域进行划分，如门厅地面在图案设计上可采用具有引导性的图案，在材质选择上应注意其耐磨、防滑、易清洁等功能特点。空间环境地面常采用的装饰材料有地板类、地砖类、石材类等材料。其中，地板类材料有木地板、竹地板、复合地板、塑胶地板等；地砖类材料有陶瓷地砖、马赛克地传等；石材类材料有天然花岗石、人造石材等。

（2）墙面

墙面是指空间环境中的墙面（包括高隔断），具有隔声、吸声、保暖、隔热等基本功能。因为墙面正好处在人的最佳视线范围内，是视线集中的地方，所以也是设计师关注、重点表现的地方。在满足基本功能的前提下，墙面可以满足不同形式如直、弧、曲等的塑形需要。空间环境墙面能选择的材料种类繁多，如石材、木材、玻璃、金属、塑料、墙纸、涂料等。在材料选择上根据需要，可以不拘一格。

（3）顶面

顶面指的是空间环境中的顶界面，在建筑上也称为天花或顶棚、天棚等。环境艺术设计的高度会影响室内环境的体验效果，过高和过低给人的感觉都不好，太高的空间会产生空旷感、冷漠感，太低会形成压抑感，只有适中的高度才会产生亲切感。因此，在进行顶面设计时，顶面高度要适中，顶面造型要以简洁为主，避免造型杂乱压顶，使人感觉不适。顶面与地面是相互呼应的两个界面，在对顶面进行处理时，通常要先对空间环境功能进行充分的考虑，顶面造型的处理应与地面的功能及陈设遥相呼应。

2. 空间环境的界面处理手法

在空间环境的界面处理手法中主要包括以下几点表现手法：一是运用结构表现，通过物体呈现出的结构韵律来表现空间特质。二是运用材质表现，通过材质展现出的不同的肌理效果和材质间的变化所产生的美感来表现空间特质。三是运用光影表现，通过灯的形、色、光的综合艺术效果来表现空间特质。四是运用几何形体表现，运用圆锥体、球体、长方体等几何形体的自身特点和排序来表现空间特质。五是运用面与面之间的过渡表现，通过面与面的过渡处理来表现空间特质。六是运用图案表现，运用具有代表性的图案来表现空间特质。七是运用倾斜的面表现，通过使用倾斜的面来表现空间特质。八是运用自然形态表现，运用乱石、瀑布、水纹等自然形态来表现空间特质。

（二）空间环境的家具要素

空间环境中家具的选取和布置是环境艺术设计中一个至关重要的内容。家具既具有实用功能，同时又具有艺术审美性，是一种普及的大众艺术品。它既要满足某些特定的用途，又要满足人们的观赏审美，使人在接触和使用它的过程中满足产生某种审美快感和引发丰富联想的精神需求。此外，家具还能反映不同时期、不同国家和地域的历史文化和审美追求。家具的风格，通常能够奠定其所在空间环境的基本风格基调。家具通过与人相适应的尺度和优美的造型样式，成为空间环境与人之间的一种媒介性过渡要素，它使虚空的环境变得更适宜人们居住、工作和生活。

选择空间环境的家具时，常从家具的功能和家具的审美性两个方面考虑。在家具的功能方面，应从空间环境在使用时的功能性、舒适性及安全性进行考虑；在家具的审美性方面，应从空间整体环境、风格定位，家具的色彩、质地、造型、风格、布局和搭配因素与环境艺术设计氛围营造等方面进行考虑。选择室内家具的过程可简单归纳如下：

1.考虑家具功能与定位

家具的选择与布置要结合使用者的使用要求及现有空间环境要求，家具体量不宜过大，也不宜过小。要具备足够放置家具的空间环境，放置位置动静划区合理，确保人流动线畅通，提高家具使用的效率及质量，并能通过家具的布置有效地利用和改善空间环境。

2.注重家具造型及风格统一

家具造型与风格的选择是以空间环境整体氛围及风格定位为指导的，因为家具自身带有一定的艺术造型语言，具有一定的风格倾向，对空间环境整体风格的形成起着重要作用。家具造型与风格的选择和空间整体环境是相互联系、相互制约的，在选择时，应以空间整体环境风格为指导，正确设计家具的造型及风格。

3.强调家具色彩与质地协调

家具的色彩和质地对环境艺术设计氛围的营造起着重要作用。家具色彩及质地的选择应站在空间环境整体环境色彩的角度进行总体控制与把握，一般应与空间环境整体环境色彩统一、协调。

（三）空间环境的灯具要素

1.照明的光

在环境艺术设计中，通常利用灯具的光影效果营造中国传统美学意境氛围。在中国传统空间环境中，自然光透过花窗映入室内，形成斑驳的光影，活化了空间环境，烘托了氛围。在现代环境艺术设计中，自然光作为构图要素同样可以烘托环境氛围，满足人们渴求自然与体味审美的心理需求。此外，合理的灯具选择及对光源的正确运用能够为环境艺术设计增添色彩和光影效果并能形成一定的韵味。灯具也是环境艺术设计中一种必不可少的设计元素。灯具既要满足功能的需要，即照明的需要，同时又要在造型和装饰上与空间环境的装饰风格相协调。恰当地利用灯具和灯光能够烘托空间环境氛围，为室内环境艺术设计起到画龙点睛的作用。

人类在和自然光相处的时间里，并非保持着一成不变的态度。在白天，环境艺术设计对自然光的运用将决定人们的生活效率，人们会根据自然光的强弱来选择空间环境。由于建筑结构和自然光之间的制约，存在白天自然光较弱的空间环境，人工灯具照明的出现，不仅改善了这种局面，甚至使人们可以在完全没有自然光的条件下正常工作。在这一转变过程中，人工灯具照明被运用得淋漓尽致，空间环境的格局也发生了巨大的变化，生活也变得空前的丰富多彩。在现代环境艺术设计过程中，我们应当寻求具有中国传统美学意境的灯具照明设计，探寻人和场所之间的审美精神。

具有中国传统美学意境的空间环境是以人为本的，体现在光作为自然引领人类的生存美学，是顺应自然的美学哲理所在，人们利用人工光的模式应从人类和自然光相处的经验中得到智慧的启发。自性白度，在于提倡人们提高自身的修养去面对生活。人们应通过自我反省、自我约束进入生活当中，守住道德底线，达到顺应自然之意。自然法则在于生命的循环和可持续发展，人与自然是有新陈代谢、可以交融和共生的。最大限度地建立人工照明的自我循环再生，形成对地球自然资源的保护和生存环境的恢复，需要以自然光来代替人工光的转化与自然光人造化。人工光的能量来源除了电能，还应考虑其他自然资源的原动力，如将太阳能转化为电能或其他能量，代替自然资源的开采和使用，也是人工照明的发展方向。我们应积极追求以自然促进人工的方式来改变我们的生活现状，形成良性循环。

运用人工照明在于满足人们的正常生活所需，它真正地按照人们的行为习惯被运用在了环境艺术设计中。如瑞士贝耶勒基金会美术馆中，人工光是以模仿自然光的形态出现的，人们在美术馆中参观游览，几乎察觉不到有人工光的存在，更注意不到人工光的位置，空间环境中均匀地布置了自然柔和的光环境。设计师这样做的目的和美术馆的功能有关，人们可以在这样不被打扰的室内环境中专注地欣赏美术作品，在不经意间感受着人工雕饰的美，这里人工光的运用体现了人们尊重和效仿自然光的行为。控制人人工光可以打破自然的变幻无常，创造恒定舒适的环境供人们生活。随着人工智能化的发展，通过电脑的控制可以利用人工光配合自然光的方式营造完美的光环境。位于德国慕尼黑的现代艺术陈列馆，就是运用智能控制人工光结合自然光的方式，调节空间光环境的亮度和色彩的，甚至连阴影的位置和变化都可以人为去创造。在空间环境中创造理性的照明，使得人们感受不到环境艺术设计中空间意境塑造的人工痕迹，所有空间都透露着自然的效果，人们分不清哪里是人工光，哪里是自然光，体现了空间光环境的发展方向取决于以人为本的观念。

2. 意境的光

中国传统美学意境空间的营造是人们走向心灵解脱的一个过程，同时也是人们回归自然、恢复自然的一条捷径。光环境的设计，旨在唤醒人们以感恩的态度，从关爱生命开始，自然而然地面对自然环境所带来的恩惠，从而得到某种觉悟；改变人们看待事物的角度，使人们学会换位思考并用心去和自然相处。

由于意境的出发点不同，环境艺术设计的观念也将随之改变。继承和发展中国传统美学，学习自然、顺应自然，将自然运用在环境艺术设计当中就会产生焕然一新的感觉和回归自然的喜悦，这正是东方美学所呈现的基本思想和独特审美。当我们每天面对来自各个方面的烦扰的时候，疲惫不堪的心十分需要舒适的环境，我们会情不自禁地想到走进大自然，享受阳光和新鲜的空气，这是我们获得快乐的方式。纯净、安宁的环境能使我们释放压力和烦恼，中国传统美学的意境空间就是这样。

（四）空间环境的绿化要素

心理学研究指出，大自然的绿色在人的视野中达到 25% 时，人的精神较为舒适，心理活动处于最佳状态。绿色的植物让我们联想到大自然，使我们放松心情，忘却烦恼，其光合作用产生的新鲜氧气，使我们振奋精神，保持清醒。"疏影横斜水清浅，暗香浮动月黄昏。"所表现的不仅仅是实景，更多的是一种高洁、高雅的氛围，令人回味无穷。"绿肥红瘦"用植物季相的变化把伤春之情、恋春之意表现得淋漓尽致。可以说，东方美学中的植物景观在某种程度上已与东方人的审美情趣、思想意识融为一体，是东方文化的一个组成部分。

在环境艺术设计中，绿化已经成为一种不可或缺的重要元素。将绿化引入空间环境，不仅使绿色植物参与空间环境的组织，使空间环境更加完善，还能协调人与自然环境的关系，使人不会对建筑产生厌倦，使环境艺术设计兼有自然界外部空间的要素，达到内外环境的融合和过渡。同时，利用绿化扩大和美化空间环境，给环境艺术设计带来了生命力，为空间环境装饰增添了活力。环境艺术设计中，设计师通常通过利用绿化要素，最大限度地发挥其特点和优点，引入和再现自然景观，来创造宜人的居住、生活环境，赋予空间环境以勃勃生机，更好地体现了装饰艺术的美和魅力。

（五）空间环境的织物要素

织物作为软装饰要素，以它不可替代的丰富色泽和柔软质感在环境艺术设计中独树一帜，越来越受到大众的喜爱。通常，我们在环境艺术设计中运用的窗帘、地毯、壁挂、床单、毛巾、被套等都属于织物装饰。织物装饰按用途可以分为帘饰类、床上铺类、家具装饰类、地面铺饰类、墙面粘贴类等。

织物装饰的运用，一方面是与环境艺术设计的实用功能相配套；另一方面是以它具有的独特装饰性，对环境艺术设计起到良好的辅助和烘托气氛的作用。作为环境艺术设计装饰要素的织物装饰，不仅丰富了环境艺术设计，而且为空间环境装饰风格的营造提供了丰富的物质基础。

二、环境艺术设计意境要素分析

空间环境的陈设是环境艺术设计意境营造的重要组成部分，除实用功能外，它作为有形的意境要素起着调节环境、渲染气氛、强化设计风格、增强空间环境意境的作用。空间环境中的陈设布置，无论围、合、透、分、藏、露、后等，其目的都是为人们争得空间环境更大程度的自由与解放。环境艺术设计的成功与否，取决于空间陈设品在整个环境中能否揭示空间存在的意义。可以说，空间环境的陈设是环境艺术设计中的点睛之笔，其表现内涵远远超过美学范畴而成为某种理想的象征。具有中国传统美学意境的环境艺术设计精神内涵就是要体现人们回归传统的情感，表达现代人的审美情绪、意志和行为。

中国传统美学意境追求"空纳万境"，即直白的东西越少，其能衬托出的内涵越多，给予观者更大的想象空间。中国传统美学意境通常采用优雅、简洁、宁静、质朴的陈设，化繁为简，高度理性，以最简洁的手法隐含复杂精巧的结构，从而使人们获得环境艺术设计中纯粹而强烈的心理感受，感受到其简约而不简单的东方意境氛围。

（一）空间环境的色彩要素

世界上的一切物体都是因光的照射作用显现出其物象的，而一切物象则是各种不同色彩的结合。物体在自然光的照射下，显示出各自不同的颜色，而人则通过视觉来获取相关的环境信息，得到不同的心理感受。因此，营造一个舒适的空间环境，使人们能通过视觉来了解并准确获取周围信息就显得格外重要。光线和空间环境物品以及它们的不同材质、色彩构成了环境艺术设计的色彩氛围。空间环境及其内部装饰、门窗及其位置、人工照明与自然光等环境要素决定了视野的亮度和亮度分布，视觉对象与背景的对比和外观颜色，将影响观察者的视觉灵敏度。可以说，色彩是我们感知空间环境的重要手段。人们对物体特性的认知分为两个层次：第一个层次是客观的、普遍性的、无关个人的，对物体形状和大小的认知；第二个层次是对物体色彩、质感、声音和气味的主观认知。在环境艺术设计中，形色互动通常能表达出共同的感情色彩。我们在进入一个空间环境时，第一感觉通常很重要，而这第一感觉即为人们对空间环境色彩的感知。空间环境色彩的改变，带来空间环境氛围的变化，人的情绪也将随之波动。

色彩是最直观的视觉审美对象，是环境艺术设计不可或缺的设计元素。色彩本身并没有感情，但对色彩的运用可以起到烘托氛围、营造意境的作用。通过色彩的外部刺激，人们通常会对事物产生种种联想。

大自然孕育了人类，也以其壮丽、多彩多姿的景象让我们折服，在自觉与不自觉中，我们总是试图把大自然的美好景象带入我们生活的空间环境中，环境艺术设计成为大自然向建筑内部的延伸。空间环境内部的色彩氛围总能唤起人们自然、无意识的联想，一个来自外部的视觉传达激活了早已存在于观者内心的敏感倒影。色彩有着丰富的视觉语言及独特的审美角度，能高度艺术化地概括中国传统美学的审美本质。色彩的巧妙运用，将抽象情趣在具体的空间环境中表现出来，既体现了环境艺术设计的层次，又营造了中国传统美学的艺术氛围，展示了中国传统美学的美感和境界。在具有中国传统美学的环境艺术设计中，以色彩观可将用色原则大致分为以下两类：

1. 自然色

不同颜色的光、不同颜色的物体都会形成不同的室内环境色彩，环境艺术设计中的色彩因素直接影响着人们的身心感受。例如，人们在红色的环境中容易情绪激动、思维活跃；绿色的环境让人心情舒畅，联想到健康与轻松；蓝色的环境让人处于宁静的状态。环境艺术设计运用色彩要素能营造出不同的氛围，许多设计师都很重视在环境中运用色彩。例如，餐饮环境通常用红色吸引人的注意力，同时人们在这种氛围中可以加快进餐的速度，提高了人流量；一的商业环境则多使用艳丽明快的颜色，用于活跃空间的气氛，勾起人们购买的欲望，人们会在这样的环境中变得激动，商品也会销售得更快。

具有中国传统美学意境的环境艺术设计中通常以单色或极少的色彩来表现自然之美，这与中国传统美学的观念是相通的。一方面，中国传统美学思想主张显现个性，对于光和构成空间环境的物质来说，以其自然、原有的面貌去展现其个性，不求更多的加工与修饰；另一方面，中国传统美学意境的色彩是素净的，以最少的、最简单的色彩才能构成幽静的空间环境，这样的环境才能让人沉下心来，不被周围喧哗的世界所干扰，从而在现实世界中体会自然的美妙。缤纷的色彩不被东方美学意境空间环境所看重，甚至很少出现，所以中国传统美学意境空间的色彩是自然的色彩。在此基础上，中国传统美学意境空间对自然中的色彩会采用饱和度较低的形式呈现出来，白色、灰色、青色会通常出现，这是被看"淡"的色彩，体现了东方美学意境空间的淡雅和纯净。

中国传统美学崇尚自然、向往自然。如原木的棕色、褐色，石板的青色、灰色及植物的绿色等都是中国传统美学意境环境中擅长使用的颜色，也是营造传统美学意境的环境艺术设计中经常使用的颜色。这些自然的色彩使环境具有一种朴素、和谐、纯净的气息。中国传统美学强调自然本色，体现了色彩的纯净自然之美。在环境艺术设计的过程中，恰当的色彩运用可以帮助设计师完善设计作品，烘托意境。用色时，应根据周围的环境、设计的主题、使用者的要求等先确定总体色调，进而考虑色彩使用的面积、比例等。

2. 浑浊色

浑浊色以黑、白、灰为主，呈现了浓厚的东方美学意境，最能体现中国传统美学意蕴，文人雅士推崇的具有中国传统美学意境的水墨画、书法等就是运用浑浊色来表现其内敛及优雅的。浑浊色有一种经过岁月的积淀所呈现的浑然天成且难以言喻的美，这种朦胧的、内敛的、优雅的色彩意境，与空灵、深邃、自然的中国传统美学意境交相辉映，带给人一种谦逊、简单、接近于自然的优雅和安宁的空间感受。张彦远说："是故运墨而五色具，谓之得意。意在五色，则物象乖矣。"墨色与浊色的运用可以实现黑白灰无色系与浊色系的多种变化，客观上大大消减了色彩的迷惑性，通过最纯粹、最本质的手法使物质的世界直接呈现在眼前。

（二）空间环境的艺术品要素

在环境之术设计中，通常采用具有隐喻性和抽象性的艺术作品如书法、绘画等作为装饰。对艺术品的运用不要求多，而要求精准，起到画龙点睛的作用。此外，还利用中国传统的花窗、门、隔断作为分制室内环境的陈设，它们既起到了实用的"隔"的功能，又呈现出美的装饰作用，产生多个层次空间，形成似有若无、含蓄、内敛、隐约的幽玄自然境界。中国传统美学有拈花示众的传说，当然这种极具美学意蕴的传说形成的装饰元素也经常被运用到室内环境陈设艺术中。

在环境艺术设计中，陈设艺术品的主要作用就是装饰，但也不能说每一件艺术品都适合特定的空间环境装饰。在空间环境的其他装饰，如界面装饰、家具、灯具、绿化、织物等布置完成之后，就可以在适当的位置进行艺术品的装饰。艺术品的选择要充分考虑材质、色彩、造型等因素，并与环境艺术设计装饰风格、空间形式和家具样式相统一，为营造环境艺术设计装饰主体氛围服务。艺术品的大小要与环境艺术设计尺度及家具尺度形成良好的比例关系，其大小应以空间环境尺度和家具尺度为依据，不宜过大也不宜过小，最终达到视觉上的均衡。艺术品的布置要主次得当，从而增加环境艺术设计的层次感。艺术品的摆放要符合人们的审美习惯，应注意的是，艺术品在环境艺术设计中主要起到点缀的作用，不能一味地追求多，过多过滥反而不美，要能够在恰当的地方恰如其分地运用，进而强调和烘托空间环境装饰的美感。

（三）空间环境的山石要素

山石是环境设计中常用的文化要素，是除展示品之外最重要的物质要素之一。它们本身就体现了中国传统美学的生态和环保思想，这也决定了它们有可能成为东方美学意境塑造的要素。山石是大自然带给我们的礼物，是我们视觉享受和心情放松的一种重要的寄托，是我们进行人生超越和回归的重要载体。山石可以反证生命的脆弱，如光秃的山上不易生长植物；也可以印证生命的坚强，如松树可以生长在黄山上的悬崖峭壁间。这一方面反映了山石的坚强，另一方面佐证了生命的坚韧，这些都体现了山石的永恒、坚强及不屈不挠的精神，表明了山石是一种历史和文化沧桑的精神象征。

（四）空间环境的水要素

水是生命之源这一道理浅显易懂、亘古不变，水孕育了动植物的生命，孕育了人类历史上灿烂的文明，水使过去的、现在的、未来的世界变得绚丽灿烂。

大海、湖泊、江河、小溪、瀑布、山泉都是水独有的自然景观。水有时是流动的，有时是静止的。水在大海中咆哮，水在江河中奔腾，水在小溪中流淌，水在湖泊中沉静。然而，水的真正意境却是人为化的。因此，在环境艺术设计中应该多方位地考虑人与水的相互作用，提高人的参与性，丰富人们的空间感受，营造出良好的水的意境空间。此外，由于水是一种自然要素，也是一种具有特性的物质，人在与水的接触中，会产生一系列的心理活动和反应，如联想到自然中的水景等。水要素的运用能满足人们回归自然和亲水等心理需求。除此之外，设计师在环境艺术设计中应注重各种水文化和习俗，形成文化的延续，充实水要素的精神意义，充分体现蕴含在水要素中的人文内涵。

人们对水的审美情感，与社会、文化观念相结合，形成了水的传统美学观念意识。中国传统美学意境中水的文化意识，既赋予了人们对水的深刻理解和丰富想象，又为水体景观环境的历史性和文化性提供了背景。

第三节　环境艺术设计的美学思想

环境艺术设计，是以解决人与自然环境、人工环境协调发展为任务，为不同国家、民族、地域、文化背景的人提供使用功能和精神功能都能使人满意和舒适的环境空间的行为活动。随着人们对于居住环境品味的提升，将环境艺术设计与美学思想完美融合是现代环境艺术设计发展的必然趋势。以此为基点，探讨美学思想在环境艺术设计中的应用，探索设计美与自然美的统一，解决美学思想在现代环境艺术设计中如何应用和发展的问题。

一、环境艺术设计中美学思想的相关理论概述

环境艺术设计是人类利用美学思想理念改造环境的实践创新活动，它遵循美学的基本规则和表达方法。环境艺术设计美学在 20 世纪产生，发展到今天，环境艺术设计的要求不再仅限于适合人类居住，它更迫切要求加强设计美感对于人们精神体验的功能作用。美学思想反映的是多种元素的互补应用，如我们在建筑中用到的统一协调、对称平衡、比例、规模、布局、风格、特性、色彩等元素交叉叠加运用。环境艺术设计将这些元素融合在一块，展现出设计的美感，从而将环境艺术设计的实用价值和社会价值完美结合在一起，创造出适合人类居住的空间环境。

（一）理解美学的概念

美学是人们在潜意识下依据自己的审美标准、喜好、经验、认识和期望等因素对客观事物感性形象的美学概念的主动反映。人与自然的相互作用促成了审美意识的形成与发展。人们可以从自然物的颜色和外形特征中得到诸多审美感受，例如，壮阔、幽静、清雅、洁净等。另外，人们也会根据自己的审美感受和标准来保护或改善环境。环境艺术设计中的内容也正好包含人对环境的审美标准、喜好、经历、认识等多样的审美要求。

（二）环境艺术设计中的美学内涵

环境艺术设计是综合利用各种艺术手段和工程技术手段，为人们创作出具有科学的生存环境的一种艺术活动。它的美学内涵蕴藏在整个设计过程和设计空间之中。一个成功的环境艺术设计作品，能够创造出符合生态原则、适应人的行为需求、具有独特风格的空间特征和文化意蕴的和谐统一的空间艺术整体，可见环境艺术设计是审美价值与使用价值的综合体。环境艺术设计分为室内设计和室外设计。我们在旅游时看到的许多风景，大部分是经过设计师在原景的基础上进行设计而得来的。环境之术设计的目的之一就是通过系统的艺术设计来增加场景空间的美感。不管是室内设计还是室外设计，努力地使空间环境具有美的时代感是环境艺术设计所追求和奋斗的目标。人们运用环境艺术设计，通过设计作品所表现出来的美学特征来愉悦身心、美化生活。可以说环境艺术设计中美学特征的体现是设计作品成功的重要标志。在具体的设计过程中，设计者主要通过色彩、景物造型、特定的装饰等来体现环艺设计中的美感；通过不同颜色的相互融合、相互排斥、相互混合或者相互反射，从而产生不同的视觉效果；通过色彩引起人们的联想，使环境艺术设计达到有效、积极的心理审美反应。例如，绿色让人感觉清新，红色让人感觉热情，灰色让人感觉忧郁，橙色让人感觉明媚。所有这些都为环境艺术设计的美学特征增加了更多的人文色彩。不同的装饰能够突出不同的景物特点，增强设计的表现力，不管哪一种形式都能够表现出环境艺术设计不同的美学特征。只有充分地理解和把握环境艺术设计中的美学特征，才能够使环境艺术设计更好地为人类服务。

（三）环境艺术设计美学的特点

环境艺术设计中包含的美学与纯艺术美学是有诸多差异的，环境艺术设计美学是一种把美学思想、艺术设计原则应用到设计之中而产生的美学，下面从特色性、完整性和生态性三方面进行探析。

1. 特色性

由于一些设计具备本身显性的特征和吸引力，所以很容易给人以美好而又深刻的印象。一棵树、一湖水、一座山、一所建筑、一个村落、一个城市都是独一无二的恩赐，在历史文明发展进程中都是无法复制的特色文化。人们利用自然赐予的基本生存环境，结合历史留给我们的丰富的文化遗产，创造出自己民族的环境艺术设计作品。

2. 整体性

环境整体性意识的确立是环境艺术设计的核心，把环境的整体性意识运用到设计中来，再通过各类设计形式把整体性表现出来是环境艺术设计的灵魂。中国古籍《释名》中称："美者，合异类共成一体也。"一个城市包含有一个完整的美学系统，这个系统由不同部分构成，有小区布局、建筑、广场、园林绿化，每个设计单体各具特色而又和谐归整于环境的整体性之中。

3. 生态性

生态世界观的美学思想是应时代要求产生的环境艺术设计理念，作为一种新的建立在现代环境科学研究基础的边缘学科，它是以生态美学为基础的新世界观，与为了抗争人类与自然之间的关系而片面强调自然美景的设计原则截然相反，它是考虑到人与自然之间的相处模式，用人与自然共存的眼睛来确认美的价值的设计原则。在生态美学的观点下，环境艺术设计也能被称为绿色生态环境设计。

（四）环境艺术设计中美学的发展现状

美是要人的意识去发现它、照亮它。环境艺术设计从无到有，审美理念从低级到高级的发展现状是由人们生活水平和时代的发展需求决定的。每个时代有其美学思想的反映，就中国的环境艺术设计中的美学思想发展来说，有传统和现代之分，要深入理解和发展美学我们必须找到中国自己的立足点。

二、环境艺术设计中美学的应用分析

（一）设计理念与环境设计

时代在进步，设计理念也会随之变化，而它对环境的影响已经成为现代人们关注的焦点话题。文化中的美学与现代环境艺术设计中的美学概念是一个重要的艺术类别。好的设计不仅可以愉悦身心，更重要的是可以提升人们的审美能力，帮助人们建立改善环境的概念和意识，从而实现绿色协调可持续的健康发展。

（二）人文环境与环境艺术设计

人文环境的适用概念指人们生活的社会环境，表现的是能够对人的精神产生潜移默化作用的民族灵魂，与自然环境相对立，它的主要目的是为了满足人类在物质和精神方面的需要。人文环境有其一定的稳定性，于是它对环境艺术设计的产生影响就会是深远的。一般人们认为，中国的设计是中庸的，因为受到传统设计崇尚自然的思想影响，强调人与自然的集成。当然，由于中华民族种类多样，历史悠久，所以在各民族间的环境设计又有所不同。例如，中国福建的土楼建筑和中国的胡同文化，皆是受不同地理文化影响而有所不同。

（三）人的行为与环境艺术设计

人总会与各种空间发生关系，于是人的行为对环境设计总会有一定的影响，当空间与人的行为发生某种关系，这个空间才会具备现实意义。确切地说，环境设计是为人类活动而生的，人们周围的各种室内活动空间和室外活动场所均为设计和改造变通的对象。环境艺术设计是指人们在适应环境和改变环境的过程中赋予了新的外延和模式，使社会理念融于设计，符合人们的审美，这便是环境艺术化处理。而人的行为也可作为设计的依据，在景观设计中，一个座椅、一条小径、一个花园的设置都要以人的行为为依据。

三、设计美学思想、环境艺术设计的完美结合与发展

设计美学是美学的一个新的分支，在环境艺术设计中，设计美学的应用是十分普遍的。它是自然科学与社会科学、科技与艺术、物质文化与精神文化相互融合与相互作用的产物。不同国家和地区的历史文化不同就会形成审美差异。随着现代社会物质和科学文化水平的普遍进步，依据不同的文明理念在不同的东西方美学的影响下，我国的环境艺术设计形成了不同的设计风格，其基本类别可分为现代综合形式、模仿西式和独具中国特色的民族传统

形式。对于设计美学认识的延伸，是因为人类对物质生活水平和精神水平要求不断提高，对于美的享受的永恒追求。

四、环境艺术设计中设计师提高对美学思想认识的方法

（一）提高设计人员的审美尺度

人类的审美总会受到地理环境、生活习惯、社会趋势和时代精神的影响，从而形成比较统一的审美标准，它的形成既具有主观性和相对性，又具有客观性和普遍性。审美标准一般分两种：普通个人审美和社会审美。普通个人的审美一般会受到社会审美趋势的影响，而社会审美一般由对艺术设计较为敏感且有表达能力的专业设计人员引领。为了尽量让人们享受到更加具有美感、更加符合审美标准的艺术作品，作为从事设计行业最敏感的接收者，设计师要不断开阔自己的眼界，提高自己的审美尺度，以带动大众的审美标准发展。

（二）从传统优秀设计中汲取营养，从地域文化中赋予独特内涵

自然因素是环境艺术设计考虑的第一条件，独特的自然条件构成地区环境差别，设计师在设计时需以地区差异作为考虑对象及考虑其在整个设计过程中的重要作用。从种种设计作品来看，凡是能为人称道的那些作品都有一定的文化符号显示，如习俗、历史、地理等符号特征，它们或反映现代设计与传统的结合，或反映地区与世界的联合，充分彰显环境艺术设计的独特魅力。想要把环境艺术设计发扬光大，就应该从民族传统优秀艺术设计中汲取养分，从地域文化中赋予独特内涵，以不断进步发展的科学技术为表现手段，进一步扩大现代环境设计艺术的魅力影响。

（三）环境艺术设计结合文化精神与元素

从本质上说，环境艺术设计是自然的再创造，设计人员通过对审美理念的解读，将独特的设计理念通过造型、色彩、材料等元素传达出来，使人心理达到一定的愉悦感受。沙里宁说："让我看看你的城市，我可以告诉你这个城市居民在文化上追求的是什么。"作为环境艺术设计重要的一部分，城

市景观设计是否优良是极其重要的，它与人类的生活质量息息相关。一个城市的审美情趣和文化理念都通过环境艺术造型凸显出来，想要得到一个满足城市居民生活的优良设计，不仅要考虑环境影响，更应该考虑到该地区居民的文化生活大背景及其审美因素。

在经济、文化、科技快速发展的基础上，21世纪的环境艺术设计不仅给我们带来了一些新科技材料的运用，更是给无数的现代人们带来追求健康、环保的生活理念，促进了人们审美能力的发展，催发了新的设计理念的形成，让更多的人欣赏到美丽的风景以及人们对于美的感知能力。科技时代的到来，无疑会给环境艺术设计注入新鲜血液，从而使环境艺术设计发展的内涵和外延得到不断扩充。对于从事环境艺术设计的设计者们来说，满足不同受众的心理需求和审美需求是职责所在，从对传承与创新文化这一层面来说也是一大挑战。"生命在于创造"也许就是最好的选择，而如何在创造中继往开来，做出符合大众审美理念的人性化设计，我们需要进行更加深刻的探索。

第十一章 环境艺术设计的基础理论、美学规律与基本原则

第一节 环境艺术设计的基础理论

一、人体工程学

人是室内外空间环境系统的主体，美国著名建筑理论家卡斯腾·哈里斯曾指出："大部分时间中，尤其是移动时，我们的身体是感知空间的媒介。""我们总是通过亲身参与各种活动来感知空间，于是人体成了衡量空间的天然标准。而人类本身的复杂性，包括其社会、文化、政治及心理因素，都要求环境艺术设计必须"强调人在场所中的体验，强调普通人在普通环境中的活动，强调场所的物理特性、人的活动，以及含义的三位一体的整体性"。因此设计师必须掌握人体工程学、环境心理学等方面的知识，深入研究人的生理、心理、行为特点对空间环境的要求，并将其作为设计的依据，使环境设计真正做到"以人为本"。

艺术设计与审美要求相协调，是指人体工程学所提供的科学参数及有关感觉的资料，为人的生理、心理创造舒适感、愉悦感，为向审美的转化提供积极的必要的条件。

关于"人体工程学"的含义，目前学术界还没有一致的见解，真可谓仁者见仁，智者见智。国际人类工效学学会认为："人体工程学是一门研究人在某种工作环境中的解剖学、生理学和心理学等方面的各种因素；研究人和机器及环境的相互作用；研究在工作中、家庭生活中和休假时怎样统一考虑

工作效率、人的健康、安全和舒适等问题的学科。"而日本学者则认为："人体工程学是探知人体的工作能力及其极限，从而使人们所从事的工作趋向于适应人体解剖学、生理学、心理学的各种特征。"

虽然"人体工程学"的定义有多种，但其中有一点是非常清楚的，那就是在高科技的环境下人们更加强调产品的人性化属性。由此，我们也可以认为"人体工程学"是人类艺术设计和生产向着高级化、人格化和完善化方向发展的产物，是人与技术在高科技时代走向高度统一的必然结果，其基本任务是研究人与产品之间的协调关系，寻找人和产品之间的最佳协调点，为设计提供依据。

（一）人机系统的美感特征

什么是人机系统的美感？人机系统的美感，主要是指将人机系统的美作用到审美主体上而使审美主体产生愉悦和舒展等特殊的心理感受。产业工人都有这样的体验，即当体力、精力处于最佳状态时，操作先进的机器，不但能提高工效，生产出优质产品，而且操作者自身也会感到身体舒适、精神愉快。这种舒适感和愉快感，就是人机系统的美感表现。人机系统的美感之所以是特殊的心理感受，是因为人机系统的人要付出巨大的脑力和体力，这当中就渗透着人的生理因素。

人机系统的美感与一般美感有其共同点，即都是客观美的反映。一般美感是对美的事物的反映，人机系统的美感则是对人机系统美的反映。尽管如此，但是，它们之间也存在着不同点。

首先，人机系统的美感强调人是否具有操作机器的生理承受力。如果人的生理承受力无法满足操作机器的要求，那么就会破坏人与机器之间的调和关系，因而也就失去了人机系统的美，那么人机系统的美感则更谈不上了。

其次，人机系统的功能在于能生产出产品和多生产出产品。而有了产品就要讲效益，即经济效益与社会效益。换言之，就是人机系统的美感具有明显的功利性。一般而言，美感是无功利性的。但人机系统的美感则不仅有功利性，还把功利性置于第一位，也就是说，产品的效益越高，其整个人机系统则越有审美价值。

人机系统的美感特征主要表现在以下三个方面：

1. 视觉和谐

人机系统中的机械设计及其性能环境选择及其布局要与人的视觉感官剖析特征相统一。我们知道，人的视野是有限的。根据人体测量，人眼可视颜色范围为：白色180°，黄色120°，蓝色100°，红绿色60°。这也就是说，不同的颜色，其视面是有所变化的。因此，机械的装置，环境的选择，都要满足人的颜色视面的要求。与此同时，人体测量还表明：视野中心超过50°～60°为无形区，40°～50°模糊区，30°～40°为清晰区。由此，我们的机械设计与装置，应以选择视野中心清晰区为原则。而如果机械设计、环境选择都不在人的视野中心，那就破坏了人机环境的有机统一，就会失去视觉的和谐。正因为如此，人们在机械设计、环境布置时，须严格按照人的视觉规律来进行。否则，就会违背人机系统的审美要求。科学一再验证，人眼识别灵敏性会随着视角的扩大而急剧下降，当视角为0°时，识别灵敏性为1，当视角为5°时，识别灵敏性就会下降1/2。这就要求机械设计要与人的视角相统一。不仅如此，还要处理好机械设计与人眼运动的统一。

人的视觉具有以下五个特征：

第一，眼睛沿水平方向比沿垂直方向运动快，因此，人先看到水平方向的形体，后看到垂直方向的形体。

第二，人的视觉习惯往往是由左到右，从上到下。如观察圆周状的结构，其习惯是沿顺时针方向看。

第三，眼睛作水平方向运动时比作垂直方向运动时会感到轻巧，因为水平方向的尺寸估测比垂直方向的尺寸估测要准。

第四，眼睛偏离视中心观察形体时，在偏离距离相同的情况下，第一象限的观察率最高，第四象限的最低，其顺序依次为：第一象限、第二象限、第三象限、第四象限。

第五，眼睛对直线的感受比对曲线的感受更容易。

因此，艺术设计和环境布置要充分考虑到视觉的这些特点，使机械运动、环境布置满足人的视觉要求，以取得视觉的和谐。这不仅会使劳动者在劳动过程中减轻疲劳、提高生产效率，还会使劳动者在劳动过程中由于视觉和谐而获得愉悦。

2. 听觉协调

艺术设计及性能，环境选择与布局，要与人的听觉相统一。一个人的听觉器官接受声响的承受力是有限度的。调查材料表明：如果劳动者经常在 90 分贝以上的噪声条件下工作，每天以 8 小时计算，10 年以后约有 10% 的人会出现持久性的听力损伤。这是因为，噪声通过固体、液体或气体传导，就会在音频范围内随机振荡发出声响，如空气动力噪声、机械噪声、电磁噪声等。人们在生活和工作中，最厌烦的就是噪声。当噪声超过听觉时，即噪声强度超过了 135 ~ 140 分贝时，就会使人心烦意乱，肌肉收缩，体力大量消耗，引起心境、情绪、毅力的异常反应，严重时还会使人陷入难以控制的疲劳状态。在这种情况下，听觉失去了协调，从而进一步损害人体健康，劳动生产率也因之下降。

人机系统中的听觉协调，乃是人机系统美感的重要体现。凡是在听觉协调条件下劳动的人都可获得劳动的审美愉悦。这种审美愉悦产生的原因是多方面的：首先是精神舒畅，因为劳动条件与精力承受保持了平衡；其次是身体舒展，因为体力与劳动条件保持了一致；最后是由于劳动生产率提高了，劳动者享受到了自己劳动成果的喜悦等。在科学技术飞速发展的今天，促使听觉协调，不断地克服噪声，为劳动者创造良好的劳动条件，已是人机系统美学的一种重要的技术要求。它不仅是保护劳动者身心健康，提高劳动生产率的要求，也还是劳动者在劳动中审美的一项要求。所以，国内外先进的企业家为克服噪声对劳动者心理和生理的消极影响，都采取了科学的措施，把噪声降低到最低程度，积极创造条件，促使听觉协调，获取更多的美感。

3. 触觉平衡

人机系统的美感除了要求视觉和谐、听觉协调外，还要求触觉平衡。所谓触觉平衡主要是指人机系统中的机械设置与人的体力付出相平衡，环境布局中的照明、温度、色彩与人的劳动需求相适应，这两方面的平衡一旦实现，就会使劳动者精力充沛，体力旺盛，坚持劳动并多出劳动成果。反之，则破坏了触觉平衡，这不仅会影响劳动者的身心健康，使劳动生产率下降，还会使劳动者失去劳动的兴趣，从而产生精神上的负担。

触觉平衡首先表现在人与机的关系上，即机械操作所需的力与操作者所能承受的力的协调，亦即人机之间力的平衡。当机械操作所需的力适应于操作者在规定时间内完全可支付的体力时，操作者就会感到力所能及，并在操作过程中得心应手，自然而然地就会在劳动中获得快感。但是，当机械操作所需的力超过了操作者的承受力时，劳动者的身心反而会受到不同程度的损害。这样，人机关系就完全失去了审美要求。

由上可见，控制器的设计目标是使操作者能在产品使用过程中安全、准确、迅速、舒适地操作。因此，在控制器的设计过程中，设计师应考虑操作者的体形、生理和心理特征，以及人的能力限度，使控制器的形状、大小等都具有宜人性。

具体而言，控制器的设计应做如下考虑：

首先，控制器应根据人体测量数据、生物力学，以及人体运动特征进行设计。控制器的操纵力、操纵速度、安装位置、排列布置等，都应适于大多数人的使用。对于要求快速而准确的操作，控制器应设计成用手指或手操纵的样式，如按钮、按键、手闸、杠杆键、拨动或摆式控制器等；对于用力较大的操作，控制器则应设计成用手臂或下肢操纵的样式。

其次，控制器的运动方向应与预期的功能和产品的被控方向相一致，即显示与控制应相吻合。例如，控制器向上扳动或顺时针方向转动，从功能角度看，应表示向上（按通）或加强；从机器设备被控角度看，应表示机器设备向上运动或向右转动。当产品运行为上下直线运动时，控制器也应作上下直线运动；当产品转圈时，控制器宜采用手轮，如汽车转弯时，应采用圆形方向盘。

再次，应尽量利用控制器的结构特点，如弹簧、杠杆原理等，或利用操作者身体部位的重力来进行设计。对于连续性或重复性的操作，控制器应使身体用力均匀，而不应使身体只集中于某一部位用力，以减轻操作者的疲劳和避免产生单调厌倦感。

最后，要使人机系统的美感得到充分体现，就要使人机系统中人的条件和技术条件相统一，把恶劣的劳动环境对人的神经系统、工作能力的消极影响降到最低限度。机械设计、安装和使用，以及环境布置，都要满足人的心理和生理的需要，要为劳动者创造最佳的劳动环境，使人机系统工作的安全性和可靠性达到最大值。具体来说，就是在工作中将信息编排与传递趋于合理，使劳动者易于接受。同时，要不断改善接受和加工信息的条件，简化感觉的运动过程。这也就是说，要解决好人机工程学与美学相关的问题，解决好颜色、光线、声音和气味的审美属性与人的心理、生理相统一的问题。只要做到这一步，就能使人机系统中的美感得以充分体现。

（二）人机系统中心理因素的美学效果

人机系统中的核心是人，因为人制造了机器，美化了环境。机器为人所用，环境满足人所需。而只要机械设计、环境创造与人的心理愉悦相一致，就会产生相应的美学效果。

1. 情绪与工效

情绪是指客观事物满足人的需要所产生的一种心理体验。它是人的情感初始阶段，以心境、消极之分。人机系统中，条件制约的：当客观事物和条件能满足人的需要，而人在心理上取得协调时，其情绪就饱满，即产生积极情绪；反之，则产生消极情绪。在人机系统中，要求人的情绪积极而稳定。只有这样，才能保证人机系统各组成部分始终处于统一状态。

积极而稳定的情绪可以提高工效。据心理学家在产业工人中的调查可知：劳动者的情绪处于积极、稳定的状态时，其工作效率能够在限额起点上升。例如，某工厂车间采光不合理，对此，其进行了改进，增加了光线的照明度，这不仅克服了劳动者的不愉快情绪，还使工作效率因此提高了 5% ~ 10%。而如果劳动者的情绪处于消极状态，那么其工作效率就会低于限额，并且产品的质量差，事故也多。因此，人机系统中，要采取有效措施，使劳动者长久保持愉快的情绪。

2. 兴趣与工效

兴趣是人们在社会活动中积极探索研究某种事物或某种活动的心理倾

向。兴趣不是无缘无故产生的，而是客体作用于主体引起的心理反应。这种反应因其划分标准不同，所以有不同的分类：根据主体的需要，分为直接兴趣和间接兴趣；根据其自身的内容，它可分为物质兴趣和精神兴趣；根据其持久性，它可分为暂时兴趣和稳定兴趣等。人机系统处于高度和谐时必能给劳动者以极大的审美兴趣。这种兴趣必须是稳定的，同时必须是长时间起作用的。它既是人机系统中人的直接或间接的需要，又是长时间地满足审美主体的需要。这是因为，它不仅可以满足人机系统中的需要，还能够使人长时间地保持愉悦。

人机系统中，审美兴趣具有客观性。这种客观性，即当客观条件与人机系统中的人处于平衡时，就能使人的心理产生兴趣。当然，这种条件，人可按照其规律去创造，并促使它与人处于平衡状态。这种产生于平衡中的兴趣，实际上就是反映与被反映的结果。而那种认为兴趣是纯主观的观点，是没有多大根据的。人机系统中，审美兴趣的作用十分重要又非常明显。劳动者在生产过程中，一旦产生了这种兴趣，便可提高工作效率。这种兴趣既可促进劳动者树立正确的态度，又可使劳动者保质保量地按期完成生产任务。例如，某造纸厂通过增加部分投入，改善了劳动条件，再经过劳动优化组合，很快就调动了其职工的积极性，其职工的出勤率达 97%，并每月都完成了生产任务，这给企业带来了生机。

3. 意志与工效

意志是人机系统中产生美学效果的一个重要心理因素，是人们为达到既定目的而自觉努力的心理状态。在改造客观世界的活动中，人们都可能运用其意志，而每个人的意志强弱不同，强意志对完成重大而困难的任务往往起着巨大的作用。可以说，强意志是克服困难、完成任务的一种内在动力。意志是人所独有的。人们无论从事何种工作，都是有目的的，即都是根据活动计划和社会需要，不断地创造条件，克服困难，实现预定的目的。例如，完成一项对国民经济有重大意义的科研项目，除了要具备个人的知识技能和研究能力外，还需要有吃苦耐劳的精神和坚持不懈的努力。一个人特别是在那种任务很重而又违背自己兴趣的情况下，能够克服难以想象的困难，完成必须完成的任务，这无疑是意志坚强的突出表现。由此可见，意志有三个方面的特征：一是有目的的心理现象；二是与克服困难，争取成功相联系的心理活动；三是以随意行动为基础的心理取向。这也就是说，人们要完成某项任务时总是受意志的控制，而不纯粹是自主的。

意志在人机系统中是不可缺少的因素，它是比兴趣更深层的心理现象的反映。人机系统中，人的意志坚强，便可克服困难，改造和革新设备，调整和改善劳动环境，创造条件，提高工效。

人机系统中强调意志的作用时要以物质条件为基础。这种物质条件首先是劳动者自身的素质，包括身体健康状况、劳动态度、技术水平等。其次是较好的设备条件和环境。虽然我们应强调人的因素，但也不能离开上述条件。我们所言的人机系统中的意志，乃是指一定物质条件下劳动者的意志。如果离开了一定的物质条件讲意志，就有可能陷入片面的"唯意志论"。人机系统中强调意志的作用，除了要以物质条件为基础外，还要善于调整人机系统中的矛盾，促进意志的稳定与加强。人机系统中的人机环境经常处于矛盾状态，企业的领导者与管理者要善于发现矛盾，正确地调整、处理矛盾，使劳动者的心理状态，特别是意志状态与机械、环境相和谐。这不仅可以提高工效，还可以满足劳动者的审美需要。而只有满足了劳动者的这些需求，才能获得人机系统中的美感效果。

（三）人机系统中生理因素的美学效果

人机系统中除了研究心理因素的美学效果外，还要研究生理因素是如何产生美学效果的。按照人体工程学的观点，人体的生理结构决定着人类感知外界事物的方式、方法和习惯，也决定着与之相一致的审美价值观。也就是说，当人的生理机能成为衡量产品好坏的标准，并贯穿于艺术设计过程时，人体的生理结构也决定着产品外在形式向人靠拢的人性化特点。人体工程学的一些基本原理是实现人性化设计的重要基础，因为依据这些原理设计出来的工业品由于具有浓郁的人性化特点，因而深受消费者的喜爱，而这些原理很快就会渗透到各个领域的设计活动之中。而劳动者在劳动过程中，如何付出最低的体力和脑力，并保证其肌体功能处于最佳状态呢？如果这个问题解决了，就可以成倍地提高劳动生产率。

1. 肌体运动与神经控制的和谐

肌体运动是人体内各部分组织的活动。人们产生兴奋与抑制，总是受脑、脊髓和身体各部分纤维或纤维束的制约，即受神经系统的控制。人过于兴奋或过于抑制，都是一种失去生理控制的表现。劳动者在操作机器进行劳动时，付出的体力和脑力要在神经控制范围之内。人付出的体力和脑力过低，就没有工作效率，而过高则会引起疲劳。因此，肌体活动要在神经控制限度的范围内活动。只有这样，才能保证劳动者正常的体力和脑力的消耗，才能使劳动者始终保持适度的兴趣，保持一定的工作效率。

人体机能测量和生理实验室试验表明，机械设计与装置要满足劳动者的两个要求。一是机械设计与装置要为劳动者创造最好的劳动条件。如果机械设计与装置忽略了这一点，迫使劳动者在不舒适的劳动姿势下进行劳动，那么这不仅会加速引起劳动者的疲劳，还会损伤劳动者的生理机能，如破坏正常的血液循环，肌肉活动不均，超负荷部分损坏等。这样劳动者的工作能力和工作效率就降低了。这充分说明机械设计要与操作者人体机能的生理数据相一致。例如，拉动驾驶室操作杆的力量，以 3 千克为最佳选择。试验表明，启动这种操作装置，每分钟拉 6 次杠杆，工作 4 个小时，劳动者的工作状态处于正常。而如果拉动杠杆的力量增加到 6 千克，劳动者工作 30 分钟就会感到疲劳，乃至于力不能支。二是环境条件也会满足劳动者的生理要求。美好的环境能引起劳动者的审美愉悦，减少精神疲劳，提高劳动积极性。因此，厂房要装置合理的照明，消除与减少噪声，控制机械振动频率。此外，还要保持良好的通风与正常的温度等。否则，肌体运动和神经控制就难以得到和谐，因而也就不可能创造人机系统中的美感，当然也就不可能提高工效了。

2. 劳动强度与疲劳恢复的协调

劳动强度是指劳动紧张的程度，也就是在单位时间内劳动力的消耗。劳动力消耗越多，劳动强度则越大。疲劳就是体力劳动或脑力劳动达到或超过限度的生理反应。疲劳分为生理性疲劳和过度性疲劳。生理性疲劳经过一定的休息后就可恢复，而过度性疲劳即使休息了恢复也很慢。人机系统中所言的劳动强度与疲劳恢复的协调中的疲劳，主要是指劳动者的生理性疲劳。如果劳动者在生产过程中承受适当的劳动强度，随着时间的推移必然就会产生生理性的疲劳。这种疲劳当得到合理的休息后就会恢复，并且又能承受合理的劳动强度。这是正常的劳动强度与疲劳恢复，换句话说劳动强度与疲劳恢复是协调的。这种协调不仅能使劳动者在生产过程中始终感到轻松、愉快、精力充沛，还能使劳动者从生理机能上稳定正常工效，保证生产任务的顺利完成。在生产组织和劳动管理中，如果忽视劳动强度与疲劳恢复的协调，就会产生与前面情况相反的效果，劳动者在生产过程中承受超负荷的劳动强度，就会难以承受体力和脑力的消耗，从而引起过度性疲劳。这种疲劳日积月累，就会积劳成疾，使人失去劳动的机能。这样，劳动者就会把劳动看成沉重的负担，失去了完成生产任务的信心，也无法保证基本的劳动工效。

3. 辛勤劳动与成功把握的统一

人机系统中，人与机械，人与环境的关系其中很重要的一点是付出的劳动与获得的成功的关系。劳动者在生产过程中要消耗体力和脑力，劳动成果的取得需要流大汗，出大力气。而只有付出劳动后，才能换取丰硕的果实。只有当劳动者获得丰硕的劳动成果时，才能领悟到自己辛勤劳动的真正意义。人机系统的美学效果，要充分考虑到辛勤劳动与成功把握的辩证关系。在机械设计、环境布局、任务分配上，都要体现辛勤劳动与成功把握相统一的观点。这样，就会使劳动者发扬主人翁的精神，始终保持充沛的精力，克服困难，定额或超额完成生产任务。因此，企业在下达生产任务、规定生产指标时，首先要考虑其技术力量和设备能力是否经过努力可以完成。在生产过程中，企业要不断地调整人与机器、人与环境、人与原材料之间的矛盾，促使人的生理因素处于正常状态，使人机系统中人与物的潜能得到充分发挥。

二、环境心理学

人类一直在探索自身与周围环境的关系。正是在代代相传的探索与思考过程中，人类不断解释环境，解释自己，同时也不断利用和改造环境，维持和改善自己的生存条件。在这一过程，人际交往、人与环境之间的相互作用，都直接影响着人所处的环境，也影响着人类自身。

20 世纪 50—60 年代，西方国家的城市环境严重恶化，对居民的身心和行为产生了各种消极影响；同时不少新建筑因无视使用者的行为要求，导致了社区崩溃，建筑拆毁，居民抗议等严重后果，并遭到了社会的严厉批评。由此，建筑环境与行为的关系引起了多学科研究者的关注，最终使得汇集社会学、人类学、地理学、建筑学、城市规划等多学科的新兴交叉学科——环境心理学应运而生。

（一）环境心理学的含义

环境心理学是研究环境与人的行为之间相互关系的学科，它包括那些以利用和促进此过程为口的并提升环境设计品质的研究和实践。对应这个定义，环境心理学有两个目标：一是了解"人—环境"的相互作用；二是利用这些知识来解决复杂和多样的环境问题。它着重从心理学和行为的角度，探讨人与环境的最优化，即怎样的环境是最符合人们心愿的。

环境心理学非常重视生活于人工环境中人们的心理倾向，把选择环境与创建环境相结合，着重研究下列问题：

第一，环境和行为的关系；

第二，怎样进行环境的认知；

第三，对环境和空间的利用；

第四，怎样感知和评价环境；

第五，建成环境中人的行为和感觉。

（二）室内外环院中人们的心理与行为

人在室内外环境中，其心理与行为尽管有个体之间的差异，但从总体上分析仍然具有共性，仍然具有以相同或类似的方式作出反应的特点，这也正是我们进行设计的基础。

1. 人的基本需求

美国心理学家马斯洛在《人类动机的理论》一书中提出了著名的人的需求层次理论。他把人的需要分成若干层次，从低级到高级分别为：生理的需要、安全的需要、相互关系和爱的需要、尊重的需要、自我实现的需要、学习与审美的需要。

对同一环境场所而言，由于人群年龄、性别、健康程度、经济文化状况、社会地位、生活方式，以及在环境中从事的活动不同，对环境艺术设计既有普遍的、一般性要求（生理要求），又有个别的、特殊的要求（心理要求）。生理要求包括环境的日照、自然采光和人工照明、室内环境的保温隔热、通风、隔声等；心理需求包括私密性、个人空间、领域、交往等方面。

2.空间使用方式

空间使用方式直接反映了人们在室内外环境中的心理与行为特点，表现为人使用空间的固有方式。个人空间、私密性和领域性是空间使用方式研究的基本内容。

（1）个人空间与人际距离

个人空间是指存在于个体周围的最小空间范围，研究者将其形象地比喻为围绕着人体的看不见的气泡，这个气泡跟随人体的移动而移动，依据个人所意识到的不同情境而胀缩，是人在心理上所需要的最小空间，他人对这一空间的侵犯与干扰会引起个人的焦虑与不安。

影响个人空间的主要因素有：①个人因素，如年龄、性别、文化等；②人际因素，如人与人之间的亲密程度；③环境因素，如活动性质、场所的私密性等。

人们在特定环境中对个人空间的需求直接影响了人际交往的空间距离，而人际距离又决定了在相互交往时何种渠道可以成为最主要的交往方式。

（2）私密性

私密性可以概括为行为倾向和心理状态两个方面：退缩和信息控制。退缩包括个人独处、与他人亲密相处或隔绝来自环境的视觉和听觉干扰。信息控制包括匿名、保留隐私权、不愿多交往等。由此可见，私密性并非仅仅指离群索居，而是指对生活方式和交往方式的选择和控制。

私密性对个人生活和社会生活都起着重要作用，其关键在于为使用者提供了控制感和选择性，这就要求物质环境从空间的大小、边界的封闭与开放等方面，为人们的离合聚散提供不同的层次和多种灵活机动的特性。例如，在住宅设计中，既要考虑一家人团聚所需的公共空间，又要尽可能地为每个成员提供只属于自己的私人空间；住宅户外空间也要保持一定的私密性，通过一定程度的限定可以让住户对户外环境更有控制感和安全感。再比如，景观型办公室虽然能使办公空间更具艺术美感，有利于加强员工之间的联系，但却存在噪声干扰和缺乏私密性的问题，因此在设计时可以采用吸声装修材料、铺地毯、隔离有噪声的设备等措施控制噪声，还可以设置少量私密性小空间，供少数人讨论交谈使用。

（3）领域性

领域性是个人或群体为满足某种需要，拥有或占用一个场所或一个区域，并对其加以人格化和进行防卫的行为模式。该场所或区域就是拥有或占用的个人或群体的领域。随着个人需要层次的增加，如生存需要、安全需要、社交需要、尊重需要、自我实现需要等，领域的特征和范围也不同，如一个座位、一个角落、一个房间、一套住宅、一组建筑物、一片土地等，随着拥有和占用程度的不同，个人或群体对它的控制，即人格化与防卫的程度也明显不同。领域这个概念不同于个人空间，个人空间是一个随身体移动的看不见的气泡，而领域无论大小，都是一个静止的、可见的物质空间。

领域有助于私密性的形成和控制感的建立。生活在具有丰富私密性——公共性层次的环境中，会令人感到舒适而自然，既可以选择不同的交往方式，又可以躲避不必要的应激。

个人空间、私密性和领域性直接影响着人的拥挤感、控制感和安全感，反映在行为上就会表现为极端趋向、寻求依托等。

特点：在入住集体宿舍时，先进入宿舍的人，往往会挑选在房间尽端的床铺；就餐人挑选餐桌座位时往往首选餐厅中靠墙的卡座，而不愿意选择近门处及人流通过频繁处的座位；在广场、公园等开放空间中人们大多会选择在背后有依托、前方视野开阔的地方停留，而设置于空旷场地中心的座位往往少有问津。这些行为和心理特点对环境设计中空间层次的划分、空间的使用效率、休息设施的分布等都有指导意义。

（三）环境心理学在环境艺术设计中的应用

1. 设计需要符合人们的行为特性和心理特征

环境艺术设计是为人服务的，而人是活动的、多样化的，不同社会文化背景、年龄、性别、职业的使用者的行为模式和心理特征不同。了解使用者在特定环境中的行为与心理特征，可以避免设计者只凭经验和主观意志进行设计，从而使设计建立在科学的基础上。例如，许多外部空间设计都采用三角形作为道路规划设计的母题，既满足了人们抄近路的习性，又创造了更丰富多样的环境。再比如在博物馆室内设计时应根据大多数参观者逆时针转向的特点，合理布置展品，引导人流。

2. 认知环境和心理行为模式对组织室内外空间的提示

在认知环境中结合上述心理行为模式对环境艺术设计中空间的组织可起到某种提示作用。

首先是空间的秩序。空间的秩序是指人的行为在时间上的规律性或倾向性。这一现象在环境中是非常明显的。例如，火车站前广场的人数每天随着列车运行的时间表而呈周期性的增加或减少。掌握这些规律对于设计者合理安排环境场所的各种功能，提高环境的使用效率很有帮助。

其次是空间的流动，即是指人在环境空间中从某一点到另一点的位置移动。

在日常生活中，人们为了一定的目的做从一个空间到另一个空间的运动，都具有明显的规律性和倾向性。人在空间中的流动量和流动模式是确定环境空间的规模及其相互关系的重要依据。

最后是空间的分布，是指在某个时间段人们在空间中的分布状况。经过观察可以发现人们在环境空间中的分布是有一定规律的。有人将人们在环境空间中的分布归纳为聚集、随意和扩散三种。人们的行为与空间之间存在着十分密切的关系和特性，以及固有的规律和秩序，而从这些特性能看出社会制度、风俗、城市形态及建筑空间构成因素的影响。将这些规律和秩序一般化，就能够建立行为模式，设计者可以根据这一行为模式进行方案设计，并对设计方案进行比较、研究和评价，真正做到"场所或景观不是让人参观的，而是供人使用、让人成为其中的一部分"。反之，只关注形式而忽视环境主体的设计只能是失败的设计。

第二节　环境艺术设计的美学规律

在环境艺术设计中所强调的美，既包括形式又包括内容，是内容与形式的有机统一。黑格尔在《美学》第一卷中说："美的要素分为两种：一种是内在的，即内容；另一种是外在的，即内容借以现出意蕴和特征的东西。"环境艺术美学规律是人类在长期创造美的生活实践中所积累的有关形式之美的经验。它既是一种审美体验与审美思维，又是指导人们创造美的形式规律。

一、变化与统一

变化与统一是人们认识事物发展的客观规律，也是艺术设计美学法则中的一个重要规律。变化是寻找各部分之间的差异、区别，统一是寻求它们之间的内在联系、共同点或共有特征。

在环境艺术设计中，应遵循在统一中求变化，在变化中求统一的原则，做到"统而丰富、变却不乱"。这样，既保持了整体统一性又有了适度的变化。

如果只有统一而没有变化，就会失去情趣，易于死板单调，缺少生命力与感染力，而且统一的美感也不会持久。变化是一种源泉，但要有度，否则就会无主题，视觉效果杂乱无章，缺乏和与秩序。

环境艺术设计的变化与统一，是环境的活力与有序发展的统一，也是设计美学的规范与要求。例如，内容上的主次，结构的繁简，形体的大小、方圆，色彩的明暗、冷暖、浓淡，技法处理上的强弱等，他们互为关系，彼此相争，形成动静结合，变化统一的美感效果。既然如此，那么在环境艺术设计中如何处理变化与统一这两者的关系呢？

首先，二者必须要有很好地结合，既要有变化，又要有统一，而变化不能任意进行变化，变化要注意整体的统一性，否则就会出现环境的凌乱，表达不出设计者所要阐明的核心内容。

其次，二者还要密切地相互结合，让环境具有独特的设计内涵和风格，同时又不破坏环境的统一性，使环境既具有很好的实用性又有美学的欣赏价值，因为只有这样，环境才能更好更快地被大众所接受，也只有这样，才能达到设计者的设计目的。

最后，统一也要更好地与变化相协调。既要统领着环境的主流趋向，又不能忽略环境的细节变化，这样才能达到变化与统一的合理性。也只有如此，环境才能被大众所认可。如果要更好地掌握变化与统一的尺度，我们还需要在艺术设计的过程中细心体会，根据不同的环境需要进行合理的安排。

变化与统一规律广泛运用于环境艺术设计之中。变化与统一的元素有很多，比如造型的变化与统一、功能的变化与统一、材质的变化与统一、色彩的变化与统一、图案的变化与统一等。总之，在相同元素的条件下，应该注入变化的因子，合理地配置变化与统一的比例关系。比如，对于造型各异的环境，可以加入相同的色彩或材质进行衔接，使变化中融入统一。

环境艺术设计的变化与统一规律不仅仅是从装饰目的出发，有的时候也可基于对环境功能的考虑。但这种情况下的变化与统一，需要打破常规思维定式，从而进行创造性设计，这样才更具有美学吸引力与现实意义。

变化与统一是艺术设计美学中的一对矛盾体，它们处于辩证关系之中：在统一中求变化，在变化中求统一，对立统一、互为依存、缺一不可。换言之，二者既是对立的，又是相辅相成的。在艺术设计中，应遵循统一为主、变化为辅的原则，既保持整体形态的统一性，又有适度的变化。否则，过度的统一易于形成死板，过度的变化则会显得杂乱花哨。只有适当变化，而又整体统一的设计才是美的。

对比又称对照，它是与平衡、调和、静态相对的某种物像的对照、比较研究。对比在环境艺术设计美学规律中所塑造的视觉反差是其他规律所无法相比的。对比运用越强，造成的视觉冲击力就越强。视觉冲击力越强则变化就越丰富，主题变化与多样性越鲜明，同时作品也就越活跃。

对比的表现方式有很多，具体而言，主要有以下七种：

（一）视觉元素大小的对比

设计中，大小的对比主要指点、线、面的构成或处理方式。无论是点、线，还是面、体，当"大"的元素与"小"的元素并置时，就会体现出不同的视觉差异与冲击效果；当大与小在"量"上发生强烈变化时，更能突出主体，强调重点，使主次分明、诉求明确。

（二）视觉元素形状的对比

在设计中，构成抽象的线、面、体或空间，常为不同的形状。形状的不同，视觉效应也会有差异。因此，在形状中，几何形、有机形、直线的形、曲线的形都可相互产生对比关系。近似形与非近似形的对比是完全不同的：当形状的对比通过非近似形加以比较时，还应该注意变化中求统一的原则，否则会顾此失彼、因小失大。在以直线为主的设计中，常常可以运用一些曲线来突出重点，这样就可以取得活泼愉快的效果。在面、体或空间的处理上，形状差别较大时，对比愈强烈，而差别不明显时，就会制造一种调和效果。

（三）视觉元素方向的对比

方向的对比表现为横与纵、斜与正、高与低、顺向与逆向、分散与集中等方面。其中，既可以表现为规则方向的对比，又可以表现为不规则方向的对比。规则方向的对比给人以清晰明快的视觉感受，不规则方向的对比则给人以不确定性与凌乱的秩序美。因此，每种位置方式与艺术规律都会产生不同的感染力与心理感受。

方向的对比如果运用得恰到好处，则可以收到画龙点睛的效果。同样的椅子，如果在椅子腿的方向上做点改变，那么在不影响整体的情况下，还会获得意想不到的效果。

（四）视觉元素虚实的对比

"虚"与"实"是通过调整一种视觉的模糊与清晰状态或心理与生理方面而产生的感官反应。我们不可将其模糊地理解为"空"与"满"或"无"与"有"。"虚"可以表现为虚的点、线、面或环境的镂空及透明部分，也可以通过色彩、材质或格局等方面的处理手法达到模糊、通透、轻巧的视觉效果。而"实"则恰恰与"虚"相对应，也较易表达。"实"给人以真实、清晰、厚实、沉重、封闭的视觉感受。运用虚实对比，或以虚为主，或以实为主，或虚实相生，可以达到变化丰富、轻重松弛、主次分明的艺术效果。

（五）视觉元素色彩的对比

视觉元素间色彩的对比主要为色相、色彩的纯度与明度、色彩的浓淡与冷暖等关系的对比。它既可以表现为同类色彩间的差异对比，也可以表现为不同种类色彩感觉之间的对比。无论是从哪一个角度发，只要差异拉大或比较明显，就能产生视觉对比效果。色彩的对比优点在于视觉效果清晰明朗，冲击力度加大，受众效应夸张有效。

（六）视觉元素质感的时比

在设计和造物的材质或质感效果表现方面，不同的质感对比、不同的肌理感觉所传达的视觉感受会有明显的差异。质感对比多产生粗犷与细腻、粗糙与光滑、坚实与柔软的外在感受，以及通透、纹理的凹凸感等不同的质感效果。同类或相近材质的表达会有近似的视觉艺术效果，而不同类材质的搭配就会更易形成质感对比。质感对比根据生成要素可分为两种形式：一种是自然质感对比，另一种是仿生质感对比，前者古朴天然、朴实无华，后者则体现了高智能的仿生技术，带来了前卫、时尚的特征。在艺术设计实践中，质感对比主要表现为材料的合理搭配与恰当应用。随着现代科技的发展，各种新材料和新工艺频频问世，给质感对比达到理想效果创造了广阔空间。

（七）视觉元素光影的对比

设计物体或面的起伏变化，以及各种附属件的光影效果，与设计物之间会产生微妙的"形"与"影"的对比关系。由于光影效果是很好且有效的设计表达方式，所以设计师应在艺术设计中加以重视和安排处理，甚至可以单独在光影上做文章。各种环境的凸凹变化、曲直转折会产生很多光影对比效果，使得环境丰富生动，给人的视觉带来流动和间歇。

对比与调和在设计实践中是一对矛盾的统一体，二者既相互对立又相互转化。运用时，应注意对元素间度与量的掌握，有对比才会使统一中有变化，有调和，才能在变化中求得统一。在具体的艺术设计实践中，关键是把握住物像同物像之间微妙的联系和差异程度。物像与物像之间差异越大，对比方式就越强；反之，则对比方式越弱，但调和方式却越明显。因此，对比与调和是在同一属性的元素之间研讨其共性与差异，研究统一中求变化的有效方式，是在相同的物像中产生不同的个性特征，达到变化与统一的一种手段。

三、对称与均衡

所谓对称，是指轴两侧的形态相同或相似。对称是自然界物体的属性，是保持物体外观量感均衡，以达到形式上稳定的一种法则。在自然界中，对称现象随处可见，如人类形体就是优美的左右对称的典型，而植物叶脉、动物身体等都是对称规律的代表。对称形式能产生庄重、严肃、大方、整齐、典雅、安全的效果，能取得较好的视觉平衡，形成一种美的秩序感，给人以静态美、条理美的感觉，符合人们的视觉习惯。

对称既是自然物体的属性，又是传统造型的一种法则。它是人类发现并应用的最早的艺术法则。从先人留下的大量建筑作品、雕塑作品、民间工艺品、服饰、炊煮用具、家具、工具、运输与承载用的各种车辆，以及陶瓷等日用品中我们都可以看出先人在造物时有意识或无意识地遵循着对称这一美学法则。

对称的形态多种多样，有左右对称、上下对称、前后对称、点对称、对角对称、中心对称等多种形式。根据视觉元素的总体物态特征，可将对称分为静态对称与动态对称两种形式。其中，左右对称、上下对称、对角对称等均可称为静态对称；而点对称中的球心对称、放射对称、旋转对称等均可称为动态对称。根据设计事物的体量关系，又可将对称分为平面对称和实体对称两种形式。

"均衡"是相对等量或不等量的一种平衡状态，是根据视觉元素形象的、大小、轻重、色彩及材质的分布作用于视觉判断的一种平衡。均衡的状态好比秤一样，一端是实物，一端是砝码，砝码虽小却能维持彼此的平衡。自然界中的许多形式都是均衡稳定的，如果其违反了均衡法则，就会令人不安，也就不可能产生美感。具体而言，均衡是指形态的一部分与另一部分的实际重量或心理量感，被一个支点支撑时所达到力的对等的一种稳定状态。均衡并不是物理上的平衡，而是视觉上的平衡。均衡的形态设计会让人产生视觉与心理上的完美、宁静、和谐之感。均衡是现代环境艺术设计常用的一种行之有效的表现形式。运用均衡的手法处理造型将会产生丰富、生动、活泼、富于变化的视觉效果。在体量的组合中，为获得均衡感，可在设计时采用上小下大、上虚下实、上精细下粗糙的手法。

一般而言，对称的东西是均衡的。但是，有时候却可打破这种观念，用不对称的形式来维系均衡。不对称形式的均衡虽然因其相互之间的制约关系而不像对称形式那样明显、严格，但要保持均衡本身也就是一种制约关系。与对称形式的均衡相比较，不对称形式的均衡则显然要轻巧活泼得多。

对称与均衡在环境艺术设计中互为补充，即在整体均衡中可保持局部对称，在整体对称中也可保持局部均衡。因此，对称与均衡是环境艺术设计中应用最多的规律之一。

四、节奏与韵律

节奏与韵律同属于音乐中的词汇。节奏一词源于生活，赋予音乐，原指音乐中交替出现的有规律的强弱、长短节拍,表示乐音的高下缓急、强弱快慢。

在环境艺术设计中，节奏则主要意味着疏密、刚柔、曲直、虚实、浓淡、大小、冷暖等诸对比关系的配置合拍。具体的节奏形式有重复、渐变和交替等。例如，环境在形状、结构方面表现出的起伏、凹凸、粗细、长短、高低、方圆、肥瘦等方面的有秩序变化；色彩在浓淡、深浅、明暗相间等方面有节奏有规律的设计等。在环境艺术设计中，节奏美不仅体现在形体造型方面，还体现在环境的堆叠存放形式方面。

韵律原指诗歌中的平仄格式和押韵规则。韵律是节奏的变化形式。在环境艺术设计中，虽然不能像音乐那般通过节奏的变化来表现韵律，但是依据视线的移动，也能产生韵律感。环境艺术设计中的韵律，是指一种周期性的律动，有规律的重复，有组织的变化，它在节奏的基础上赋予情调，使节奏具有强弱、起伏、缓急的情调，从而给人以抑扬顿挫之美感及精神上的满足。

节奏与韵律在哲学意义上是密不可分的统一体，是一种生理和心理的需要，是创作与感受的关键，是形式与美感的共同语言。节奏是一种有秩序、有规律的连续变化和运动，它使物体的各个部分相互联系起来，而韵律是在节奏的基础上产生的一种富于感情的节奏表现，它是在有条理的连续重复中相互呼应变化的。由此可见，节奏是韵律的条件，韵律是节奏的深化。

五、比例与尺度

任何环境艺术设计都不能回避比例和尺度的问题。比例是指一件事物整体与局部，以及局部与局部之间的关系，即形态自身各部分间的逻辑关系，是组合要素的重要美学法则之一。造型要素之间只有保持良好的比例关系才能形成美的形态。一切环境艺术都存在比例是否和谐的问题。和谐的比例可以引起人们的美感，使总的组合有明显理想的艺术表现力。人们在长期的生产实践和生活活动中一直运用着比例关系，并以人体自身的尺度为中心，根据自身活动的方便性与舒适性总结出各种尺度标准，体现于衣食住行的各个方面。这些全面考虑"人的因素"的人体结构尺度、人体生理尺度和人的心理尺度等数据已行之有效地运用到了工业设计中并成了人机工程学的重要内容。

比例，简而言之就是"关系的规律"。凡是处于正常状态的物体，各部分的比例关系都是合乎常规的。比例恰当或合乎一定的比例关系，就是一种具有匀称性的比例。匀称的比例关系，会使物体的形象具有严谨、和谐与舒适的美。中国古代木工祖传的"周三径一，方五斜七"的口诀，就是制作圆形或方形物件的大致比例关系。古代画论中"丈山尺树，寸马分人"之说，人物画中"立七、坐五、盘三半"之说，画人的面部"五配三匀"之说等，都是人们对各种人与自然事物的比例关系的和谐美的理解与概括。

比例作为环境艺术设计美学的一条重要法则，自古以来就受到了人们的广泛重视。公元前 6 世纪的古希腊哲学家毕达哥拉斯就提出"美是由一定数量关系构成的和谐"。比例和分割是直接联系着的，其中最有名的则是古希腊的黄金分割率，其比值为 1 ：0.618，这一能引起人美感的比例经常在各种艺术实践中发挥其作用。

尺度在形态设计中指整体的尺度适当，整体与局部，局部与局部的尺度关系适当。尺度是一种标准，是比例的质的规定，与比例相辅相成。比例的选择和运用取决于形态的尺度和结构等多种要素。它以人的环境为参照物，反映了事物与人或外部环境的协调关系和设计对人的生理、心理，以及社会的适应性。优良的设计同时有着合理的尺度和美的比例。环境形态各部分的尺寸关系必须在一定的尺度范围内来权衡美的比例。

在环境艺术设计中，比例与尺度的关系非常密切，这也是设计师从始至终都要考虑的问题。从事任何艺术设计，都要先确定尺度，然后再解决比例关系，而尺度又是人机学的重要组成部分。在科技进步与发展的今天，任何环境的比例与尺度都不是一成不变的。随着时代的发展、物质技术材料的改变、人们审美情趣的转移，各类环境都有可能做一些结构比例或尺度的调整。从电脑和移动电话的发展历程可以看出，环境在外观适时地随着审美与消费的洪流不断调整之时，并不影响其比例和尺度给人带来的舒适和美感。由此，我们不难得出，比例与尺度的艺术美学关系没有尺度则无法判断比例，而任何尺度都会在一定条件下反映出某种比例关系。

六、过渡与呼应

过渡是通过一定的艺术手段来塑造艺术设计语言的衔接与变化，是以连续渐变的线、面、体来实现形态的转承以产生设计的整体感的一种方式。过渡手法有曲面的渐变、圆弧过渡、斜线的联合过渡等几种。在设计形式的对比变化中，张与弛、急与缓、强与弱、快与慢、松与紧、虚与实，永远是形式对立的两个极端，但它们又处于相辅相成、互相照应的辩证统一关系中。

在这些对立要素中，其对调节对立矛盾关系起桥梁、承接、铺垫与纽带作用，恰恰是过渡的价值与意义体现。由于表现方法与艺术思维的不同，过渡会呈现出一定形式的渐变美、节奏感与韵律美，从而引起了视觉要素的跳跃性变化或视觉要素结构的连续性规律变化。

合理恰当地运用过渡如同开渠引水，能够起到承上启下、承左接右、承前启后的作用。它能把不相干或不连贯的图形、文字、色彩、线条、空间、体量、声音或音乐等元素进行有机贯穿，使设计作品气韵贯通、层次清晰、形式严密、结构完整、整体统一。同时，它还能有效避免设计作品的断气、破碎、松散、迷乱，以及头绪不清等弊端的出现，使设计品位与艺术含量得到和谐提升。

呼应是指视觉元素在某个方位上形、色、质的相互联系和位置的相互照应，使人在视觉印象上产生相互关联的和谐统一感。呼应主要强调在对比中加强联系和节奏的变化，无论上下，还是左右、前后，视觉元素都要互相关联与照应，而各组成要素之间要通过一定的手法或方式来达到协调与一致，这正是"呼应"的作用体现。

"呼应"使视觉要素达成了某种目的的照应与有机联系，从而更加促进了结构的完整与思维的互动。呼应的意义在于防止了结构的松散、紊乱与无序状态，加强了结构的整体统一性，表现出了事物或作品的结构美与关联效应。这就需要从宏观整体上要求处于前后、左右、上下等不同时空位置的视觉要素体现出相互比照、呼应、照顾的形式规律。每一个视觉要素的安置如同棋子一样，左顾右盼正是为了从全局的角度出发来进行呼应或互动。在艺术设计中，通常是通过形态、色彩、材质或装饰风格的同一或近似来求得环境间的呼应的。

当代环境艺术设计的潮流是以人为本，从人的审美追求和实际需要出发，以人的心理协调和生理舒适为前提进行设计。一件好的环境艺术应该有自然流畅的衔接过渡，并且各部分之间能够相互衬托呼应，紧密联系成为一个整体。环境形式因素中的过渡与呼应正是其整体与部分相互连通的脉络。这种脉络有时清晰分明，有时若隐若现，但主要体现在线、面、体、色几个方面。

棱线或弧线的过渡、弧面的转折、形体的过渡与呼应、色彩的过渡与呼应等都是处理环境艺术美的理想方法。如果过度生硬、简单或者缺少呼应，整体感不强，就会引起人的审美疲劳。

七、条理与秩序

环境艺术设计中的"条理"指将视觉要素通过一定的艺术手段梳理为有序的状态，从而使视觉语言条理清晰与层次结构合理。自然界的物像都是运动和发展着的，而这种运动和发展是在条理中进行的，如植物花卉的枝叶生长，花型生长的结构，飞禽羽毛，鱼类鳞片的生长排列，都呈现出条理这一规律。

条理的优势在于使环境在形体结构上更直接准确，在视觉传播方面更随意直接，在使用上更简洁轻松。因此，条理的表现是多方面的。聪明的设计师会在形体、色彩、质感等多方面进行统一细致的条理规划，其目的就是使视觉要素在纷乱中求得秩序，在变化中求得条理。

秩序指事物构成要素有规律地排列组合或事物之间有规律地运动与转化。这种有规律的组合会产生一种秩序美和条理美。秩序反映在人们的视觉中，会引发一种排列有序、井然有序的美感。自然界中，事物的构造与运动有规律可循，生物体排列或组合的有序、自然状态是精致完美的。

环境艺术设计也要遵循秩序与条理的法则。强调秩序条理是追求一种有规律的整体美的表现。在环境形态设计中，采用相似或相同的形态，一致与类似的线形，均衡或对称的组合方式，以及对节奏、韵律、统一、呼应、调和等美学要素的运用，都会给整体形态带来秩序，强调秩序条理，实际上就是追求一种有规律的整体美。

条理美与秩序美是环境艺术设计美学的重要组成部分，能体现出设计的条理性、有序性与科学性。条理性就是秩序性的一种表现，而秩序性中包含着条理。人类的艺术审美，以及鉴赏活动都离不开条理与秩序，否则将失去标准并无法进行。

八、主从与重点

主从与重点指的是视觉要素中的主要部分和从属部分，这是环境艺术设计中一个不可忽视的原则。主从与重点强调的是事物与事物之间及事物各组成部分之间的主次关系，关键在于主从协调，突出主题。主要视觉要素可能是一个或多个，但是视觉重点只有一个。视觉重点既是设计的核心，又是视觉的焦点。一个和谐的设计必然在形式上表现为主导与从属，整体与局部的关系。主次有序的设计给人以明快感，清晰感。统一协调也就是主与从的融洽，是协调一致的关系。在一个有机统一的整体中，各组成部分是不能不加以区别而一律对待的。它们应当有主与从的差别，有重点与一般的差别，有核心与外围组织的差别。否则，各要素平均分布、同等对待，即使排列得整整齐齐、很有秩序，也难免会流于松散、单调而失去统一性。

在环境艺术设计中，一定要从整体出发，以简练手法使得重点突出。形式要追随功能，造型的重点是环境中的功能部分，不能平均对待，不分主宾。在保证功能占绝对优势的前提下可以做一些辅助变化，与环境的主导部分达到一定的主从关系，并且形式上要尽可能保持和谐，做到形象鲜明但又有整体特色。为了突出视觉中心的主体部位，可采用形体的对比、色彩的对比、材质的对比、特殊的工艺，以及聚散原理和透视原理使重点突出、主题鲜明。

在环境艺术设计中，一定要把握整体与部分之间的主次关系，做到主从协调、突出主体，加强设计的统一性与完整性。一个和谐统一的艺术设计，必然在形式上表现为主导与从属、整体与局部的关系，各设计元素必须处于有机联系的统一体中，否则，必然处于杂乱无章的状态。

九、比拟与联想

所谓"比拟"，有比较和模拟之意，是事物意象之间的折射和寄寓，可以利用它们之间的不同特性，使两体融为一体，使之更加生动有趣。比拟作为设计语言的一种手段、方式，有其独特的艺术表现力与表现方式。其目的在于引起受众群体产生兴趣从而对作品产生联想。比拟特征在艺术设计中运用得巧妙完美，会对设计、人类，以及社会带来特殊的意义与无尽的益处。

"联想"是思维的延伸，是人们根据事物之间的某种联系而产生的由此及彼的心理思维过程。这个思维过程，可能是由眼前的事物联想到曾经接触的相似、相反或相关的事物或未来事物的发展状态。联想是连接此事物和彼事物的桥梁，它可以使人的思路更开阔、视野更广远，从而引发审美活动。

整体而言，联想主要有四种类型：一是接近联想，即把接近的事物联系起来想象；二是类似联想，即把具有类似特征的事物联系起来想象，如见到绿色就联想到草，见到橙色就联想到阳光；三是对比联想，即把具有对立关系的事物联系起来想象，如由黎明联想到黑夜，由冰联想到火；四是因果联想，即把具有因果关系的事物联系起来想象，如由冰联想到冷，由火联想到热。

发设计者的创造性思维。在工业艺术设计中善用比拟与联想，能点燃消费者的想象火花，令环境更生动、更传神，从而给人以美的精神享受。例如，通过仿生或模拟自然形成的形态能使人感到亲切与自然；通过形态、形体、结构、材料、质地等方面产生的创意设计能使人产生振奋、运动、优雅、现代、古朴、富贵等联觉感受。总之，在环境艺术设计中，联想是思维的拓展和延伸。通过丰富的联想，能突破时空的界限，扩大艺术形象的容量。

十、变形与变异

环境艺术设计中的变形，虽没有绘画、雕塑形式那样自由灵活，但是也有其独特的艺术魅力与感染力。它是指在原有设计元素的基础上，根据设计的需要，对环境的外观造型与形体结构进行有目的、合理的变形。它可以运用夸张、放大、缩小、扭曲、挤压、组合等多种变化方式。其中，夸张的变形设计有生动活泼、幽默滑稽的视觉效果；扭曲、挤压的变形设计给人以惊奇感与紧张感。从心理学的角度分析，变形的事物在头脑中存留的时间比正常的事物要长，同时，变形的事物也比正常的事物较容易引起人们的注意。

合理巧妙地运用机构变形设计会使艺术设计透射出智慧与力量，同时也会推动人类精神文明与商业积极地向前发展。

变异是指视觉要素在有秩序的关系里，有意识地违反正常秩序，使个别要素打破规律，出现变化或异常的现象。变异是对规律的挑战，是在规律的基础上使整体与局部相对立，但又使二者不失巧妙的对接与进行内在联系，从而打破单调乏味的局面，给人以视觉上的刺激感、活泼感与新鲜感。而变异的部分即视觉焦点。

变异的形式有规律的转移和规律的变异两种，可依据大小、方向、形状（形体）的不同来构成特异效果。在形状（形体）的变异方面，可使许多重复或近似的视觉元素，出现一小部分变异以形成差异对比；在大小的变异方面，可使视觉元素在大小上做适中的变异处理，不可使视觉元素太悬殊或太相近；在色彩的变异方面，可使同类色彩构成中出现某些打破局面的对比成分；在方向的变异方面，可使少数视觉元素在方向上突然变化以打破有秩序的排列效果；在肌理的变异方面，可在相同的肌理质感中突显不同的肌理变化。

变化与变异造型手段便于营造时代前卫主题。巧妙的变化会烘托环境整体美，变异的形态更会产生神奇的效果。环境艺术能够表现空间情态，如体量的变化、材质的变化、色彩的变化、形态的夸张等，引起人们的注意。环境只有借助所有外部形态特征，才能发挥其自身的功能。

在日常生活中，多数人会有这样或类似的体验，即冲咖啡或牛奶的时候，搅拌后的勺子没有合适的地方放置。如果在勺子的柄部做下变形，勺子就会卡在杯子沿上，这样问题就解决了。这种变形设计不仅增加了勺子本身的形式美，还会使勺子上的液体全部滴入杯中，这既便于清洗，又防止了浪费。

虽然变形与变异都是设计的需要，但那种目的模糊、艺术感染力不强的设计作品意义似乎不大。因此，在应用变形与变异时，应考虑到使用的环境、使用性质、使用目的，以及使用效果等多方面内容。"变"不一定就是设计，但合理的具有创意的"变"才是设计的价值与意义所在。

十一、幽默与情趣

环境艺术设计在满足人们基本功能需求时，还体现了人们求新、求奇和求趣的视觉审美与心理审美的需求。究其原因，随着人们生活水平的不断提高，物质生活的逐渐丰裕，人们把注意力开始投向了精神生活层面。在对物质环境进行选择时，人们更希望获得来自生活方面的人性关怀，得到一种精神上的享受。在当今机械化的工作节奏和冗余的信息空间中，现代环境已不再是机械的、冰冷的，因为它不再是为了满足人们的生活需求而产生的一种物质存在，更多的是一种为了取悦使用者，使其达到情感满足的传播媒介。一件充满情趣与幽默的艺术设计，往往能调节枯燥的生活与工作的压力，缓解高新技术环境带给人们的紧张感。因此，设计师在做设计时，应当调整设计思路，用幽默与趣味的艺术语言赋予环境以生命情感，以增强环境与人的亲和感，在给消费者带来惊讶与快乐的同时，也满足其内心的渴望。

幽默与趣味具有较大的相似性，生活需要趣味同样也需要幽默。幽默是一种修养、一种文化、一种艺术、一种独特的审美情趣。在艺术设计中，幽默简言之是指运用滑稽、意味深长的设计元素，运用活泼、生动的表现手法来表现设计意图。在环境艺术中运用幽默手法可以使环境焕发出特殊的表现力，同时也更具人性化与亲和力，让人发自内心地喜欢该环境。这种手法便于人们接受和理解，因而能起到事半功倍的效果。

在艺术设计中，为了迎合特殊受众群体的需求，利用幽默诙谐的设计形式可赋予环境更多的新意，进而活跃环境市场），例如，现代年轻人使用的移动电话的配饰，较多地使用了幽默的设计形式，使小环境既简洁明快又颇有情趣。由此可见，幽默的设计形式在表达小环境上有着独特的优势。

情趣是指消费者在使用环境时所感受到的乐趣。情趣化环境一般运用趣味化手法来表述设计理念与创作意图。环境形态风趣，形式诙谐，颇具强烈的吸引力，容易激起消费者强烈的思想情感与审美体验。情趣手法能否合理运用是设计师艺术品位高低的体现，同时也是一种格调高低的表现。情趣生动、形式幽默使环境形态鲜明、个性张扬，并赋有强烈的律感和生命力，容易激起审美主体强烈的审美情感与兴趣，使冷漠的环境富有活力与张力。

幽默与情趣美学规律以独特的视角与别具一格的思维方式充分发挥了艺术的情感效应，既增强了环境的视觉印象，又提高了环境的趣味性与游戏性。幽默的设计可以让使用者在环境中得到快乐，被设计的形式所感染。而情趣的设计，由于添加了更多的情感，会让人们在观看环境时，领悟到某种情感，同时也会使环境更具情感化。具有趣味、幽默风格的环境往往是通过拟人、夸张、排列组合等手法将一些自然形态进行再现，从而给人呈现出新的心理感受。

除了形体与质感对营造环境幽默与情趣的氛围有着重要作用，色彩对其产生的影响也不容小视。研究表明，色彩具有先声夺人的艺术效果。因此，色彩更容易吸引人们的眼球，激活人们的情感。在系列艺术设计中，色彩的设计须依附于整体造型，然后根据个体特点予以搭配，以增强环境的趣味性。

充满情趣与幽默的环境，在使用功能不受阻碍时，会极大地提升环境的附加价值，令一件本无生命的环境有了跳跃的灵魂，从而带给消费者无限的惊喜与欢乐。当幽默与情趣同环境的功能完全契合时，可以说，这个设计就真正地践行了以人为本的设计法则。趣味与幽默恰似一对孪生兄弟，两者存在着共性与个性。趣味中散发着幽默的味道，而幽默中又包含着动人的趣味。但二者绝非等同，有趣味的设计不一定总是幽默的，同样，并非所有包含幽默元素的设计都是富有趣味的。

十二、古韵与时尚

古韵指古朴韵味之美，即使用古代流传下来的文化元素来表现设计意图。古韵既是一种文化特征也是一种文化传载。无古何以论今。没有古韵，我们的文化将黯然失色，时代的设计也将会变得僵硬而苍白。因此，古韵设计也是一种文化的继承与表现形式。借古可以鉴今，古韵在为设计带来灵感的同时，也为设计带来了更多的思考。设计不是简单的古韵继承或移花接木的行为，而是要充分研究与分析"古韵"的时代内涵与文化特征，使之"古为今用"。古韵体现的是古朴韵味美，强调的是文化差异性。古韵之所以如陈年佳酿、愈久愈香，是因为它的经典与永恒。

时尚为流行与潮流的代名词，指当代流行的风尚，体现的是潮流之美与前卫之美。时尚设计具有前瞻性、预见性等特征。如今，时尚已成为一种文化行为与文化特征。时尚给人们带来了愉悦的心情及优雅、纯粹与不凡的感受，赋予了人们不同的气质和神韵。人类对时尚的追求促进了人类生活的美好。

古韵与时尚是对立统一的关系。两者有着独立的个性，同时又存在着广泛的共性。从某种意义上来说，时尚经过时间的酝酿有可能成为经典。古韵指导时尚，时尚借鉴古韵。时尚设计在张扬个性，展现自我的同时，兼顾着古韵情节，传统与现代结合，古韵与时尚并置。古韵与时尚结合日趋流行，在不失经典的同时，流露出了时尚。

在现代环境艺术设计中，传统文化的融入十分必要。是因为环境如果没有厚重的文化沉淀作基础，设计样式再花哨也只是美丽的外壳，缺少文化底蕴。因此，艺术设计既要带有古朴的文化韵味又要具备现代的艺术气息。

古韵曾经是时代的时尚，而时尚经时代的变迁将会成为古韵。古韵与时尚这两个跨越时空、跨越历史的艺术表现形式，很难找到一个合理有效的结合点，因为设计不仅解决的是形式与审美的表象问题，它还涉及人文、历史、观念与习俗等多方面的问题。因此，设计师担当着于众多矛盾中解决时空交错的古韵与时尚问题的责任，因而需搭建古与今的人文设计平台。

十三、分割与组合

分割与组合是环境艺术设计形式美的法则之一。分割指把整体或者有联系的东西分开，或把一个整体分成各个组合部分，根据需要发挥其各自不同的功能与作用。艺术设计中的分割，是为更好地组合作铺垫的，分割开来的个体虽是独立的，但不失其完整性。组合是指把若干个相同或不同的元素组织为整体，形成新的外观形象，发挥其新的组织功能，使其更加美观、实用，更具亲和力。

在环境艺术设计活动中，设计师经常运用这一法则，依据使用功能、使用要素等对在大自然中提取的千变万化的形态要素进行不同的改变，以满足使用者的多种需要。构成艺术是分割与组合的基础，它使环境体现出一种动态的造型方式，随意组和，千变万化，大大丰富了人们的立体空间想象能力。分割与组合概括起来包括三种类型：

（一）实用性分割与组合

实用性分割与组合，指根据环境的使用目的最大限度地发挥环境使用功能的分割与组合作用。空间关系是这种方式的主导因素。使用者往往依据居室的大小和环境的尺度及个人的兴趣对环境的大小、方向、色彩、质感等进行合理搭配，以达到节省空间、实用美观的目的。

实用性分割与组合注重的不是环境个体元素的发挥，而是环境诸元素之间的配合，既要有道理又要适宜，不能因为某个细节而去刻意破坏一个整体的功能或形式的诉求。如果想恰到好处地运用实用性分割与组合，就应该把环境的各个部件放在整个环境的组织构成中去思考，把握艺术设计的共性与个性。此外，应更多地讲究形式美法则，不能仅停留在功能要求的束缚中，力求功能美与形式美的统一。这种分割与组合建立了一种理性的、知性的、富于秩序和条理的设计风格，并将构成艺术的精髓完全融入了艺术设计领域之中。

（二）趣味性分割与组合

随着社会的飞速发展，人们生活节奏在逐渐加快。身心负荷压力的人们渴望获得心灵的解压，人们向往回归休闲，在潜意识里渴望与环境发生对话，产生通融。因此，环境艺术设计在保证物质功能的同时逐渐肩负起精神享受的重任。而充满情趣的环境艺术设计能缓解高新技术环境带给人们的冷漠感与紧张感，让人们体会到环境变化的乐趣。

趣味性分割与组合就是在满足环境实用功能的基础上，将趣味化元素引入艺术设计领域，使其设计理念颇具趣味性与幽默感。这种分割与组合能开发人们设计组合的能力，在锻炼思维的同时又娱乐自我。比如，积木就是儿童最喜欢的玩具之一。

（三）功能性分割与组合

功能性分割与组合强调的是环境的多功能性。我们知道，每个环境组件都有其独立的性能与用途，如果将其组合起来则可附加环境的使用功能。因此，分割状态下与组合状态下的环境使用方式是不同的，这给人最直观的体会就是一物多用，具有很强的时代性。这种分割与组合着眼于艺术设计本身的整合性，强调环境结构的灵巧与活泛，注重块面的分割与形体的穿插，将设计对象的立面、色彩、体块等理性因素揉进立体空间的设计中去，最大限度地突破常态，创造可能的新形式，使使用者得到由形式、色彩与空间所带来的精神愉悦，并获得在艺术设计实践中的创造性功能。分割与组合常见于家具设计之中。

分割与组合是一种有目的的美学规律研究形式。在艺术分割与再现组合中实用因素与审美要素达到统一与和谐。分割与组合是塑造环境形态的重要手段。正确地分析其不同类型的设计定位与文化内涵，做到针对不同的环境采用相应的方式，有针对、有目的地打造环境的外观形态，这对艺术设计会起到一定的帮助作用。

十四、通透与洁净

通透多形容事物本身不浑浊、不沉闷，具有较好的透光性、透气性等特征。通透的设计透明、通畅、清澈，给人以舒畅感、空灵感。通透设计美学规律使环境成为物质硬件与生命情感的合成物，通透元素的巧妙加入，既可以使粗笨的环境变得灵动，又能增添环境的视觉美感，赋予环境以生命力。通透可以通过结构或元件的塑造和处理，达到透明或半透明的艺术效果。

洁净指纯洁干净，给人以清洁、纯净、无瑕的美好感受。洁净是一种视觉和心理的双重感悟。洁净是针对整体视觉效果而言的，它可通过色彩的控制、明度的调整和色相的选择来描绘，尽可能达到单纯洁白、清爽宜人的视觉感受。

通透与洁净的艺术感染力，在于能打破沉闷与封闭的设计给人造成的压抑和烦躁的视觉感受。这种设计规律能同时展现环境的外在形式与内在品质，使环境在喧嚣的生活中给人们带来宁静，因此，它将成为当今时代多数人所崇尚的美学标准。

通透与洁净是相似的，通透的事物多给人以洁净感，而洁净的事物又多有通透的成分，通透与洁净给人类以美的遐想与良好的记忆，人类在追求通透与洁净事物的同时也侧面反映了精神世界追求"圣洁"的一面。由此可知，人类从心理层面到精神层面都更乐于喜爱并接受"通透与洁净"的事物。因此，在环境艺术设计中，我们要获取精神与事物性质及品质的立足点与契合点。总之，"通透与洁净"已非表面的直白语义，其内涵与深层意义已融于艺术设计之中。

十五、轻巧与秀丽

轻巧指轻便灵巧，它追求轻盈、明快之美。对于轻巧的设计语言塑造，环境艺术设计是一个主要方面。造型应以小巧、轻盈、空灵、玲珑为方向，点、线、面的处理应分主次，不要过于烦琐，在某些小圆弧的结构处理上更应细致入微。在色彩处理上主张避免纷杂用色，尽量以少量色彩搭配或以单色调配置，这样更能增强统一感和协调感。另外，用色上应多以轻色调或无彩色为主，少用重色调，同时应注意对明度和纯度的控制。

秀丽既指清秀美丽，又指视觉上的韵致与美感。"秀丽"之所以强调"秀"，意在表明不是单纯追求形式上的漂亮与美丽，而是传达具有一定格调与定位的艺术美。秀丽给人以俊秀感、妩媚感，它在美中体现出的是简净与超脱。轻巧与秀丽二者互为前提、互为补充，相辅相成，轻巧中可以蕴含秀丽，秀丽中又可以展示轻巧。

简单、灵巧、便捷、俊秀是轻巧与秀丽的特点。轻巧与秀丽的环境能让人们从中体验到科技发展带来的便捷与时尚感，给人的视觉营造一种活泼感、轻盈感与韵致美。

轻巧与秀丽的环境非常适合现代人的快节奏生活，符合现代人的心理倾向与审美要求。经过一天的忙碌生活，人们的身心疲惫不堪，这样就需要轻巧与秀丽的环境来舒缓工作的压力，调节生活的气氛。因此，在艺术设计中，一定要综合各方面的因素，取其设计的重点，这样才能设计出令人身心开阔、精神愉快、赏心悦目的环境。一般说来，为了达到轻巧与秀丽的要求，在形体创造上可采用提高重心、缩小底部支撑面积、作内收或架空处理，适当地运用曲线、曲面等方法。在色彩及装饰设计中，一般可采用提高色彩明度，利用材质特性进行设计来给人带来情感联想等。

十六、错视与矛盾

错视又称视错或视觉错觉，是我们的知识经验与所观察的对象物在现实的影像中由于某种原因而引起的错误感知。产生错视的机制可谓纷繁复杂。除了与人类视网膜构造、视觉反应、视觉对象、周围光环境等生理、物理因素有关外，还与观察者的主观心理因素有着密切的关系。观察者往往依赖着自身的预测力，凭借着过去的经验，把某种心理暗示附加融入其中而获取视觉印象。这种视觉印象，往往会使观察者做出与客观存在的事物并不完全一致的视觉判断。

合理地运用错视能弥补环境艺术设计的不足，可以使设计更为完美和富于创意。视错觉设计最终是为人服务的：准确地把握正确的视错觉语言这一因素的应用，充分借助现代科学技术及材料的优势，深入地研究人们的审美心理与消费习惯，利用优势视错觉，尽量抑制劣势视错觉，把它技术性地运用到艺术设计中来，就能拓展设计思路，不断优化创作设计。所谓技术性，就是借视错觉的规律来加强造型效果，使原来比较笨重、呆滞、生硬的形体变得轻巧、精细、新颖。矫正错视，就是在充分估计错视的基础上利用错视规律，在实际设计中适当地改变某些量和某些关系，使受错视影响的视觉"补偿"或"还原"成正常的效果。

环境的视错觉产生的因素很多。图形的错觉，一般是由同一图形在两种相对的情况下产生的大小、长短、高矮等方面的差异。色彩的错觉，是由于色彩自身的轻重感、膨胀感、收缩感、前进感和后退感使色彩感觉发生的变化。不同的色彩实体，会产生不同的色彩错视。材质的错觉，是指材料本身隐含的与人类心理对应的情感信息，通过视觉机给人以不同的心理感受和审美情趣，如轻重、冷暖、虚实、坚硬与柔软等生理感受。在艺术设计中，对错视加以利用，不仅可以实现环境的功能，体现环境的美感，还可以把原本刚硬的物体变得柔软，光滑的物体变得粗糙等，从而形成材料质感上的错视。

矛盾指现实生活中不存在，在二维空间里运用三维空间的平面表现形式，错误地表现出来的矛盾空间。矛盾空间的形成通常利用的是视点的转换和交替，即在二维的平面上表现了三维的立体形态，但在三维立体的形体中显现出模棱两可的视觉效果，造成了空间的混乱，形成了介于二维和三维之间的空间。矛盾空间具有表现多视点的特性。

环境艺术设计的形式美学法则是艺术创作的基石，是我们在进行环境艺术设计时必须遵循的原则。但对于这一原则，我们又不能教条主义般地生搬硬套，要善于灵活运用。在环境艺术设计中，只有充分考虑美学因素的影响，把握美学规律的定位，对其深层内涵进行探讨和研究，才能创作出富有创造力，符合现代人审美情趣的环境形式。

第三节　环境艺术设计的基本原则

环境艺术设计涉及领域虽然较为广泛，不同类型项目的设计手法也有所区别，但从环境艺术的特点和本质出发，其设计都应遵循以下原则。

一、以人为本的原则

人是环境的主体，环境艺术设计是为人服务的，必须首先满足人对环境的物质功能需求、心理行为需求和精神审美需求。在物质功能层面，环境艺术设计应为人们提供一个可居住、停留、休憩、观赏的场所，处理好人工环境与自然环境的关系，处理好功能布局、流线组织、功能与空间的匹配等内部机能的关系；在心理行为层面上，环境艺术设计必须从人的心理需求和行为特征出发，合理限定空间领域，满足不同规模人群活动的需要；在精神审美层面上，环境艺术设计应充分研究地域自然环境特征，注重挖掘地域历史文化内涵，把握设计潮流和公众审美倾向。

二、有意识的观察原则

理解这一点之后，环境设计者就可以更有意识地进行观察。我们必须清楚，在设计时应多考虑一下别人的意见，因为景观设计毕竟不是纯粹的个人表达，而是要为那些有自己的逻辑、生活方式和看问题方法的环境个体营造场所。因此，环境设计者观察的时候必须带着对人们和人们对环境可能作出的反应的理解才行。

洛仑兹的"暗中的观察"这一说法已被杰伊·艾普勒顿用来描述人们对园林中环境的反应的基本方面。而"发现与隐藏理论"可能就是源于此。我们可以从孩童的游戏中找到这种美学模式的原型——在一个普通的游戏中，快乐来自高明的躲藏和成功的发现。对设计者来说，"被观察的观察者"具有重要的方法论价值，它为中国的设计方法提供了极具说服力的解释。这是一种很高超的设计技巧，反映了洛仑兹所提出的人类行为的原始性，具有很深远的意义，使人们坚持自己思考，在可接受的意外中创造乐趣。比方说，游人在一个传统的中国南方城镇里就很难找到一个私人花园，因为所有的美妙的花园都在住宅商局的院墙之后。而在市中心的居住区中穿过许多小门、天井和回廊的时候突然看到一片"自然"不能不说是个惊喜。因此，在这拥挤的生活空间中发现一些因少见而变得更加珍贵的景观就会给人带来无限的喜悦。此外，游客的兴致也会因一些隐秘之处得到揭示而大大提高，我们称之为"隐蔽的形式"。

这也驱使我们研究观察的方法：要研究游客的行为如何在运动之中发现情趣；体现明暗的联系、发现与隐藏交替；留出联想的空间来提高场景沟通的效果。最终，环境形象的戏剧效果会从人们自己愉悦的体验之中被他们以自己想象的形式提炼出来。

三、定义空间的原则

另一个和观察有关的是空间定义的形式。一方面透视法的运用对于定义空间是极其重要的，其中主要的问题是确定环境的特性，对空间定义进行足够的强调；另一方面，我们又要打破僵硬的空间布局以丰富被设计场所的内涵。因此，设计形式，也就是说定义空间的形式应当在设计师的构思控制之下，同时又具有充分的灵活性。

为达到这个目的，既可以采用焦点透视又可以采用散点透视来为环境中增添某些变化的因素，使观赏者能够体验到更多的乐趣。然而，我们都知道一个焦点就是一个设计空间的构架，因此，要想将游客导向焦点就需要对有限的空间中的活动方式进行仔细的设计。中国式的散点透视，即高远、深远和平远的空间概念能在按空间序列安排视觉的效果上提供思想和技术上的帮助。

空间感来自一个复杂环境中自由的感觉，而不是某种巨大但空荡的环境；空间的丰富感来自人们对其体验的多少而非其实际大小。当我们既能应付复杂的布局又能欣赏风景的丰富变化的时候，喜悦就来自一个有限的空间框架中体现的丰富空间感。静态和动态的特征都是产生吸引力的因素。另外，分散焦点的空间结构提供了一种特殊的自由，让人们以自己喜好的方式组织画面以满足自己的兴趣。

四、形式原则

对设计任务的分析，尤其是对被设计场所与其周边环境的分析，也是关于观察讨论的十分重要的一环。这种共生环境是极其关键的，因为没有任何环境设计能脱离其周围地段条件而单独存在，它们之间有着相互作用、相互制约的关系。

（一）作为前提的形式

我们在设计中所受到的限制来自现有的环境或自然和社会条件等。因此，要有效地实施我们的设计就必须清楚地掌握设计所受到的外部限制条件，也就是要研究作为前提的形式。

一个设计必须适应使用者的需要，而这些需要也是受不同的社会、文化和经济条件限制的。这些都会以某种特定设计的形式表现出来并和环境因素融为一体。因此，我们应把环境设计形式看作一个整体形态，它集合了城市建筑景观、乡村建筑形态、森林地带、道路走向、地形起伏、池沼、湖泊、海岸、运河等因素。这些形式中，有些是很难处理的，因为他们存在的唯一原因是经济利益的要求，比方说公路和工业区就经常和创造理想的风景区产生矛盾。

自然条件如光线和地形等也会对设计形式有较大影响。如前所述，光线使北欧与南欧的景致大不相同，而南北地形的差异更是中国山水画南北画风相异的重要因素。从景观角度出发，也是出于对光线的考虑，英国的景观设计中运用了许多高大的树木（像肯特所做的那样）以获得光与影的对比效果，而在中国南部，人们需要巨大的树冠带来的荫凉对付炎热的天气。因此我们也不难理解为什么在建筑上有南北风格的区分，以及有分明的开敞与封闭的不同做法。

相关的社会因素也是颇具影响的，例如，在人口密集的地区，高层建筑之间的空间——环境的"气口"是个很严重的问题，面对着硬质景观给建筑带来的压力，环境设计变得更加困难。同时，软化和整治居住环境和为儿童、老人提供户外活动空间的必要性就显得更为重要。在人口密度低的地方，住所安全的问题非常明显，尽管环境设计不是解决社会问题的唯一方法，但是安全问题反过来也会影响环境设计的质量。

简而言之，我们的环境是由可见或不可见的空间形式制约着的，人类有无穷的改善生活环境的愿望，而力量却是有限的。但当自然和社会条件不同时，设计思想必须顺应这些不同条件的形式进行，也就是说要理解空间限制如何成为首要的设计因素。事实上，环境设计的天才们是那些懂得如何在尊重自然、社会和现有环境的同时进行思考和创新的人。也就是说，一个好的环境设计必须遵循"环境共生"法则，需要一个能将内在需求与外在条件平衡环境折中的方案。另外，还必须具备一个重要的设计艺术品质——它必须反映周围环境的特质：地方性，也就是指对当地材料、技术或工艺、典型的建筑和构造风格的运用。从广义上讲，被设计的并非是一个抽象的空间，而是大众（个人和群体）的归属，是人与场所的独特身份。

（二）组合的原则

悉知这些不同的条件之后，环境设计过程就变得更加复杂，因之也更加有趣了。一个新设计出的环境也许因其独特的空间逻辑和空间表达而被认为有着独特的个性，然而它仍然属于其周围环境脉络的一部分，会和其他形式发生关系。从空间处理上来说，设计者显示出的对环境感受性的关心的重要途径就是空间形态。

空间感的获得需要一个心理上自由的前提，我们也知道空间的自由感并不取决于尺度而取决于布局手法。因此，设计就是要创造一些与空无相比显得充实的东西，也就是可触及的东西，可产生错觉的东西。从这个意义上说，明暗理论又可以帮设计者解决问题：在不同的空间对比效果的基础上，一个整体空间结构中的动态平衡就会稳固地建立起来。

然而，这并不是最后的目的。环境的整体布局和空间的逻辑安排的全部意义就在于体现"意"，也就是要体现特定的场所意念。因此，主次物象之间的空间关系就必须表现出高超的设计技巧。例如，一个引人注目的焦点周围的空间（如一所古代庭院或一个接待大厅周围）功能上应该是提供了附属设施的，然而这些附属物又作为空间元素丰富了空间层次和关系，从而最终决定着人们对整个环境的印象。掌握空间对比的手法、空间密度与序列的相互影响至关重要。

由此我们可推断，空间秩序是一种无形的形式，即将深刻的设计哲学与功能联系起来，渗透于不同的地方、不同的层次和不同的部分。在景观设计中更难的工作是处理好明显的中心部分与其附属部分的过渡关系，而其中的关键在于如何处理焦点。如果手法太直接，那就会如同一个没有经验的说书人很快就会让听众失去了兴致，犹如他们一早就知道故事的结局一般。因此，设计一个稍带暗示的、逐步发现的过程是很有必要的。

为了将整个"情节"清晰且有趣地布置好，"含蓄"这个概念就变成了设计思考的核心。它不仅要求在功能上可行，还要在立意上含蓄、婉转，这样的设计方式可以让人领略到不同的空间层次，被多层次的对比吸引，不断地被喜悦打动。

用伯克的话来说，外部事物存在着巨大或细小、粗糙或粗犷、光滑或细腻、紧张或松弛等对比形式。当然我们没有必要非让人感觉痛苦之后的快乐。对这种效果恰当的形容应该是"易接近的"情感或是对清晰的环境形式的体验，一种愉快的空间上的消遣，一种来自对秩序的认同而欣赏其多样性的快感。

简而言之，组合形式的意义不只是清理各物体之间的关系，而是要创立一种能引导和组织人们活动和认知的可见的相互关系。"组合的形式"是一种看得见的、想得到的、感觉得出的形式，能为设计场所增加移动和思维自由的东西。

（三）展开的原则

我们的土地是有限的。出于现代生活的需要，我们须将土地划上疆界用以区分农场、森林、工业、交通和居住区。此外，疆界感（领土感）几乎是所有生物的本能，这一点早已为人类学家和心理学家所证明了。

边界可以有两种形式：可见的和不可见的，也就是有形的（物质的）边界和心理上的边界。极度呆板和不友善的边界，其压迫感会造成一种很不愉快的空间压力，并可以从视觉上毁坏整个画面。

然而，很多设计工作都是一开始便分析土地的局限性带来的问题，在这里我们主要关心的问题是如何最好地利用边界，克服其限制并创造一个"超越边界的视野"。

从中国和英国的流派的经验中我们看到，可以从"展开的形式"中获得这种视野，这并不意味着消除实际的边界，而是要带着超越它们的感觉去设计。

首先，我们可以将设计场所的边界变成一种有价值的东西。英国约克城的围墙和中国湖南凤凰城的大门将边界与标志性含义相融合的做法就是典型的例子。其次我们可以简单地把它隐藏起来。更难做到的也许是在不牺牲整体感的情况下分割内部空间，将美感和实用结合起来。对这种整体感来说，联系内部空间的传统中国方式就是在有限的空间内制造空间感的绝妙演示。

五、线条原则

"美的线条"与线条之美是有所不同的。如前所述，"美的线条"是中国和英国的景观学派发展起来的重要美学范畴。它不仅仅是关于纤细的形式，还关系到了设计中的品味问题。显然，英国人偏好的蛇行线条是对自然美的模仿，而中国的曲径回廊是对天性的表现。我们可以将这些线条的复杂的美学处理方法描述为迂回的形式，并从以下三个方面去分析。

首先，作为一种艺术形式和装饰媒介，对美的线条的喜好是一种来自自然（自由）形式的品味。这些线条通常是小径、回廊、边界、河道和植物等。曲折纤细的景观形式经柔和的设计手法与起伏的地形产生了共鸣。与几何形式相比，这种线条表现出的柔美品质很能引起人们对其魅力和神秘气质的兴趣。

其次，作为一种实用的设计工具，这种线条可以是客观实在的，但也可以是无形的空间的微妙联系，一种提示、一种不同的点之间抽象联系的视觉提示。随着蛇形线条移动或在曲折的路上前进，随着眼前风景随时随地地改变，人们会觉得一切都不是人工的而是道法自然的。这才是引导人们发现景观思想和创造享受的正确方法，随着空间丰富感的增加，一种无限感就会从一块有限的空间中油然而生。

最后，从心理学上讲，这种源自迂回形式的柔和美是一种有治疗作用的美学感受，流畅的线条让人想不停地追寻从而使人在活动中获得享受，特别是那些生活公式化的从事单调的生产劳动的人；在经历这种自然的空间感和温和的多样变化之后就会觉得无比自由和轻松自在。

　　然而，美丽的线条或如我们所说的迂回之形式，需要其交流的媒介来展示它的美学价值，并体现其设计意义。这种媒介就叫作交流的形式。

六、交流的原则

　　就观察的方法而言，我们欣赏细致入微的和"被观察的观察者"的观察方法；对于作为前提的形式，我们强调功能的、自然的和周围环境形式之间的相互影响；对于不同环境塑造元素的布局，我们注重组合的形式；在处理边界和内部空间时，我们研究展开的形式并强调空间的延伸感；在处理柔和感与线条的美感之时，我们研究迂回的形式。在所有这些形式中共有的是一种交互式的联系方式，这便是景观的脉络机体，一个有生命的整体的形式，我们称之为"交流的形式。"

　　这种交流的内容是统一性，是组成部分之间相互依赖的关系和不同环境特征之间的联系，因为，任何一个环境都是由"呼吸""血液"和"经脉"来连接"身体"不同部分以使之具有生命和功能的。可以说，天、地、人三位一体是优良环境的本体，是人为和自然过程中一组事物的整体结合。这其中，"气"有着广泛而重要的价值和意义。作为环境设计的交流媒介，"气"在场所中无处不在，其通过外观形象、联想、视觉效果甚至声音、气味和颜色传递着信息。不论这种交流是直接的还是间接的、微妙的或简单的、它都为成功地使用包含了以上所有形式方法的设计语言提供了和谐的环境。

　　因此，我们认为交流的形式是环境设计哲学的一部分，是人类的才智对设计思想形式的一个总结。

七、可持续发展原则

　　环境艺术设计要遵循可持续发展的要求，不仅不可违背生态要求，还要提倡绿色设计来改善生态环境。另外，将生态观念应用到设计中时，设计者要掌握好各种材料特性和技术的特点，根据项目的具体情况选择合适的材料，尽可能做到就地取材，节能环保，充分利用环保技术使环境成为一个可以进行"新陈代谢"的有机体。此外，环境艺术设计还应具有一定的灵活性和适应性，为将来留下更改与发展的余地。

八、创新性原则

环境艺术设计除了要遵循上述设计原则以外，还应当努力创新，打破大江南北千篇一律的局面，深入挖掘环境的文化内涵和特点，尝试新的设计语言和表现形式，充分展现出艺术的个性特征。

第十二章　环境艺术设计的基本理念

第一节　效用理念

一、效用理念概述

设计的效用性是设计之所以能够满足社会需求的衡量指标。这里所说的设计效用是通过设计来满足消费者的一种程度值。

（一）设计的效用

设计的效用是设计品对人需求的满足程度，是衡量设计价值的重要尺度。

设计的效用不仅是客户满意，而是在此之上对目标客户价值属性的一种表征。若目标客户没有选正确，景观空间设计无论多么精巧，功能组合如何完美，都很难真正地实现。基本需求的情况下，设计师为客户需要量体裁衣，针对不同的客户设计作品，其效用在满足创造新价值，这是设计之所以能够获得成功的一个基本定律。

成功的设计具有商业前景和战略价值，并能沟通过市场价格反映其自身价值。设计要素优化组合，以最小的消耗获得最大的效用，这就是本章所要论述的基本内容。设计师设计作品来满足客户或消费者的某种需求，在现代社会中这种需求的满足产生两重性：第一，消费者需求得到圆满的回应，第二，设计师的设计价值得以体现，在这两者之间成了一种合力，共同促进者设计与经济的发展。设计师所要的是依据这些条件来创造性地提出问题，分析问题，解决问题，设计出满足需求的作品，随着经济发展水平的不断提高，人们对于设计的要求也逐渐提升，人们的设计需求更趋向于多元化，功能更趋向于人文关怀，回归自然的渴望更加强烈，对超前事物的需求更加迫切，预期值更高，所有的这些都为设计师提供了新的社会环境。设计师要满足这些需求，甚至引导市场消费，这就对设计师所作的设计提出了更高的要求。设计师要对设计元素提取、组合、优化，使之变成要素，然后再设计优化形成作品。这里需要详细阐述两个概念元素和要素：

1. 元素，基本单位：一个组合整体中的基本的、最主要的、不可再缩小的组成成分。

2. 要素，事物必须具有的实质或本质、组成部分，对于设计的元素来说是多重性质的，具有随机性可变性的特点，但是对于要素而言，是一个必不可少的组成部分。

（二）设计的边际效用性

设计师通过设计要素的优化组合来设计并完成作品，整个设计过程不断反复、推敲、优化、组合，最终形成完整的统一体。

然而在现实的市场供给和需求的变化中，设计的这种需求和供给并非这样简单，随着人们收入和经济水平的提高，人们的需求也在不断地提升，设计对这种需求的满足程度也需要相应的提高，但是很多情况下设计的满足并不是无限的，人们对设计的满足程度也是有条件的。设计是否具有价值很大程度上是一种主观的心理现象，人们对于价值的判定来源于其设计作品的效用，也就是设计品的满足程度。如果该物品无法满足其需求则其效用为零，从而对他而言亦不存在价值。而事实上，所有设计的对消费者的满足都是有限度的，由于物品本身具有一定的稀缺性，人的需求不断攀升，两者之间就存在矛盾的对立统一。因此，设计资源需要优化配置。当一个业主已经拥有一个自己的景观别墅的时候，设计师再去设计另外一个，接下来为他设计第三、第四甚至更多，这一系列的设计对于业主来说其满足程度已经越来越低，只有第一个是相对最具效益的。第一套别墅是满足了业主基本需求的，后面接二连三的设计可能在初期是满足其偏好习惯需求的，比如第二个别墅设计成另外一种风格，设计的功能继续细化，虽然设计师绞尽脑汁进行设计，但对业主而言，只不过是锦上添花。随之而来的第三、第四个设计，其设计不论怎样的独特，其对业主的原始价值已经变得很小。这时满足业主的恰恰是设计的审美或风格，在一定程度上引发了他新的欲望，由业主原来的需要一个别墅变成需要不同设计风格的别墅。对业主而言并不一定把别墅当作住所，而把它看作满足自身其他方面价值和效用的手段。照此下去当设计师设计第十套别墅时（这些设计难免会出现雷同的情况），这些设计品对业主的原始满足程度变得微乎其微，他可能转向其他领域来寻求其他方面的满足。这个例子体现的就是设计的边际效用性。

1.设计的边际效用是每增加同一单位的某种设计品给消费者带来的总效用和价值的变化量。

边际效用论是在19世纪70年代初，由英国的杰文斯、奥地利的万格尔和法国的瓦尔拉提出，后奥地利庞巴维克和维塞尔加以发展的经济学的价值理论之一。他们的观点认为商品的价值是人对商品效用的感觉程度和一种主观评价，效用是随着消费同样商品数量的增加和逐渐减少的，边际效用就是商品效用最小的那个单位价值。这是一种衡量商品价质量的尺度。设计的边际效用在实际生活中似乎很难感受到，这是由于设计的边际效用在很大程度上被设计的创新所规避。设计突出点在于创新，创新不断使设计的边际化衰减。

设计是可以满足人们欲望的一种手段和方式。通过设计的创新不断改变同一单位设计品的价值和地位，从而防止了边际性的衰减。

设计品的价格实际上除了设计品本身以外，很大程度上依赖于设计品的效用，设计品的价值是构成效用的基本条件，设计价格依托于价值，并随着设计效用而不断发生变化。毕加索的一张作品对于一个收藏家来说效用通常会高，而对于一般人而言只是一种欣赏价值。设计的价值还来源于设计的稀缺性，优秀设计的稀缺性和产生的效用共同影响着设计的价值。市场价格是在一种竞争的条件下买卖双方对物品评价均衡的结果。设计的边际效用是设计效用性理论的特殊点之一。

2. 景观设计的边际效用

从设计的边际效用原理中我们可以推理出景观设计的边际效用，即在其他条件不变的情况下，每增加一定量的相同或相似景观要素状态下所引起的总效用的递增量，很多情况下这种边际的效用反映着人们心理倾向。环境设计中反复使用单一的手法就会造成这种边际效用产生，比如空间设计的相同要素由一个单位增加到两个或者更多时，增加的这种要素所带来的实际效用增加量在满足到消费者需求峰值后将会呈现递减。换句话说，当同样空间要素构成的景观摆在你面前反复出现的时候，新鲜感将会逐渐丧失，其结果就是要素对你的满足程度逐渐减弱，要素越是增加对你的满足程度越是相对变小，这就是所谓过犹不及，效用与欲望一样是一种心理感觉，恰当地把我和调整这种设计要素构成是设计师的主要任务也是防止递减的有效途径。同一事物给人带来的效用因人、因时、因地而存在相对差异。

（三）设计的边际效用递减与设计创新

设计边际效用诱发了设计效用的变化，最显而易见的就是边际效用递减性。

在经济学中边际效用的递减指在其他条件不变的情况下，一种投入要素连续地等量增加到一定值后，所提供的产品的增量就会下降，即可变要素的边际产量会递减。也叫作戈森第一法则。

1. 设计的边际效用递减性

指在一定阶段内，人每增加一单位设计商品的消费所增加的效用。这种需求产生了递减的趋势。原因在于消费者在购买需求的设计过程中，第一次的购买是处于一种渴求和欲望的情况下，随着同类的设计品增多，对其满足的程度趋向于减少，也就是说随着同类设计作品的增多，设计需求逐渐减弱。这就是设计要不断推陈出新的原因，除非是限量的设计，此外没有任何一个以数量计算的设计可以长时期地吸引消费者，产生购买欲望。需求价格将随着数量的增加而逐渐地降低，这就是设计的边际效用的一个特殊规律，即边际效用的递减性。设计为了防止产品的逐渐递减，在一定时期内，推出新设计或新理念以适应并防止这种递减的产生。典型的例子就是后现代主义的设计流派，这些流派所倡导的设计理念形形色色、各式各样，其存在的根本就在于社会需求的多样性。现代主义的衰落和后现代主义的崛起预示着设计的效用递减被有效地遏制，设计品的价值得到应有的体现。后现代的各流派实际上是在满足不同消费群体的需求。

2. 环境景观设计的边际效用递减性

从经济学里引出的一个非常显著的规律，这个规律在环境空间设计中依然十分显著。当一个正向的景观设计要素不断增加时，会得到相应的景观空间效果。当这种要素的增加达到一定峰值，要素的增加会反而导致效用的递减。这种性质类似于在沙漠中的人因口渴而喝第一杯水的感觉，等到第二杯水的时候，其效果就不如第一杯水感觉舒畅，依次下去，当喝到第二十杯的时候超过饱和状态则产生厌恶感。其中水是没有变化的，而水的效用却在降低。换言之，在景观设计中如何保持第一杯水的感觉，是设计之所以打动人心的关键。在环境艺术设计中，如何更节约更快捷地实现丰富多彩的造园效果，以实现效用最大化，这是环境艺术设计应该遵循的根本原则。在景观设计学中，生态理论也存在这种效用性，对于环境资源来讲，环境属于一种资源，环境艺术是一种再造资源的过程，如何把现有的资源效用发挥到最大化，如何使用最少的要素、材料、空间达到审美、功能最大化的效用，这将是研究环境艺术的一个重要出发点和归宿。

3. 设计的创新性

设计的创新性和不断的更替在一定程度上延缓并改变着设计：边际效用递减规律。因此，设计的一个重要属性就在于创新，一个不具有创新的设计将随着边际效用的递减而逐渐失去生命力。这是成功设计之所以经久不衰，赢得市场的重要因素。设计的创新性不仅规避效用的递减，与之相反在某种程度上促进并创造着市场，优秀的设计将会使消费者产生消费欲望。设计的创新性还导致许多优秀作品的诞生。创意丰富了人们的生活，提高了经济的增长。创新是设计发展的灵魂所在，没有创新也就没有设计。

二、效应理念的具体实践

效用性质理论在一定程度上可反映组织、企业、设计师设计作品的有效性和设计管理有效性，在现实的项目中其自身的价值更多地得以体现。

（一）基于效用性的设计管理

设计的效用是衡量设计有效性的尺度，效用不仅仅在设计要素组合中发挥重要作用，而且在设计的市场和管理中依然发挥着巨大作用。设计的高效管理源于一种机制，一种激励，一种创意的自由和市场的精准把握。道格拉斯·麦戈雷戈认为，在每一个管理决策或每一项管理措施的背后，都一定会有某些关于人性本质以及人性行为的假定。并且提出了有关人性的两种截然不同的观点：一种是基本上消极的 X 理论，另一种是基本上积极的 Y 理论。X 理论以下面四种假设为基础：

1.员工天生不喜欢工作，只要可能，他们就会逃避工作：

2.由于员工不喜欢工作，因此须采取强制措施和惩罚办法，迫使他们实现组织目标；

3.员工只要有可能就会逃避责任，安于现状：

4.大多数员工喜欢安逸，没有雄心壮志。

与这种消极的人性观点相对照，麦戈雷戈还提出了 Y 理论，它基于这样的假设：

1.员工视工作如休息、娱乐一般自然；

2.如果员工对某项工作做出承诺，他们会进行自我指导和自我控制，以完成任务；

3.一般而言，每个人不仅能够承担责任，而且会主动寻求承担责任；

4.绝大多数人都具备作出正确决策的能力，而不仅仅管理者才具备这种能力。

显然 Y 理论更容易让管理者和被管理者都得到满意，这里说明了一点，管理者的重要任务是创造一个可以尽情发挥创意的工作环境。这对设计而言极其重要。X 理论得到的将是一个死气沉沉的设计企业，其设计能力和市场竞争力不言而喻。精明的设计管理者应了解两方面关系并处理得当：

一方面设计师员工与自己企业的关系，发挥他们的创意和潜力，使他们感到自己为企业或公司贡献力量和智慧的同时自己的目标也得到了一定程度的满足。这种满足不仅仅是工资薪酬，设计师还有更高的追求，他们渴望自己获得一定的社会认可，肯定自己价值。因此设计师的自尊和价值也需要满足。管理者不应成为设计的监督者、指挥者，而应变成辅助者、引导者、协调者。

另一方面是客户与设计企业的关系，管理者需要转变自身的角色。设计的客户是设计消费者，企业组织一方面满足他们的需求，一方面也在引导，同时也及时地把市场信息反馈给设计师，使之可以设计出符合市场的成功设计品。因此，设计师与管理者以及客户之间就形成了一种三角式的关系。

依据这三者关系，企业的管理者需要作出权衡，尽量减少三者之间互动所花费的成本，让三者在整个项目进行中主动地去完善并协调。当设计师遇到阻力，管理者及时给予鼓励，设计师的信心增强很重要，这是促成优秀的设计产生的先决条件。当客户遇到困惑时及时协调排除。高效的组织和设计管理可使三方结为亲密伙伴。客户乐意介绍给其他的客户，口碑相传，设计企业的业务也就应接不暇，其信任度在无形中也得到了建立。设计资源和市场资源都朝着最大化的方向发展，这就最终促成效用管理的最佳点，也就是实现了设计效用管理均衡的最大化目标。这让企业获利，设计师自身价值实现，客户需求得到满足，三方共赢，这是成功的设计最核心的表征。

（二）效用与市场

市场是消费与供给的有效组合，设计商品除了具备这种通常的性质以外，还具有很高的审美和文化倾向性，实物商品及其生产、交换、消费，需要放在一个文化母体中加以解释。王宁先生对消费文化的属性进一步论述：①消费的具体内容是历史决定的，并构成一个民族、一个群体或一个区域的独特的文化。②许多消费活动与文化活动是合二为一、不可分开的，如结婚典礼、佳节宴会等。③消费观念也是一种文化（或文化要素），它同一定的信仰、价值和人生哲学相联系。④消费商品的制造和生产不但是物质生产的过程，而且也是一个文化生产和传导的过程。在市场过程中设计所起到的作用是市场运行重要的组成部分。市场由一切具有特定的欲望和需求并且愿意和能够以交换来满足此欲望和需求的潜在顾客组成。

市场 = 消费主体又购买力 × 购买欲望

设计的创造过程需要融合并考察这三者所组成的市场关系。从设计效用角度，就要求设计师考虑三方面的要素：

1. 目标客户：这是设计师之所以设计产品的服务对象，这一点务必要明确，每个行业都有自己清晰的目标客户，对客户的研究、定位、把握，是设计师设计作品的第一出发点。

2. 他们的消费水平：消费者的实际购买能力往往决定着设计价格的起起落落。面对高端的消费人群，优良精美的设计，甚至是设计价格反映着设计的一种品质和地位。设计往往是消费者地位的一种体现。相对而言，对于经济实力一般的消费群体，往往更加关注设计的实用性。这是因为其购买能力的差异在无形中影响着市场消费。设计师针对的目标客户不同购买力就不同。

3. 对象的偏好和潜在的需求欲望：设计潜在作用是考量并发现消费者的偏好和潜在需求。一个成功的设计师，能够很好地把握消费者当前的基本需求和喜好，从而决定设计风格的倾向。当然，设计使用者由于专业知识的缺乏，并不了解设计风格的发展、趋势和规律，这需要设计师在理解偏好的基础上做一定的引导。把设计使用者的一些感性体验和设想与设计师的理性知识达到共鸣。需求自然得到应有的满足，同时设计师在合作和交流的过程中也逐渐发现客户的潜在需求，激发消费者欲望，使设计有效性发挥到更高的层面和水平。以环境景观设计的项目为例，阐述设计的市场效用性问题。

首先是项目定位，遵循等值策划原则，挖掘这块土地的最大潜值，根据这一机会成本进行定位。这种定位包含发掘土地的环境价值（含自然环境、人文环境、商业环境、交通环境、城市区位环境等）；同时要研究项目的开发价值（指功能定位、容积率、规划方案、建筑风格、室内空间布局、景观设计、设备材料挑选等）；对于开发商还要考虑其延伸价值（如售后服务、品牌塑造、品质保障、文化艺术含量等）；以及机会价值（入市时机、市场客户定位、适时性能价格比、政策背景利用）。这些对于静观环境设计而言都是构成效用性的基本元素。

其次是规划设计，以项目目标市场定位为基础，根据目标客户需求，对地块进行规划布局。这部分包含了进一步的细致推敲。

再次是进入深化景观设计阶段，设计师针对目标对象具有的主要特征，深入研究他们的行为模式和生存模式，并准确把握目标对象的行为和感受，结合项目所在地的人文地域特征，对他们的生活方式进行抽象和整合，使使用者与景观环境融为一体。

其后是考量经济和价值因素。根据市场调查，了解消费者消费力，再作出相应的设计判断，例如，价格虽然是消费者考虑的主要因素，但是如果在规划、景观、建筑等方面的设计确实切合了消费者的需求，博得了消费者的认同，那么从规划上构造价值、提高价格是可以被消费者所接受的。好的规划设计是可以抵消价格上涨的负面影响的。

最后是施工，尽量节约成本，使得设计的材料和工艺资源得到优化配置。

设计的价值一方面取决于消费者的认同，另一方面取决于经营者和设计师对资源的利用方式，能尽量避免区域内不利的因素，充分发挥有利因素的作用，在设计上依靠创新和亮点吸引并带动消费，则设计的市场效用可以得到更加全面的获得。

另外，对于环境景观设计而言，可持续发展这一主题也是需要考量的，环境的艺术也是绿色和生态的艺术，满足可持续发展要求，形成合理生态系统、节能、节水、节地，同时经济上易于操作，达到良好的生态、经济与社会平衡，这是一种大的社会设计效用的优化组合，也是设计师的社会责任。成功的设计不应该是一种铺张浪费的奢华，是自然与环境，商业与设计完美的缔合状态。

（三）设计的效用与价值

价值是凝结在商品中的无差别的人类劳动或抽象的人类劳动。它是构成商品的因素之一，是商品经济特有的范畴。每一个优秀的设计作品在广义上都存在着自身的价值，这里不仅仅是指作为商品和市场需求的成功设计，还是作为艺术的设计作品，其内涵的设计价值都是存在的。但不是每一个设计都具备商业价值，只有那些具备市场需求的设计才具有市场价值，具备考量效用的问题。设计在一定程度上促进着商品价值的增加，例如，在房地产市场中，景观设计在某种意义上就起到了促销和增加附加值的作用。小区的园林景观对消费者有着不可抗拒的吸引力，景观的提升作用显而易见，最终赢得了的效益最大化。

设计的效用与价值之间存在着一种关系，价值的增量和效用的程度成正比关系。价值本身含量是效用的基本依据点。设计的价值包含有形和无形两个方面，设计师水准和名声，设计的创意，新的理念是无形的设计价值；技艺和制作方法；材料及施工和验收等是设计的有形价值。设计的两方面价值从虚、实两方面构成了设计的基本成本。设计的价值增量是构成效用的内在增量。价值的含量多少是影响着设计的效用性否能够达到最大化的前提。

（四）生态设计的效用性

由于人类生存环境的恶化，生态设计越来越多地引起人们的关注，大量的技术和科技，新型的材料和工艺逐渐地应用在了生态设计的领域。绿色生态的设计要求人类以可持续发展的思想来反思传统的设计理念。减少能耗，在日本人们已经提出"3R制造"的概念，即减少原料、重新利用和物品回收。效用性的本质要求优化配置合理利用资源，当前生态设计品难以推广，很大程度上由于投入高于收益，从商业效用的角度来看缺少一定时期内的价格优势。循环利用从宏观的效用角度来看是一种优化的资源配置和再利用的手法。

设计创意和生产阶段就要考虑设计的循环再利用可行性，随后进入设计的市场运行阶段，从微观企业角度看，该阶段是获利实现和设计价值体现的重要区间，之后进入设计的循环利用阶段，设计成本降低循环再生。但由于在这过程中循环的成本往往高于预期的成本。或者说由于再循环设计所降低的那部分成本，不足以抵偿实际消耗的成本，因此往往设计生产者宁可选用原来的模式，因为这样对企业和设计实体来说很可能更加节约。但对社会的资源却是造成了浪费。这就使得这一模式在行进当中遇到很大的阻力。典型的例子就是服装设计，服装设计师每天都在使用新的创意和面料，以及新的样式来设计符合时尚潮流的服装，在市场上具备很好的销量，但服装流行的寿命很短。一款服装很快就会过时，设计师不断推出新的服装促使着人们淘汰旧有样式，从设计师角度他的企业获得了很高的利润，其自身设计价值也得到体现，但是从宏观上讲，那些过时的服装堆积成山，造成资源的极大浪费。设计师也企图回收这些服装进行再设计，但回收所付出的成本很高，也由于服装的特殊性，人们不喜欢穿别人穿过的衣服的这种材料，因此设计的生态流程在现实中很难推进。环境艺术由于建造周期和材料的特性，相对具备可循环基础和条件，但过分追求奢华的个性和奢侈观念的存在也使得环境艺术设计的生态化步履艰难。

长期以来我们一直在用生态的效用最小化来换取商业的效用最大化，以牺牲环境的代价来获利，这种状况只有找到生态效用最大化和商业效用最大化相互的平衡点问题才能获得相对完美的解决。

第二节　通用设计理念

一、通用设计概述

（一）内涵与原则

通用设计的概念是由美国建筑师罗纳德·麦斯于 20 世纪 80 年代初期，在国际残障者生活环境专家会议中提出的，含义是为尽可能多的人提供没有障碍的环境，更广泛地包容人类的各种活动。通用设计原始的定义为：与性别、年龄、能力等差异无关，适合所有生活者的设计。1998 年通用设计中心再修正为在最大限度地可能范围内，不分性别、年龄与能力，适合所有人使用方便的环境或产品之设计。故无论住宅、公共设施、工业产品、生活用品、教育及环境设计等都受到其积极的影响。

1995 年，针对通用设计的设计指针，以美国北卡罗来纳州立大学的罗纳德·麦斯教授为主的一群建筑师、架构设计师、产品设计师、工程师和环境设计研究人员等一起共同建立了一些通用设计的原则以满足设计学科的要求。"这七项原则可供应用于评估已有的设计，引导设计过程以及使设计师和消费者都了解更可用的产品和环境的特征。"

七项原则是目前最具代表性的设计指针：原则 1.平等的使用方式；原则 2.具通融性的使用方式；原则 3.简单易懂的操作设计；原则 4.迅速理解必要的资讯；原则 5.容错的设计考量；原则 6.有效率的轻松操作；原则 7.规划合理的尺寸与空间。在 1997 年，通用设计七原则又通过重新地改订，进行了编辑：

原则 1：平等的使用方式。定义：不区分特定使用族群与对象，提供一致而平等的使用方式。

①对所有使用者提供完全相同的使用方法，若无法达成时，也尽可能提供类似或平等的使用方法。

②避免使用者产生区隔感及挫折感。

③对所有使用者平等地提供隐私、保护及安全感。

④是吸引使用者而有魅力的设计。

原则 2：具通融性的使用方式。定义：对应使用者多样的喜好与不同的能力。

①提供多元化的使用选择。

②提供左右手皆可以使用的机会。

③帮助使用者正确地操作。

④提供使用者合理通融的操作空间。

原则 3：简单易懂的操作设计。定义：不论使用者的经验、知识、语言能力、集中力等因素，皆可容易操作。

①去除不必要的复杂性。

②使用者的期待与直觉必须一致。

③不因使用者的理解力及语言能力不同而形成困扰。

④根据资讯的重要性来安排。

⑤能有效提供在使用中或使用后的操作回馈说明。

原则4：迅速理解必要的资讯。定义：与使用者的使用状况、视觉、听觉等感觉能力无关，必要的资讯可以迅速而有效率地传达。

①以视觉、听觉、触觉等多元化的手法传达必要的资讯。

②在可能的范围内提高必要资讯的可读性。

③对于资讯的内容、方法加以整理区分说明（提供更容易的方向指示及使用说明）。

④透过辅具帮助视觉、听觉等行障碍的使用者获得必要的资讯。

原则5：容错的设计考量。定义：不会因错误地使用或无意识的行动而造成危险。

①让危险及错误降至最低，使用频繁部分是容易操作、具保护性且远离危险的设计。

②操作错误时提供危险或错误的警示说明。

③即使操作错误也具安全性。

④注意必要的操作方式，避免诱发无意识的操作行动。

原则6：有效率的轻松操作。定义：有效率、轻松又不易疲劳的操作使用。

①使用者可以用自然的姿势操作。

②使用合理力量的操作。

③减少重复的动作。

④减少长时间的使用时对身体的负担。

原则7：规划合理的尺寸与空间。定义：提供无关体格、姿势、移动能力，都可以轻松地接近、操作的空间。

①提供使用者不论采取站姿或坐姿，视觉讯息都显而易见。

②提供使用者不论采取站姿或坐姿，都可以舒适地操作使用。

③对应手部及握拳尺寸的个人差异。

④提供足够空间给辅具使用者及协助者。

以上 7 个原则只是设计指针、概念，这也是针对目前通用设计在发展运用上所欠缺的方面所提出的，也可以说是通用设计的发展方向。我们不一定在设计过程中就一定完全按照这 7 个原则进行生搬硬套，但是应该认识到这七个原则很好地反映出了通用设计理念在实践中的应用方式，另外这些原则也是运动的，是需要不断完善的。

（二）历史发展

通用设计的发展开始于 1950 年代，从"二战"后期开始，人们逐渐意识到通用设计理念会我们带来极大的便利。当时，美国在经历了第二次世界大战、朝鲜战争、越南战争，以及高速增长的人口等都促使社会正视退役军人及残障者回归到社会生活、工作时所面临的种种障碍，这都意味着越来越多的人需要专门的便利式设计为其服务，于是"无障碍设计"逐渐受到重视。在日本、欧洲及美国，无障碍设计确实为身体障碍者除去了生存环境中的一些麻烦。在 1970 年代，欧洲及美国等先进国家在开始时是采用"广泛设计"，借而针对行动不便的人士在生活环境上的需求。当时一位美国的建筑师麦可·贝奈提出：撤除了环境中的障碍后，每个人的官能都可获得提升。他认为重新建立一个超越广泛设计且更全面的新观念是必要的。也就是说"广泛设计"这个词并无法完整地说明他们的理念。从 1987 年开始，美国建筑设计师，罗纳德·麦斯教授大量地使用"通用设计"一词，并探讨它与广泛设计的关系。他表示，通用设计不是一项新的学科或风格，或是有何独到之处。它需要的只是对需求及市场的认知，以及以清楚易懂的方法，让我们设计及生产的每件物品都能在最大的程度上被每个人使用。他并说"通用"一词并不理想，更准确地说，全民设计是一种设计方向，设计师努力在每项设计中加入各种特点，让它们能被更多人使用。在 1990 年中期，罗纳德·麦斯教授与一群设计师制定了通用设计七项原则。与此同时，相关的法律也是从无到有再到完善，并且还会继续进行下去。

二、通用设计理念的具体实践

与"通用设计"一词相比，无障碍设计更容易被大多数人所熟知。的确，无障碍设计的出现是在通用设计之前。而且，无障碍设计现在在我们身边已经随处可见，可以说无障碍设计为通用设计的出现做了很好的铺垫，而通用设计的出现又必将会是无障碍设计的升华。

无障碍设计是以消极性、修补式的设计来去除人为障碍；而通用设计是属于积极性的，采取预防式、包容性及关怀性的设计，注重社会多元价值，基于公平、弹性使用的立场来考量所有人的需求。最初，无障碍设计的目的虽然不是为健全人提供方便，但是有时候它的设计结果却往往实现了这点。在无形中，健全人也从这些无障碍设计的结果中享受到了好处，而这正是通用设计所要传达的思想：围绕所有用户的人生阶段按其所需来设计使用空间，其设计应该尽可能地适用于所有人群。通用设计具有：可操作性、安全性、方便性的特点，即产品或环境对使用者或潜在使用者必须是可操作的、能安全使用的、方便使用的。可见，相比于无障碍设计，通用设计具有其自身的优越性，具有更大发展的空间。因为我们不能忽视的是它的受益对象是所有的人。如果能够广泛地实施，将会给人们带来更大的帮助，在环境设计中的作用将会越来越得到认可。

（一）通用设计的主要对象

弱势人群显然是通用设计所关注的重要对象，因此，根据这些人的要求做出相应的设计也就自然地成了通用设计的主要研究内容。相对于生活完全不能自理的重度残疾人，多数残疾人为中轻度残疾，很多还是具有自理甚至劳动能力的。只要环境中有他们可以容易使用的设施，他们是愿意参与社会生活当中的。残障人士在生活中最常遇到的障碍主要是视觉、听觉、上下肢行动不便，以及标识识别能力不强，另外就是老年人在生活中的不便等问题。

通用设计以残障人士的能力或尺度为标准，其环境设计可同时为残障人士与普通健康人所使用。在人机工程学中，对"人"的测量范围应扩大到能力不及健康人的老年人、残疾人等弱势人群。应加大对各种人群的感知能力、反应能力及相关设施的研究，使我们的生活、工作环境更加人性化。相信随着社会重视程度的提高，我们会加大该方面的研究力度，填补这些领域的空白。人与环境只有相互协调，人们的生活质量才能得到本质的提高。因此，通用设计理念的研究分析，能在理论上和规范上为设计师们提供行动的准则，对人性化环境的建设有着重要的现实意义。

（二）室内设计中通用设计理念的体现

认为通用设计只不过是为那些弱势人群服务，这是对通用设计的一种常见误解。实际上其逆命题倒是正确的，弱势人群也可以享受到通用设计的好处。室内设计作为现在很流行的行业，被人们所推崇，不过人们往往关心的是室内的色彩，形式等感性的氛围，而对室内设计后的使用合理性却考虑的很少，当然这也是由于雇主的非专业性所造成的。但是，对于经过长时间学习训练的设计工作者，如果也只是停留在视觉的程度上，就实在是有些牵强了。设计绝不是单单体现个人的艺术修养，它所担当的责任是改变或给予人的一种生活方式，同时，环境艺术设计本身就是一门科学与艺术相融合的学科。因此，室内设计必须全面考虑，要想到年轻的雇主也会变老、考虑到生活中的孩子。所以室内设计也要正确全面地理解通用的概念。通用设计是指不需要特别设计或稍做调整就能被所有人使用的某种产品或者服务的设计，即能够满足各种年龄和身体条件的设计。通用设计不仅为那些弱势人群提供便利，而且也为绝大部分不同年龄、体形和身体条件的人服务。不管用户的年龄和身体情况，着力于尽可能地满足所有人的使用需求，不仅要满足健全人群，还要消除弱势群体的不便。因此，该理念的目的是从不同使用者的身体机能和场合等入手，使不同消费者的生活都更加方便舒适。

将通用设计运用到室内空间时，根据使用的对象，我们必须考虑到几个关键因素，这包括照明、通风、采暖、空间、地板和墙面等。

首先，在通用设计的任何空间中，照明都是一个至关重要的问题，特别是对于视力受损的用户。而且随着人们年龄的增大，视力也是会发生变化的。空，间内灯光效果不仅与发光源有关，而且还受到色彩、对比度、发射强弱、光线的照射方向的影响。为了保证整个空间中的充足光线，我们需要配备一些专用灯，这些灯不能太耀眼或者刺目，而且光线强弱可以保证。视力差或老花眼的用户一般需要较明亮的灯光，但并不是所有人都这样。我们都知道，自然光是最好的光线，取之不尽，并且对人来说是健康的。但是，也应该避免由于自然光造成耀眼或者留下阴影区，因为它们会影响人们的视力范围。另外，玻璃表面应进行处理，使光线可以正常通过但不至于反射太强。自然光只有白天才有，到了晚上就应选用灯光设备来弥补了。虽然人的眼睛视力随着年龄增加会逐渐衰弱，会改变人们观察颜色的方式，但是还是建议一旦有好的灯光色彩，还是应尽量采用灯光照明。灯光的光源隐蔽，让光线发散以降低聚光。强光对人体有害，甚至会造成失明。研究表明，强光还会加重人的精神不佳的状态，尤其是老年人。通用设计的空间内灯光布置应包括充足的环境光和一些专用灯，并且提供灵活的开关控制。例如，卫生间内灯光的开关布置就应该保证各种身体条件的用户均能正常操作。另外，灯光布置时还应考虑到室内表面的光线反射作用，并且避免光线刺目。在橱柜外面或上部设一道灯光正对橱柜，达到橱柜内照明的效果，而且可以在储藏区设透明的隔板来阻挡强光。

在室内墙面和设备表面方面，设计室内墙面时，避免采用有光泽和刺眼的白色面层，因为它会反射光线，容易造成强光。室内照明设计时，要根据空间大小、环境颜色和墙面反射强度来确定所需灯的数量。黑色家具多的空间，所需的灯要比浅色墙面的房间多。与反射一样，色彩和对比度是影响视力受损的用户的主要因素。随着年龄的增长，人的眼球发黄和变厚，区分对比度小的颜色的能力也会越来越弱。由于深蓝色、黑色和褐色看起来很相似，或者说浅淡柔和的色彩就容易混淆。出于这个考虑，增加色彩的对比度是明智和安全的措施。将色彩亮的物品放在色彩暗的后面，反之亦然，突出暗色物品，使其更显眼。对照射在柜台边缘、地板、控制器、开关等位置可以得到有效的利用。但如果利用不当，优点也会变成缺点。例如采用黑白相间的棋盘式的地板就会对人体产生危害，因为这种布置会影响我们的深度知觉。通用设计空间的墙面设计不仅仅需要考虑前面所提到和强调的那些注意事项。对于听力受损的用户，外部环境的噪声对其很有害，围护墙应能隔声。墙面和窗户均应有效处理使其可以吸收室内的噪声，包括铺软木板、地毯和挂纺织物。墙面颜色不刺眼，提高用户使用的舒适性，特别是对于视力受损用户。透过玻璃和窗户，自然的阳光可以带来热量，但它与其他环境光一样也会带来反光强光，所以应对窗户进行改进，在保证可透光和观察的前提下，避免反光。墙面颜色及样式设计时应该综合考虑房间内整体的对比和光线。总而言之，室内照明设计需要对所影响因素和每个材料参数都有详细的了解。

在室内设计时，空间的考量是十分重要的，而轮椅客户所需的净空间定是比普通人要大，因此我们完全可以按照普通人的要求，因为这些净空对于其他普通用户也应该是普遍适用的。例如：轮椅用户使用厨房内水池所需的最小场地净空是 760mm×1220mm，比绝大部分普通人所需类似净空都要大。另外，在卫生间梳妆台所需的最小场地净空也是 760mm×1220mm，对于绝大部分普通用户来说这个空间已经足够了。以上两种情况中，适用于轮椅用户的 760mm 高操作台或工作面对于一个坐着的正常人、矮个子或小孩来说，也可以正常使用，但对于那些高个子或无法弯腰的人来说就会比较困难了。在这种情况下，为了要达到通用的目的，设计工作面就要求必须大于轮椅用户的需求，通常的做法是设计可以调整高度的操作面，或者提供多个不同高度的操作台／工作面。其实表面上看通用设计运用了过多的空间面积，但是却换回了使用的方便，并且随着时间的推移，这种设计的便利将会越来越明显。

室内地板保养要求低，并且坚固耐用。地板应具有一定的弹性，使物品掉落造成伤害或者损坏降至最低，并且表面应完全平整有规则。保证行动不便或平衡感差的用户也可行走方便，地板表面应磨光而不滑，因为高度磨光的表面会反光而且容易滑倒，尽可能选用防滑地板，这是地板选用最关键的一点。理想与实际总是会有差距，实际上很难有哪一种地板可以做到尽善尽美，所以在选择地板的过程中只要按照这些要求，还是有很多地板材料可以利用的。另外，防滑是一个关键问题，而随着通用设计的理念的应用，防滑的重要性不断增强。

如果地面太滑，身体健康的人都可能滑倒而缺乏安全，那么对于那些初学走路的孩子或者平衡感差的人和靠拐杖行走的人来说，带滑地面简直就是危害。研究发现"抗滑移系数"为 0.6 时，88% 的人群都可以得到有效保护。这个抗滑移系数，很多陶瓷地板和聚乙烯地板都可以满足。在一些特殊要求区域，可以在地板上设防滑条或者涂刷防滑涂料来降低跌倒造成的危险，可是防滑条不能承重、积水的问题以及要求连续打扫都会降低这些做法的实际应用效果。采用合适的瓷砖做地板是个不错的选择，选用表面平整的瓷砖，有的瓷砖表面上的釉能够有防滑性能，或者通过抹很少量的水泥浆能达到室内地面的平整。嵌花式玻璃砖的防滑也不错。虽然瓷砖没有弹性，但依靠其在湿滑状态下出色的耐久性、易于保养和造型多样、对比度高的特点，瓷砖在通用设计的室内空间中有很大的利用价值。

（三）景观设计中通用设计理念的体现

在目前的经济条件下，如何在景观设计和建设中，体现出对老年人和残疾人的关爱，尽可能满足他们生活的基本要求，创建安全、便捷、舒适的通用景观环境，是景观设计工作者未来的研究方向。

老年人和残疾人由于自身的特点，对景观环境有着特殊的要求。首先，他们在生理上有体力弱、感官衰退、反应迟钝等特点；其次，他们心理上有看重人情的，需要关怀的特点；同时他们还需要别人尊重，要求独立自主。这些决定了他们对景观环境有许多不同于健康人的要求，当然即使是健康人有时候也会有这些要求。

景观设计的通用标准是以老年人、残疾人的心理和生理需要为基础，视不同的社会条件和对象给予合理的照顾。那么，关键的问题就是设计人员的通用意识以及实施过程中的细部构造处理。

1.景观设计的通用原则

景观设计的通用原则应具有无障碍性、易识别性、易达性、可交往性等基本要求。

无障碍性指景观环境中应无障碍物、危险物。老年人、残疾人由于生理和心理条件的原因，健康人可以使用的东西，对他们来说却成为障碍。因此，景观设计者应树立以人为本的思想，设身处地为老弱病残者着想，积极创造增进性景观空间，以提高他们在景观环境中的自立能力。

易识别性指景观环境的标志和提示设置。老年人、残疾人易遭危险是因为他们身心机能不健全或易衰退，或感知危险的能力衰竭，即使感觉到了危险，有时也难以快速地避开。因此，空间标志的缺乏往往会给他们带来方位判别、预感危险上的困难，随之带来行为上的障碍。为此设计要充分运用视觉、听觉、触觉的手段，给予对方以重复的提示和告知，并通过空间层次和个性的创造，合理安排空间序列、形象的塑造特征、鲜明的标志示意以及悦耳的音响提示等来提高景观空间的导向性和识别性。

易达性指景观游赏过程中的便捷性和舒适性。老年人、残疾人行动不便，希望重返社会和渴望享受绿色景观环境的生理和心理特点，要求景观场所及其设施应具有可接近性。为此，设计者要从规划上确保他们自入口到各空间之间至少有一条方便、舒适的无障碍通道。

可交往性指景观环境中应重视交往空间的营造及配套设施的设置。老年人、残疾人愿意接近自然环境，因此，在具体的规划设计上应多创造些便于交往的围合空间、坐憩空间等，以方便老年人及残疾人的聚会、聊天、娱乐、健身等活动，尽可能满足他们的生理和心理状况以及对空间环境的特殊要求。

2.通用景观的细部构造设计

通用景观设计除了对环境空间要素的宏观把握外，还必须对一些通用的硬质景观要素，如出入口、园路、坡道、台阶、小品等细部构造作细致入微的考虑。出入口：宽度至少在120cm以上，有高差时，坡度应控制在1/10以下，坡道两边宜做防滑路面，并采用防滑材料。出入口周围要有150cm×150cm以上的水平空间，以便于轮椅使用者停留。另外，入口如有牌匾，其字迹要使弱视者可以看清，文字与底色对比要强烈，最好能设置盲文。园路：路面要防滑，并尽可能做到平坦无高差，无凹凸，如必须设置高差时，应在2cm以下。路宽应在135cm以上，以保证轮椅使用者与步行者可错身通过。纵向坡度宜在1/25以下。另外，要十分重视盲文地砖的运用和引导标志的设置，特别是对于身体残疾者不能通过的路，一定要有预先告知标志，除设置危险标志外还须加设护栏，护栏扶手上最好注有盲文点字说明。坡道和台阶：坡道是帮助老年人、残疾人克服地面高差，保证垂直移动的手段，对于轮椅要防滑，纵向断面坡度宜在 1/17 以下，条件所限时，也不宜高于 1/12。坡长超过 10m 时，应每隔 10m 设置一个轮椅休息平台。台阶踏面宽应在 30 ~ 35cm，级高应在 10 ~ 16cm，幅宽至少在 90cm 以上，踏面材料要防滑。坡道和台阶的起点、终点及转弯处都必须设置水平休息平台，并且视具体情况设置扶手和夜间照明。厕所、座椅、小桌、垃圾箱等园林小品的设置要尽可能使轮椅使用者便于使用，其位置不应妨碍视觉障碍者的通行。

3. 通用景观的绿化设计

老年人、残疾人的心理特点和生理因素决定了他们对绿地、庭园的需求比年轻人和健全人强烈得多。通用景观的绿化设计首先要坚持以绿为主，植物造景的原则，即除了园林建筑、小品、道路外，其余均应绿化覆盖。要充分利用垂直绿化，通过形成"生态墙"来扩大绿色空间，改善生态环境。其次，在地形的处理上，要尽可能平坦或缓起缓伏。在植物选择上，要适地适树，避免种植带刺或根茎易露出地面的植物；要选用一些易管、易长、少虫害、无花絮、无毒、无刺激性的优良品种作为骨干树种。再次，在植物的配置上，要因地制宜，巧妙运用孤植、对植、群植和坛植等手法，科学处理好软质景观内部乔、灌、花、草与景观建筑小品之间相互映衬的关系。要讲究植物群落结构的层次变化，让老年人、残疾人在视觉、嗅觉、触觉和心理上都充分感受到植物景观的千姿百态和丰富的生态景象及季相变化，激发他们的生活热情。

第三节 生长型设计理念

一、生长型设计概述

（一）生长型设计的定义

生长型设计作为一种新兴的设计概念因其环保、富于人性化、充满活力等特点被越来越多的应用到各种设计领域当中。让一个广场、一座建筑、一处景观等设计作品可以像一棵植物一样生长，可以通过完善自身跟上时间的脚步，甚至融入到自然当中，进而成为不被时间所淘汰的经典，是生长型设计的设计目标。

生长型设计是作为一种新兴的设计理论，其强调自然的理念，注重学习自然中的规律，力求设计出的作品符合自然规律，形成一种可持续可延伸可增值的状态，从而运用这一理念设计出与自然相协调的设计作品。

概括地说，生长型设计是一种将生物生长的机理用于产品概念结构设计中的设计方法。

（二）生长型设计的产生

西方几百年的工业大发展不但改变了人们的生活方式，也改变了人们生活的星球——地球的环境，面对日益严重的生态和环境灾难，环境问题逐渐被人们所重视，这种重视也体现在各个领域，其中就包括与人们生产生活环境息息相关的环境艺术设计领域。

这样的情况下，一些设计师开始更多地从功能出发，强调设计产品的生长性和可持续性，他们以借鉴自然元素、设计出与自然相协调的设计作品为主要理念的一些设计理论也就此诞生。

（三）环境艺术设计与生长型设计理念

环境艺术设计是一门十分复杂包容性极强的专业，它需要将实用功能与审美时尚相结合，而做到考虑周全的情况下使两者不相矛盾，则需要一种统一的设计思想作指导。环境艺术设计亦是一门带有时间性的专业，不仅仅在设计之初要考虑目标的历史人文特征，而更是因为设计产品本身就是人们日常起居活动的场所，设计产品成为人们生活的一部分，生活在改变，设计产品需要一个"度"来包容和适应这些改变，因此设计师需要将这些变量考虑在设计内。

生长型设计的理念可以理解为将设计产品看成是一个生命的有机体，在设计之初既预留了一定的时间及空间上的度，在符合当下使用需求及环境的基础上，有一定的变量考量，这样人们在使用过程中可以按照自己的意愿自由地参与到后续的产品改进当中。在环艺设计当中，对空间使用者来说，对于设计的参与感代替了生疏感，整个空间也可以像是养在身边的绿植一样，值得使用者去呵护和投入。

而在环境艺术设计领域，生长型设计不仅仅可以体现在新的空间的设计，亦可以运用在旧的空间的改造与升级当中，旧的建筑、景观、室内空间即是新生设计元素生长的土壤与基石，通过一定量新元素的加入，使旧的建筑等空间焕发新的生机，使得这些空间在使用寿命达到之前可以避免被提前摧毁重建的命运，环保和可持续的理念得到体现。

二、生长型设计理念的具体实践

（一）环境艺术设计的现状

环境艺术设计行业经过一百多年的发展，经过了现代主义、后现代主义等设计理论阶段，其涵盖和涉及的范围亦愈来愈广，逐渐发展成一种多门类多层次交汇发展的综合设计学科。

环境艺术设计的设计目标是改造和营建与人们生活活动息息相关的室内室外生产生活空间，在这些空间中所包容的建筑、植物、照明、标志物等事务往往在环境艺术设计当中被看成空间的一部分，被视为空间中有机的整体。这样在环境艺术设计当中所面临的虽然相对来说是具体的、独立的空间设计命题。

但在解决单一问题的同时必须考虑整体环境，使得整体和局部达到和谐统一，这就决定了环境艺术设计是解决功能性与艺术性相结合的过程。著名的环境艺术理论家多伯解释过环境设计的定义："作为一种艺术，它比建筑更巨大，比规划更广泛，比工程更富有感情。这是一种爱管闲事的艺术，无所不包的艺术，早已被传统所瞩目的艺术，环境艺术的实践与影响环境的能力，赋予环境视觉上秩序的能力，以及提高、装饰人存在领域的能力是紧密地联系在一起的。"

（二）生长型设计理念在环境艺术设计中的应用

1. 生长型设计理念在国外环境艺术设计领域的发展

国外的设计有着一百五十余年的完整的设计发展历程，经历过现代主义，也有着一定的优势。其中表现在生长型设计方面就包括一些非常个人化的探索。

一些设计师开始思考生态环境和生态保护的意义，以期望和探索生态化与功能化相结合的设计理念能够在建筑设计和产品设计等设计行为中得以体现。比较重要的设计师包括有企图通过设计表现出美国新墨西哥州的环境特点的安东尼·普列多克、利用木材达到，设计上的自然主义目的的巴特普林斯、主张把建筑与园林混为一体的重要设计集团"赛特"等。

2. 归本溯源，国内设计师的实践探索

在当代中国，虽然环境艺术设计行业发展的时间较短，但逐渐成熟的中国设计师们在学习和实践和过程中不断地进行着探索。设计师们逐渐认识到自己国家几千年文化积淀下来的底蕴所蕴含的强大能量，一些在设计发展初期被轻易摒弃的古法古方被重新审视，以风水学为例，除去封建迷信成分，风水学中一些对于自然法则的运用十分值得现代环境艺术设计行业保留和学习。而这一审视的过程也促进着对于先进设计理念和设计方法的学习和消化。

与此同时，生长型设计所倡导的可持续概念在一些设计中得以应用，旧的厂房、工厂等空间得到改造和修缮，重新发挥生机，避免了被推倒重建等命运。

第十三章 水环境治理中的园林水体景观设计

第一节 水环境治理中的园林水体景观设计概述

一、水环境治理概述

（一）水环境治理的定义

传统意义上的水环境治理主要限于环境工程领域，其主要包括涉及水环境治理产业的产品设备制造、采购，以及水环境治理工程建设。产品如污水设备、机械过滤器、滤膜、污泥压滤机、除氧设备和离心机等的制造和采购。传统的水环境治理主要针对水污染进行治理，使用的不外乎物理化学手段，较为单一。当今社会水生态问题日益突出，水环境治理的定义已经远远超出水污染治理的范畴，包括水体的修复、水生态系统的恢复、滨水景观的塑造、滨水区域的综合复兴等各个方面。随着各行业间的交流日益频繁，水环境治理也不再限于某一行业，而是风景园林学、规划、生态等各个领域携手面对和解决的课题。从风景园林学科的角度来说，生态环境在水环境治理中的地位越来越重要，水体景观设计在水环境治理中也就显得越发必要。

（二）水环境治理的必要性

联合国环境规划署预测水污染将成为 21 世纪大部分地区面临的最严峻的环境问题，且随着我国工业化与城市化进程加快，城市水污染严重、水资源短缺，我国的水资源矛盾将尤为突出。当人类经由各种活动，将污染物排入水体，污染物的总量超过了水体自净的能力，就会出现水质恶化、水生态系统遭到破坏等现象，这就是水污染。水污染对人类造成的危害是极其严重而直接的，其中广为人知并且令人震惊的要数日本的"水俣病"和"骨痛病"。

20世纪的日本在经济迅速发展的同时也不得不付出一些惨痛代价，1956年水俣病事件就是一个典型的例子。日本熊本县水俣镇一家氮肥公司排放的废水中含有汞，这些废水未经处理直接排入海中，导致汞在海水、底泥和鱼类中富集，又经过食物链使当地人中毒。水俣病对当地的影响长达30余年，直到1991年，据统计仍有2000多人中毒。日本富山县的一些铅锌矿在采矿和冶炼中排放废水，废水中的镉元素在河流中积累，并通过食物链进入人体。人就会镉中毒，得"骨痛病"。病人骨骼严重畸形、剧痛，身长缩短，骨脆易折。我国目前的水污染状况也令人担忧。

我国水环境尤其是城市水环境的问题已经相当严重了。水污染对我国造成了显而易见的经济损失，据资料显示，其损失约占国民生产总值的1.5%～3%，这个数值甚至比旱灾和洪灾的损失更严重。与国外相比，国内对河流生态环境的正确认识较晚，只注重经济建设，忽视对生态环境的维持，这需要引起我们足够的重视。水污染所造成的严重后果使人们不得不重视起水环境的治理，在水污染将成为大部分地区最严峻环境问题的21世纪，水环境治理显得尤为必要。

二、水环境治理的发展历程

纵观人类水环境治理的发展历程，其关于水环境治理的核心与目的是不断变化的。农业时代生产力低下，人们的物质需求尚未得到满足，水环境治理多围绕水体实用功能的开发进行。工业时代生产力迅速发展，然而水环境被快速破坏，威胁到人类的生存环境与自身安全，此时人们开始管理和反思水环境的治理。随着社会的不断进步，水环境的生态价值被放到了越来越重要的位置，作为户外环境构建的直接参与者，风景园林学科逐渐成为环境治理的中坚力量。

（一）农业社会的水资源开发

水是人类赖以生存的基本资源之一，人类从远古时期就开始了对水环境治理的研究与实践。古代多数著名的城市或人类聚居点大多"傍水而居"，古人也在处理与水的关系时显现出非凡的智慧。我国夏商时代大禹治水的传说、古巴比伦遗迹中人工修建的河道与灌溉系统，无一不显示出一个结论：人类对水环境的关注与水系统规划很早就开始了，可以说水环境治理和城市规划几乎同时出现，相互影响并相互促进。同时，众多研究表明，在农业社会的水环境治理中，水的实用功能被摆在了首要位置，即"水利"的概念，水的实用功能包括生活用水、灌溉、航运、养殖、军事安全、能源等。各国古代人民也在水的实用价值上具有较多的实践经验，譬如，古埃及人测算尼罗河的泛滥周期，进行定期的耕种；古巴比伦人建造空中花园，引水进行灌溉；我国古人运用水车等工具，充分开发水的能源价值，而京杭大运河的修建，更是把水的航运功能发挥到了极致。

（二）工业社会的水污染治理

当人类步入工业社会，快速的机械化生产带来了巨大的生产力，同时也迅速加剧了各类环境污染，水污染首当其冲。这个时期，西方大部分发达国家正处在工业化快速发展的道路上，也因此不得不走上了一条"先污染后治理"的道路。英国是工业革命的发源地，其首都伦敦的变化也极具代表性：这里出现了大量的工厂，同时，其最主要的河流泰晤士河的水质迅速恶化，1858年被称为伦敦的"奇臭年"。二次世界大战以后，随着城市重建和工业复苏，欧洲几大流域的水质也都开始恶化，也出现了多次令人震惊的污染事件。流域污染事故的高发使欧美各国开始重视水污染问题，认识到水环境治理的迫切性。人们对环境的治理主要集中在两个方面：一是在政策和组织架构上，许多环保法规和条文得以确立，许多环境保护组织和相关机构也建立起来，这些部门与相关专业人士开始共同探讨和解决环境问题；二是许多相关理论得到迅速发展，其科研成果和技术也得到有力实践，切实解决了许多地区的污染问题。

三、园林水体景观设计概述

水体在园林景观规划设计中起到非常重要的作用,水来自大自然,它带来动的喧嚣、静的和平,还有韵致无穷的倒影。因此水景在公共艺术的范畴里,应该占有一席之地。

(一)园林水体景观设计的概况

水景总体概括起来可以分为自然型和人工型两大类。水景工程建设的基本功能是供人欣赏,所以园林水景在设计过程中,必须要最大限度地体现其美感,给人赏心悦目的感觉。根据水景在人们周围居住环境中的应用,满足人们日常生活的休憩功能将居住小区水景、庭园水景、街头水景等较为小型的水景归为居住区水景;根据水景在滨水区域的应用设计,提供较大规模的活动空间,将河滨、海滨、湖等大型水景归为滨水景观;根据水景在湿地设计中的应用,优化、美化城市,保护生态环境,将滩涂、沼泽等归为湿地景观。

(二)应用范围

从大范围上讲,城市水环境的规划影响到整个城市的生态系统格局,城市水环境的治理直接关乎城市生态环境的优劣,因此城市水环境的规划也是园林水体景观设计的上位规划,是其继续良好进行的基础。以风景园林学科的设计实践来说,对城市或区域中的某一水系、某一水体进行设计时,仍然要从城市生态规划的角度入手,以全局性的眼光看待设计区域与城市水系统和生态系统的关系,提出全面、科学和系统的水环境治理规划,然后再运用设计方法与技术手段使其得到实践。落实到具体实施层面,水环境规划需要水体修复技术的支持。

在进行水体的规划后,整个水环境修复拥有一个较为清晰的方向与思路;当整个项目要实施落地时,就要借助于水体修复具体技术的运用。而在具体项目进程中,可以说水体修复技术的运用与园林设计施工是同步进行的,因此水体修复技术以环境科学(包括生物学、生态学、化学等)的研究为理论依据,通过园林设计而付诸实践,是一个跨学科的综合性研究与实践领域。

水环境规划在总体层面上水环境治理工程确定了目标与方向，水体修复措施又在实施环节为水环境治理提供技术支持，园林中的水环境治理则是介于两者之间的一个层面，它对两者的衔接起到了重要作用。园林中的水环境治理在涉及的范围和层级上比较灵活，从大型的城市水系到小型的庭院人工水景，都属于园林水环境治理的范畴。

（三）发展历程

人类的园林水体景观设计几乎伴随着园林的出现同时产生，但是园林水体设计开始关注生态效益，却是随着生态学的发展才逐步开始的。传统古典园林中的水体最初由于生产的原因而出现，这一时期的水体设计非常关注水的实用功能，这一点几乎与水环境治理的初衷如出一辙。

在一些古埃及出土的壁画中，人们发现古埃及园林中的水体主要有三种功能：

一是作为灌溉用途，古埃及园林中种植着大量的果树，水池中的水可以进行浇灌，保证水果的丰收；二是创造湿润的小气候，这或许是一种原始的生态学观念萌芽，当然其目的并不是使园林更生态，而是为人们创造更凉爽的环境；三是成为人们游乐的场所，泳池、瀑布、游船……无疑为当时的人们带来了欢乐。在接下来漫长的时间里，园林水体的美学效益和精神价值成了设计的核心。在西方古典园林中，大量用精美雕塑装饰的水池、喷泉、瀑布、叠水出现，水体被认为是园林中最重要、最活泼、最富有观赏性的要素之一。水的精神价值也同时得到重视，在波斯园林中，十字形的水系是其典型特征，四个长方形水池分别象征着天堂中的四条河：水河、乳河、酒河与蜜河。我国早期园林"一池三山"的布局，也是当时人们朴素的世界观在园林水体设计中的体现。值得一提的是，在这个时期，一些关于水体的朴素生态观念就已经出现，《吕氏春秋》曾言"流水不腐"，计成更是在《园冶》中提到"水浚通源""开荒欲引长流"。

随着生态学的发展和人们对环境问题的重视，园林水体设计也逐步开始重视水环境治理这一设计目的。一些风景园林师们也开始了他们的实践。理查德哈格的西雅图煤气厂公园被认为是生态主义思潮在实践上的第一次成功尝试，同时也是滨水工业区改造和棕地治理项目的标志性作品，具有深远的影响。方案以"干预最小，自我恢复"为基本理念，完全颠覆传统的审美观。哈格运用植物修复的方式，在漫长的时间内逐渐去除土壤和水中的污染物，这一设计理念也深刻地影响了后来的生态实践。

四、水环境治理中园林水体设计的意义

园林水体景观主要是一种仿照大自然天然山水景观的形式，设计溪流、瀑布、人工湖等景观，这些在我国传统园林中有较多的应用。在现代园林的水体景观设计当中，更多地使用了喷泉、水幕以及池塘等形式。虽然在设计形式上存在一定差异，但是水体景观一直都是园林设计的重要组成部分，如果说山体是园林景观的骨架，那么水体则是园林景观的灵魂。园林水体景观的重要性不仅体现在利用水体改善环境、调节气候、控制噪声，而且体现在其能够借助水体流动性的特点，减轻园林周围其他建筑物的凝滞感，动静结合使园林景观更加具有立体感。虽然现在随着时代的发展、科技的进步，人们的想法也在不断地更新，对园林水体景观的要求也发生了一些变化，但是纵观我国园林水体景观设计，其中最直观的感受就是充分利用一种空间的、视觉的、听觉上的综合方式去设计园林水体景观的结构，并且在水体景观设计当中不断地融合传统与现实美从而达到艺术的创新，以创造更加轻松自在的景观环境。

从区域中某一水系、水体来看，水环境治理与园林水体景观设计对该区域、该水系生态，系统、景观风貌乃至人文环境都起到了重要作用。我国乃至世界许多著名的水系和水体，都经历过"周边区域发展—水污染—水环境治理与园林水体景观设计—周边区域复兴"的过程。从较小范围来看，水体是园林环境中重要的组成部分，因此水环境对整个园林环境的影响不言而喻。水环境在园林环境中主要有景观和生态两大效益，在生态方面，水体可以调节当地小气候，增加生物的多样性；在景观方面，不同的水体形态造就了丰富多样的景观（河流、湖泊、瀑布和喷泉等）。因此，园林水污染对整个园林环境的破坏是不可忽视的，园林水环境治理就显得十分重要。一方面，水

环境的治理要与整个园林环境的生态相协调，另一方面，水环境的治理还要考虑其美学价值。根据生态学的观点，一个完整的生态系统由生物因子和非生物因子构成，本节将从这个角度入手，探讨水环境治理中的园林水体景观设计。

五、水环境治理的流程

水环境治理一般分为现状调查研究、流域系统规划、水环境设计构建、长效管控。其中，风景园林工作者是水环境设计构建这一步骤最直接、最主要的参与者，也是长效管控步骤的参与者之一。

（一）现状调查研究

水环境的现状调查研究是水环境治理的第一步，它确定了水环境治理的基本方向和程度。水环境的现状调查研究涉及的范围很广，所跨学科众多。在每一个部分都有许多内容需要调查研究。水环境的调查研究主要有两种方式：一是广泛查阅各类资料，了解水体的历史情况，掌握更多先进的治理技术；二是做实地调查研究，这涉及各学科之间的通力合作。实地调查研究要把握两点，一是需要足够长的调查时间，由于水环境是随着时间变化而变化的，因此短期内下结论很可能对后期的设计造成影响，此外长时间可以采集到更多的数据，更加客观地反映水环境问题；二是需要全方位的调查研究，因为遗漏项目可能会对后期的设计造成相当的困扰，导致一些设计无法实际实施。水环境的现状调查研究包括的内容十分广泛：水质调查、底泥调查、水体深度调查、动植物种类调查、已有规划调查甚至周边环境的调查等。各项调查有包括很多具体内容。还要注意，调查和勘测需要符合环境的要求，避免对水体造成污染。

（二）城市水系规划

城市水系规划是在城市规划层面对水系进行的分析研究和总体规划，作为水体设计构建的上一步骤，它对风景园林工作者的设计产生了十分深远的影响，城市水系规划一般可分为水环境区划、水污染控制、雨水系统规划、给排水系统规划等几个部分。

1. 水环境区划

水环境区划即根据水环境功能区的划分结果，确定各水域的环保目标。目前的城市规划中一般分为以下几类：水源地；自然保护区；旅游区（包括景观水域、划船功能区、游泳功能区等）；农业灌溉区；水产养殖区；工业用水区；排污口附近区。不同的水环境区划会对水环境治理的目标、过程及技术产生重要影响。此外，同一水体或水系也会包含不同的水环境区划，需要进行综合考虑。水环境区划可以说是整个水环境治理工程的第一步，这一步骤的主要意义在于协调该水体或水系与整个城市规划发展的关系，经过准确的定位，明确水环境治理工程所要达到的目标，为城市生态环境、景观、文化等方面做出贡献。

2. 水污染控制

水污染的控制与净化是水环境治理所面临的基础问题之一。水体污染源若是得到控制，水环境将不再受到进一步的污染与伤害，而水污染的净化则关系到水环境的修复与再生。从范围、时间、使用技术上看，水污染的控制与净化应主要关注以下几个方面：水污染的控制与净化是一个大范围、长时间的系统工程。现在的水体普遍都受到污染的困扰，简单粗暴的分区治理很难解决水环境问题。因为水体并不是孤立的，相互联系的水网会将污染带到相邻的各个水域。水污染的控制是一个系统工程，需要在一个相对广大的范围内制订水环境治理规划，通过各部门和人员的共同努力与合作向前推进。规划可以在较长的时间内相对稳定，但又需要根据工程的推进进行不断的调整和修订，使之得到完善和提高。

3. 雨水系统规划

21 世纪以来，人们意识到雨水是一种具有很大开发利用价值的资源，对缓解城市水资源问题，促进城市生态环境改善都具有积极意义。关于雨水收集的理论研究与实践也很多，其中较为著名的是海绵城市理论和水敏性城市设计。除了雨水收集相关理论的迅速发展，世界上多个国家已经在雨水收集利用方面做出了成功的实践。美国是最早在雨水收集方面进行成功实践的国家之一。美国的波特兰（Portland）被视为设计良好的城市典范，其雨洪管理最为出名。波特兰位于美国西北部，受到季风气候影响，雨量十分充沛，解决过多的雨水就成为城市建设的重要任务之一。为此，波特兰建立了遍布全城的雨水收集系统，同时还有较为完善的法律法规和运营管理机制。波特兰的绿色街道（Green Street）和雨水花园（Rainwatergarden）十分有名。绿色街道是指在波特兰城市的许多角落都可以看到的将雨水收集池与道路绿化带结合的做法。地表径流在街道坡度造成的重力作用下向低处流，或通过透水铺装，进入收集池后经过水生植物和碎石边界的过滤，最终，超出收集池容量的雨水会被排出，通过排水篦子，进入专门的雨水收集管道。雨水花园则结合公园和附属绿地设计，比起街边的雨水收集池，它们具有更强的净化功能。

4.给排水系统规划

在水源被城市污水、工业废水以及大气沉降、降水、农业废水等挟带的多种多样污染物污染的情况下，传统的城市给水处理工艺，已不能满足城市生活用水尤其是饮用水的水质要求，需采用更加有效和环保的处理方法。现在的美国已建成了多座粒状活性炭滤池，通过活性炭的吸附去除供应城市的水中的多种污染物，尤其是有机污染物。与给水系统的规划设计相辅相成的是排水系统的规划设计，城市的排水系统在规划布局时需要综合考虑多个方面的因素，包括当地的自然条件、土地利用、经济条件、施工工程量和运行维护等。好的城市排水系统不仅能够及时地排除城市中的工业废水、生活污水和降雨，还能够按照最为经济高效的方式对各类废水进行处理或再利用。

（三）水环境治理的技术

水体修复技术，即通过各种有效手段减轻水体污染、使水体逐步恢复健康状态的技术。水体修复技术是一种有效经验的总结，在园林水体设计和施工中，巧妙地使用水体修复技术，往往能够更快速有效地达到水质净化、水生态系统恢复的目的。水体修复技术从原理来看，一般可分为物理技术、化学技术和生物 - 生态技术。

1. 物理技术

物理修复技术是指通过物理手段，借助简单外力改变和修复水环境的方法，一般主要对水体形态进行改变，如改变水口、驳岸、水底等。常见的物理技术包括引水稀释、底泥疏浚等。纯物理的修复技术由于操作步骤简单，技术含量不高，因此拥有相当悠久的历史，在人类很早的治水实践中就被开发利用起来。其缺点是并不能对污染进行有效的净化，常常治标不治本。以引水稀释为例。引水稀释是指引进外部清洁水源来改善河道水水质。对污染物的积累和浮游植物的生长来说，水体流动的快慢是关键性的因素。因此在外部水源充足的情况下，可以引进洁净的水源，增加水体的量，对污染物进行稀释。

引水稀释是一种操作简单、低成本且见效快的净化方式，一般作为水环境治理初始的几步，结合其他技术，才能完成水体的综合治理。另一种常见的物理技术是底泥疏浚。底泥疏浚是指通过挖除湖泊底泥的方式清除沉积物中所含的污染物，减少沉积物中污染物向水体的释放，从而达到改善水质的效果。底泥疏浚的历史十分悠久，许多我国古代的水利工程中就可以见到相关的记载。随着科学技术的发展，在纯物理的底泥疏浚技术基础上又发展出一种生态疏浚技术。生态疏浚是在纯物理疏浚的基础上结合工程、生态、环境等技术进行的一项工程。其目的是通过底泥的疏浚去除水体底泥中的污染物，清除水体的内源污染，为水体生态环境的恢复创造条件。我国的许多湖泊开展过底泥疏浚工程，如杭州西湖、太湖、滇池、南京玄武湖、安徽巢湖等，湖泊的疏浚工程与其他水环境治理手段相结合，使得水体的污染状况得到缓解。

2. 化学技术

化学修复技术是指用化学药剂去除水中污染物。典型的化学试剂如絮凝剂等。如今市场上有许多不同种类的新型高分子合成药剂。不同的药剂对水质控制参数的去除效果也不一样。总的来说，用化学药剂处理水体，使用方便、见效快、效果明显，但是费用比较高，而且易造成二次污染。

3. 生物生态技术

传统水体修复工程基本是依靠物理或化学手段来治水的。随着 20 世纪生态学的迅速发展，人们开始用生态学的眼光看待水体的治理。对待水质较好的水体，在进行开发利用的同时，尽量保留其生态学的特性，包括天然形态（溪流、河湾、浅滩和湿地等）、水文特性、水生态系统（水生动植物、微生物群落）等。对已经遭到污染和破坏的水体，则遵循生态学的原则对其进行环境的修复，其中会使用到多种生态学技术。人工湿地技术、生物膜法、生物操纵法是几种常见的综合性水体修复生态技术，它们具有净化效果好、对环境影响小、恢复后的水生态系统稳定等特点，非常适用于城市人工水体。

（1）人工湿地技术

人工湿地是指由人工设计建设并运作管理的湿地。人工湿地技术起源于 20 世纪 70 年代，当时利用原有的天然湿地进行改造；80 年代，人工湿地大部分开始由人工建造。需要净化的污水在人工湿地中沿着固定的方向流动，人工湿地中的土壤、植物、微生物等发挥物理、化学合生物三重作用，对污水进行处理。这其中的作用机理包括吸附、过滤、沉淀、氧化、微生物降解、植物降解等。人工湿地具有效果优良、工艺简单、运行费用低等特点，非常适合中、小城镇的污水处理。应根据场地的各种状况，选择不同的人工湿地类型，从而打造生态、安全、高效的水处理模式。

（2）生物膜法

生物膜法顾名思义，其核心是一个膜状的载体，是微生物附着在该载体上，污水在流过载体表面时，通过吸附、扩散和氧化分解等作用，水体中的污染物便会被分解。生物膜法对于不同污染程度、不同污染物的水体均具有较强的适应性，可使用时间长，易于维护且更加节能。生物膜技术的典型实例包括生物滤池、生物转盘等，也在人工水体中以卵石浅滩、池底构筑物等形式出现。

（3）生物操纵技术

生物操纵技术是利用营养级链状效应，在湖库中投放选择的鱼类，吞食另一类小型鱼类，借以保护某些浮游动物不被小型鱼类吞食，这些浮游动物的食物正是人们所讨厌的藻类。生物操纵技术操作较为简便，施工和管理成本较低，实施效果好，不会导致二次污染，还能与水体景观设计相结合。这种技术在国内外都已经有一些成功的工程实例。杭州玉泉景点利用人工湿地技术取得了较理想的效果，玉泉水体分为观鱼池和南园水池，两部分分水体均使用了人工湿地技术。观鱼池的人工湿地面积配比为 1 ∶ 1，以此降解水中的鱼类食物、排泄物和其他污染物对水体的污染。玉泉南园水池以 2 ∶ 1 的人工湿地面积配比完成对池水的净化，人工湿地运行一年后，水池水质明显改善。

第二节 水环境治理中的园林水体景观设计要素

一、非生物要素

根据美国诺曼 K. 布思所著的《风景园林设计要素》一书，园林水体的要素被分为地形坡度、水体形状和尺度、容体表面质地、温度、风和光等。下文将针对这些要素逐一进行设计探讨。

（一）水体地形坡度

从水体断面来看，地形坡度影响了水体的形态。与水体相关的地形包括水体周边区域地形、水体边界地形（驳岸、湿地等）和水底地形，这些地形的设计和塑造都对水环境产生深远的影响。以水体边界地形为例，水体的边界可以是缓坡、可以是台地、可以是较陡峭的崖壁，甚至可以是光滑的挡墙，水体边界的形态不同，水体的状态、流速、水中生物的环境也不同。一般来说，直线的水体边界，水流较快，弯曲的水体边界，水流较慢。而从水底地形来看，其也对水的状态和水生态系统造成了影响，一个直观的例子就是，河流的坡度直接影响了水的流速，坡度越大，水流动得越快。水底地形还能改变水的动态，比如台地式的地形，将使静水或流水变为跌水。

（二）水体形状尺度

由于水具有不稳定性和流动性，如果没有边界的阻挡和包容，水将向四处溢流，因此容体的形状决定了水体的形状。在研究水体的形状尺度时，主要从水体形状、水体岸线、水体面域组织阻止三个方面进行。水体形状指水的平面形状，一般可分为点状水、线状水和面状水。点状水包括指池、泉、人工瀑布、叠水等最大直径不超过200m的水体。线状水指平均宽度不超过200m的河流、水渠、溪涧等；面状水，指湖泊、最大直径超过200m的池塘以及平均宽度超过200m的河流等。水体岸线的形状大致可分为直线形和曲线形，它们对水体的流速、水生态系统都有显著的影响。水体面域组织指水体之间的相互联系，在中国古典园林中又被称为"理水"。在园林水体中，水并不是单独成块，而是不同类型的水体相互联系，构成一个系统，这个系统的组织关系也对水环境产生了影响。

（三）容体表面质地

容体表面的质地也影响了水的流动。研究表明，容体表面的质地越光滑，则水的流动无障碍，水更容易快速流动也更容易平静。在河流中，驳岸和河底质地越光滑，水流动的就越快，也越容易形成冲蚀。容体表面的质地越粗糙，水流动越慢，也更容易形成湍流。大多数自然水体的驳岸和水底都是比较粗糙的，水流相对城市中的硬化河道来说要慢一些。

（四）其他非生物因子

诺曼K.布思在《风景园林设计要素》中还提到了几个和水体相关的要素，包括温度、风和光。温度可以影响水的形态，当降温时，水会结冰；风会影响水体的特征，如使平静的湖面产生波纹；光与水也能够产生互动，如水中的倒影。这些元素对水体的美学价值影响较大，由于它们是设计时不可控的元素，因此在这里不做过多的探讨。

二、生物要素

除了上文中提到的水体、光、空气等非生物要素，一个完整的水环境必须有生物要素存在。在园林水环境中生存和活动的生物包括植物、动物、微生物和人类。植物、动物和微生物长期生存与园林水环境中，它们与水环境共存亡。而人类与园林水环境的关系则更为复杂，是其他的参与者和管理者，人类不会在园林水环境中生存，却会在其中进行各类活动，并对园林水环境进行管理和调控。

（一）生物群落

一个完整的水生态系统由非生物的环境和生物群落构成，生物群落包括植物群落、动物群落和微生物群落，其中植物是生产者，动物是消费者，微生物是分解者。

（1）植物

在当今生态治理为主导的情况下，水生植物在水环境治理中起到了重要的作用，无论是水生植物的种类、水生植物所构成的生态群落，都对水环境的改善具有非凡的意义。水生植物是一个生态学范畴上的类群，是不同分类群植物通过长期适应水环境而形成的趋同性生态适应类型。水生植物（排除藻类和苔藓）主要包括挺水、浮水、漂浮、沉水和湿生等生活型。

水生植物对水环境治理的作用主要体现在四方面：

a.吸收作用：大型水生植物在其生长过程中，具有过量吸收 N、P 等营养元素的能力。水体中生活的藻类也能够大量吸收这类元素，但是水生植物生命周期更长、吸收 N、P 后，能够将其稳定的长期储存于体内。

b.微生物作用：水生植物能在根区内提供一个有氧环境，从而有利于微生物的生长和其对污染物的降解作用，且根区外的厌氧环境有利于厌氧微生物的代谢。水生植物还能够增加水中溶解氧，并分泌一些有机物，促进根区微生物的生长和代谢。

c.吸附、截留、沉降作用：水体中存在着许多悬浮物，包括能够造成污染的有机悬浮物。浮叶和漂浮植物发达的根系能够充分与水体接触并将这些物质吸附和截留，并通过根系的微生物进行沉降。

d. 克藻作用：水生植物会和水中的藻类竞争阳光和营养物质，而由于多数水生植物个体大，生理机能也更加完善，因此在竞争中处于优势，对藻类具有较明显的抑制作用，有些水生植物自身也可以分泌一些克藻物质。

水生植物根据其生活型，大致可分为五类：

a. 沉水植物：在大部分生活周期中植株沉水生活，部分根扎于水底，部分根悬浮于水中，其根茎叶对水体污染物都能发挥较好的吸收作用，是净化水体较为理想的水生植物。其种类繁多，但一般指淡水植物，常见的有金鱼藻、苦草、伊乐藻、眼子菜等。

b. 挺水植物：一种根生底质中，茎直立，光合作用组织气生的植物生活型。它吸收水体中的污染物主要是根，能够通过根系吸收和吸附部分污染物质，还能在根区形成一个适宜微生物生长的共生环境，加快污染物的分解。挺水植物有很强的适应性和抗逆性，生产快，产量高，并能带来一定经济效益。常见的挺水植物有菖蒲、水葱、芦苇等。

c. 浮叶植物：茎叶浮水、根固着或自由漂浮的植物生活型。其吸收污染物主要部分是根和茎，叶处于次要位置。大多数为喜温植物，夏季生长迅速，耐污性强，对水质有很好的净化作用，也有一定的经济价值，但正由于其较强的生存能力，容易过度繁殖和泛滥。常见的种类有凤眼莲、浮萍、睡莲等。

d. 漂浮植物：根不扎入泥土，全株植物漂浮于水面生长。根系退化或呈悬锤状，叶海绵组织发达。大部分漂浮植物也可以在浅水和潮湿地扎根生长。

e. 湿生植物：范围较广，常生活在水饱和或周期性淹水土壤上，根具有抗淹性，如喜旱莲子草、灯芯草、多花黑麦草等。

（2）动物园林

水环境中的动物是水生态系统中主要的消费者，其种类十分丰富，包括鱼类、鸟类、两栖类、爬行类、哺乳类和无脊椎的甲壳类。

a. 鱼类：鱼类是园林水环境中最主要的动物类群，在大部分水温适中、光照条件好、水生生物资源丰富的水体中，鱼类都可以生存。园林水体中常见的鱼类包括锦鲤、鲤鱼、鲫鱼、草鱼等。

b. 鸟类：鸟类也是园林水环境中主要的动物类群之一，它们有一些长期生活于园林湿地中，有一些则进行迁徙。园林水环境中的鸟类包括鹤类、鹭类、雁鸭类、鸻鹬类、鸥类、鹤类等，其中有许多珍稀濒危物种。

c. 两栖类：两栖动物是脊椎动物中从水到陆的过渡类型，它们除成体结构尚不完全适应陆地生活，需要经常返回水中保持体表湿润外，繁殖期必须将卵产在水中，孵出的幼动物还必须在水内生活。园林水环境中常见的两栖类包括青蛙、蟾蜍、大鲵、东方蝾螈等。

d. 爬行类：爬行动物是完全适应陆地生活的真正陆生动物，但其中有一部分种类生活在半水半陆的湿地区，是典型湿地种。园林水环境中常见的爬行类包括乌龟、鳖、蝮蛇等。

e. 哺乳类：一些哺乳动物也生活在水中或经常活动在河湖湿地岸边，包括江豚、水獭、水貂等。

f. 甲壳类、昆虫：园林中的水生甲壳类按生态习性大体可分为浮游甲壳类和底栖甲壳类，包括各类虾、蟹等。园林水环境中还有类群众多的昆虫。

（3）微生物

微生物是水生态系统不可或缺的类群，对水环境中微生物的研究也多集中于环境工程学和生态学领域。园林水环境中的微生物主要包括四类：菌类、藻类、原生动物、病毒。微生物在水生态系统中主要有四种作用：维持生态平衡（是生态系统中的分解者）；降解作用（在代谢过程中产生一些有利元素）；吸附作用（是重金属污染物的良好吸附剂）；监测作用（可根据其存在与否、数量多少鉴定污染）。园林水环境中的菌类包括真菌、细菌、放线菌三类。细菌包括芽孢杆菌、大肠杆菌、变形杆菌、蓝细菌等；真菌包括酵母菌、丝状真菌等；放线菌包括链霉菌、诺卡氏菌等。藻类主要有蓝藻、绿藻、硅藻等。原生动物包括草履虫等。

（二）人类活动

前文提到，人类不是园林水环境的基本构成部分（不属于水生态系统的任何一个部分），却会在其中进行各类活动，从某种意义上来说，园林水环境的设计也是为人类自己服务的，园林水环境对人类的价值主要体现在三方面：满足人的亲水性需求；审美价值；科普教育价值。

1. 亲水性需求

人类具有亲水性，这既是天性使然，又是历史与社会长期发展的结果。与动物的亲水性不同，水是动物维持生存的基本要素，动物亲水是出于实用价值的考虑，而人类亲水除了实用价值，还有美学和精神价值的考虑。人类对园林水体表现出亲水性，最主要的原因是实用价值，人类可以进行各类水上活动，包括垂钓、划船、游泳、溜冰、漂流等。此外，水体还具有调节小气候、消除疲劳、使人保持心情平静等功能。

2. 审美价值

景观一词，源于德语，原意是风景、景物之意，和英语中的"scenery"类似。同汉语中的"风景""景致""景色"等词义也具有一致性。美学价值是园林的基本价值之一，园林的美学特征主要体现在其赏心悦目的景色和特有的景物上。园林水环境具有独特的美学价值，这也正是人们愿意在其中进行活动的原因之一。园林水体之美是各具特色的：海洋广袤深邃，河川激越喷涌，湖泊宁静安详，溪涧欢快轻柔。在园林水环境设计时，需要把握水体生态价值和美学价值的平衡。不能因为一味追求美感而破坏水生态环境，也不能只考虑水体的生态价值，对美感不闻不问，这样就背离了园林设计追求美的初衷。

3. 科普教育价值

前文中已经提到，联合国环境规划署预测水污染将成为21世纪大部分地区面临的最严峻的环境问题，因此唤起人们对水环境治理的关注，提高人们保护水环境的意识将变得十分重要。园林中的水环境与其他自然水环境不同，是人们经常进行亲水活动的场所，与人类的互动关系远远高于自然水环境，因此也自然而然地承担起科普教育的功能，向人们宣传水环境保护的重要性，进一步增进人们对水环境的了解。

（三）园林长效管控

园林水体不同于自然水体，它处在一个人为可以管理和调控的范畴，因此在园林水环境的治理中，人为的长效管控就显得尤为重要，人可以在相当长的一段时间内对园林水环境存在的问题进行不断的调整，以达到更好的效果，并积累相关经验，为其他园林水环境的治理提供实践经验。园林水环境的长效管控一般包括分期治理规划、设施维护与即时监测、生态保护与管理三方面。

第三节　水环境治理中的园林水体景观设计策略

一、水景设计的基本原则

（一）满足功能性要求

水景的基本功能是供人观赏，因此它必须是能够给人带来美感，使人赏心悦目的，所以设计首先要满足艺术美感。水景也有嬉水、娱乐与健身的功能。随着水景在住宅小区领域的应用，人们已不仅满足于观赏要求，更需要的是亲水、嬉水的感受。因此，设计中出现了各种嬉水喷泉、嬉水小溪、儿童嬉水泳池及各种水力按摩池、气泡水池等，从而使景观水体与嬉水娱乐健身水体合二为一，丰富了景观的使用功能。水景还有小气候的调节功能。小溪、人工湖、各种喷泉都有降尘净化空气及调节湿度的作用，尤其是它能明显增加环境中的负氧离子浓度，使人感到心情舒畅，具有一定的保健作用。水与空气接触的表面积越大，喷射的液滴颗粒越小，空气净化效果越明显，负离子产生的也越多。设计中可以酌情考虑上述功能进行方案优化。

（二）环境的整体性要求

水景是工程技术与艺术设计结合的产品，它可以是一个独立的作品。但是一个好的水景作品，必须要根据它所处的环境氛围、建筑功能要求进行设计，并要和建筑园林设计的风格协调统一。水景的形式有很多种，如流水、落水、静水、喷水等。而喷水又因有各式的喷头，可形成不同的喷水效果。即使是同一种形式的水景，因配置不同的动力水泵又会形成大小、高低、急缓不同的水势。因而在设计中，要先研究环境的要素，从而确定水景的形式、形态、平面及立体尺度，实现与环境相协调，形成和谐的量、度关系，构成主景、辅景、近景、远景的丰富变化。这样，才可能做出一个好的水景设计。

（三）技术保障可靠

水景设计分为几个专业：土建结构（池体及表面装饰）、给排水（管道阀门、喷头水泵）、电气（灯光、水泵控制）、水质的控制。各专业都要注意实施技术的可靠性，为统一的水景效果服务。水景最终的效果不是单靠艺术设计就能实现的，它必须依靠每个专业具体的工程技术来保障，因此，每个方面都是很重要的。只有各个专业协调一致，才能达到最佳效果。

（四）运行的经济性

在总体设计中，不仅要考虑最佳效果，同时也要考虑系统运行的经济性。不同的景观水体、不同的造型、不同的水势，它所需提供的能量是不一样的，即运行经济性是不同的。通过优化组合与搭配、动与静结合、按功能分组等措施都可以降低运行费用。例如，按功能分组设计，分组运行就可以节省运行费用。平时开一些简单功能以达到必要的景观目的，运行费用很少；节假日或有庆祝活动时，再分组开动其他造景功能，这样可以实现一定的运行经济性。

二、我国城市园林景观水体的规划设计方法

依水景观是园林水景设计中的一个重要组成部分，由于水的特殊性，决定了依水景观的异样性。在探讨依水景观的审美特征时，要充分把握水的特性，以及水与依水景观之间的关系。利用水体丰高的变化形式，可以形成各具特色的依水景观，园林小品中，亭、桥、榭、舫等都是依水景观中较好的表现形式。

（一）水景的总体设计

造型设计及喷头选择进行水景的总体设计，应先分析环境氛围的基本要求，再分析各种水景形式，分列不同的组合方案，绘制效果图，从中选优。水景形态有静水、流水、落水、喷泉等几种，这几种形态又可衍生出多姿多彩的变化形式，特别是由于喷头技术的发展，喷水姿态更是变化万千。有了这些素材，在通过专业人员的艺术设计，即可以勾画出优美的水艺景观。另外，不同的景观形式适合不同的应用场景。比如，音乐喷泉一般使用在广场等集会场所。它是以音乐、水彩、灯光的有机组合来给人以视觉和听觉上的美感；同时喷泉与广场又融为一体，形成了建筑的一部分。而住宅区的楼宇间更适合设计溪流的环绕，以体现静谧悠然的氛围，给人以平缓、松弛的视觉享受，从而营造宜人的生活休息空间。

（二）园林景观水体设计的基本要求

1.在观念上，要有节水意识。在规模上、水型上、水源上、水质保持及细节处理等方面贯彻节能思想。综合利用水环境做景观因素也是一个重要方面。从环境上要求，要有阳、有阴、半阴阳的小气候，创造得天独厚的生态环境。在造岸款式、水体大小、水流动态、内外种植、山石布置等多方面要对比统一，远眺时，视线要有深邃幽静的情调；近视时，水面要有凌波贴身的感觉。

2.在水流设计方面：要符合水姿设计要求，也要符合生态的循环要求，二者统一结合。水体流向通常从泉水—池塘—溪流—险滩—急流—叠水—湖泊—瀑布—江河—海洋，有明显的连续性。虽然湿地、湖泊、池塘的连续性不明显，但也是生态水系统中的重要环节。水流设计必须与周围地形紧密结合，宜形环抱之势，以利水体循环流动。打破各自割据封闭局面，避免死水，减少垃圾堆积，减少人为动力，减少养护工作量。

3.在符合地貌自然规律的前提下，要能够汇水，但避免污染自然形态的水池汇水是节水重要内容，同时又节约管线；人工水池应避免外水溢入。而自然的排水系统是最经济有效的水体形式，尽量按原有的流向及岸线设计水体，保持两岸良好的自然植被不受干扰。避免将主要道路环闭水体，这样会限制亲水地域的开发利用。将雨水通过地形设计，合理引导地表径流，尽可能渗入地下，最终汇入天然水体。对植被的保护和减少硬地铺装都是对地下水资源的保护。

4.通过科学的调查，找到最大风速及最高水位状态下对水体最易造成的破坏点，进行防护性设计通过设计防护栏杆、防滑铺装及路面、指示牌、路灯等方式，保证在水边活动人群的安全，同时使用的材料要耐腐蚀。而当水体的设计标高高于所在地自然常水位标高甚多，而该处土质疏松（砂质土）不易持水，这时必须构筑防水层，以保持水体有一个较为稳定的标高。

5.水面的波光、水色、吹过水面的微风和滑滑的水声都是景观设计的重要元素。还要从剖面上形成各种不同水深和剖面形状，以适应不同水生植物、动物生长。

三、园林水体景观设计要点

（一）园林水体景观的层次感

园林水体景观设计布局上主体突出并且具有明显的层次感，利用水这一动态元素与周围的静景相结合形成了独具特色的艺术效果，也使得园林的环境空间在构成上显得灵活多变，曲径通幽、柳暗花明令人目不暇接。从我国古典园林建筑的设计风格来分析，古人高度重视人与自然的相互融合，使人触景生情，达到情景交融，使自然意境给人以启示和遐想。让人们在有限的园林中领略无限的空间，身处园中，感受最真实自然的山水。这就是中国传统艺术所追求的最高艺术境界，从有限到无限，情景交融，天人合一，人归于自然在我国园林景观设计中得到了淋漓尽致的发挥。

（二）园林水体景观与自然的和谐统一

园林水体景观设计在布局上追求回归自然的基本原则，切忌形似的模仿，需要设计者将园林建筑美与自然水体美相互配合。园林水体景观设计要遵循追求自然的原则，返璞归真，呈现出不规则、不对称的建筑格局，在错落有致的景观布局当中自然的山水是园林景观构图的主体，而形式各异的水体景观成为观赏和营造气氛的点缀物，植物配合山水自由地进行布置，道路回环曲折使人置身其中充分领略大自然的风光，从而达到一种自然环境、审美情趣与美的理想的交融境界，富有自然山水情调的园林艺术空间。

（三）园林水体景观的视听感受

现代园林水体景观设计也延续着古典园林设计理念，并且在动静结合上融入了更多现代化的手法。例如，使用灯光喷泉的设计方式，通过对喷泉的造型设计和灯光处理来体现园林景观、周围环境以及人文三者之间的联系。在对喷泉的造型进行设计的过程中，切忌出现单调重复的设计形式，这样很容易使观景者产生视觉疲劳和厌倦感，应该综合利用不同的水型，让各具特色的喷泉以组合的形式展现在人们面前，用不断变换的造型给观景者带来更加奇幻、美妙的感觉。

水体景观不仅能够在视觉上给人带来美的感受，在听觉上也有很多方式能够营造出不同的意境。从我国古典园林水体景观的设计形式上来分析，无论是涓涓细流还是气势如虹的瀑布，人们在看到水景的同时都会不自觉地被水声所吸引，或是陶醉于清脆的细流声，或是被轰鸣的瀑布所震撼，这些水声的魅力所在。特别是如今喧嚣的城市生活中，水体景观的设计更加需要借助水声来弱化周围的各种噪声。用视觉和听觉的立体感缓解人们的思想压力，真正提供一个轻松愉悦的环境。

总之，在园林水体景观的设计思路上要充分挖掘自然美，因为水体景观不同于其他景观设计，它需要设计者通过自己的主观能动性寻找到一种能将水体、环境以及人文三者相互统一的设计理念，而且在水体景观的设计当中要赋予更深刻的创意和内涵。虽然园林水体景观的形式美很重要，但是景观设计的内涵更重要，因为唯有具有内涵的水体景观，才能在历史的长河中长盛不衰的存在，这也是传统美学对我国园林水体景观设计艺术的影响所在。

四、园林水体植物配置形式

（一）配置水面植物

水面一般以配置漂浮植物、水植物及挺水植物的形式，形成与园林景色相适应的水面景观，对水面空间具有分割作用，增加园林景深。园林水面植物配置应该和水边景观相呼应，重视水面面积和植物比例，以及植物在质感与形态上的相得益彰。水边景观与水中倒影相结合，堪称入画美景，因此，至少应该留出 60% 的水面面积以供人们欣赏植物倒影。

（二）配置水边植物

园林水边植物不宜出现大小、树种、距离相同的品种绕水一周，这样会显得景观呆板、单调，应该与地形、道路相结合，灵活栽植。园林湖边应该留出一片空地栽植树丛与乔灌木，给人或郁闭或开朗的视线。游人行走于水边，在湖景强烈的明暗对比中体会游湖情趣。配置水边植物的关键是线条构图。水面植物景观大多由挺水植物与乔灌木共同组成。各种植物通过线条与形态将水面的平直格局打破。乔木具有丰富天际线的重要作用，应该选择有别于周围绿树、轮廓分明及体型巨大的树种，湖边树丛林冠线应该具有明显的起伏变化，从对岸观望时才会产生浑厚、雄伟的视觉表现力。此外，也有以湖边小山树群为衬托来丰富水边植物变化的情况。我国园林水边通常都是以垂柳柔条拂水的动感竖向线条将水面平直线条打破，将动感注入水景中。挺水植物以群丛的方式搭配小桥、石矶及栈道，可谓别具情趣。

（三）配置驳岸植物

在园林水体景观中，驳岸是道路与水面过渡地带，在自然状态下通常为生产力较高、物种较为丰富的区域。在配置岸边植物时，应该有效结合水体驳岸，可使水体和水岸融为一体，给水面足够的扩展空间。在驳岸配置规则性植物，坚固且整齐，游人可以随意地在岸边活动，因而被广泛应用于园林水景中。然而，结构性驳岸具有较为生硬的线条，特别是一些规则性驳岸。所以，将植物种植在水岸边，柔化驳岸线条，能够有效弥补驳岸的不足，这点非常重要。在驳岸配置非规则性植物时，应该与园林地形、道路及水体岸线布局相结合。通常非结构性驳岸具有线条优美、自然蜿蜒的特征，所以，在配置植物时主要是自然种植，避免出现等距栽植与整形修剪等情况。与园林环境、地形相结合，所配置的植物疏密适宜、远近适宜、高低适宜，以此增加沿岸植被景致的生动性、趣味性。

五、设计策略

（一）水体平面形态梳理

1. 水体平面形状分类研究

水体的平面形状可分为点状水、线状水和面状水。水的平面类型不同，其对园林水环境的生态效益也不同。一般认为，水体面积越大、水体容积越大，其作为城市"海绵体"的效果就越好，其所能承载的水生态系统就越全面、越稳定，生态效能也就越突出。但这只是一个方面，水体的生态效能还应当从水的流速、动态、流动的路线来综合分析。

（1）点状水

园林中的点状水一般包括池、泉、人工瀑布、叠水等。点状水的最大直径不超过 200m，因此仅仅从水体的面积上来看，点状水的生态效能是相当小的，一些针对水体生态的研究显示，在自然状态下，大部分点状水中生活的生物为个体层级，其生活时段在几分钟至几个月不等，几乎不可能超过一年。这也就意味着点状水中无法存在长期的、固定的群落，更不可能存在完整的生态系统，其生态效能和自净能力自然比较低下。但是从水体的动态来看，除了静水（水池、水塘等），泉、人工瀑布、叠水等往往具有较高的动能，这可以促进跌水曝气，在较大的动能驱使下，不断流动、跌落和喷涌的水体可以促进水中污染物的氧化分解。

（2）线状水

园林中的线状水指平均宽度不超过 200m 的河流、水渠、溪涧等。线状水是一类较为典型、生态效能较高的水体。自然状态下，弯曲的河流、水渠、溪涧等在其沉积岸都会形成土壤较肥沃、适宜动植物生长的河漫滩，河漫滩地区通常生物种类丰富，环境处于动态平衡中。此外，多数线状水具有丰富的水底地形，因此水体的动能较高，促进了污染物的流动和净化。

线状水具有几个较为典型的特点：

一是其水体流动性强，更容易稀释和净化污染物，但也更容易使污染物扩散，增大污染范围。二是线状水的水生态系统往往处在动态平衡中，有一些还会随着时间进行周期性的规律变化，河流的河水涨落、动物的繁殖、候鸟迁徙的定点栖息、鱼类的洄游等，都是在研究线状水（典型的是河流）时需要考虑的问题。

（3）面状水

面状水，包括湖泊、最大直径超过 200m 的池塘以及平均宽度超过 200m 的河流等。面状水由于其水体面积大、水体容积大、水体环境稳定的特点，非常有利于水生态系统的形成，生态效益也较高。但是正是由于这种"稳定性"，面状水也存在一些问题，因此水污染一旦开始积累并超出其净化能力时，面状水就会迅速恶化。一些重金属污染物还会沉积于湖底，造成难以清除的污染。

2. 水体平面形态设计策略

（1）水体尺度确定

水体容积越大，其所能承载的水生态系统就越全面、越稳定，生态效能也就越突出。在水体平面尺度确定时，主要应考虑水生态系统的构成，在条件允许的情况下，塑造较大的水体尺度，为生物群落提供活动的空间。在一些对河流生态系统的研究中，很好地体现了水体尺度对生物集群和生物活动的影响。

在小于 1m 至 20 倍平滩河宽的尺度范围内，生物集群的级别是个体或单个物种，活动时间在数分钟至一年之内，这也就意味着，一个生物群落很难在这一尺度范围完成完整的生活史，完整的生态系统更难形成，而绝大多数的点状水都在这一尺度范围内。在 20 倍平滩河宽至 1000m 长岸线的尺度范围内，生物集群的级别是物种和群落，活动时间是整个生命周期，这意味着一个生物群落可以这一尺度范围完成完整的生活史，完整的生态系统也可形成，多数线状水、面状水处于这一尺度范围，因此在园林水体设计中主要关注的也是这一尺度范围。1000m 以上岸线的尺度范围，可以形成完整的生物群落甚至生态系统，这也是城市生态规划中需要关注的课题。

（2）水体线型设计

在水体平面设计中，水体的线型大致可分为直线与曲线形。多项研究表明，曲线形相对于直线形拥有更高的生态价值，这主要体现在两个方面。一是曲线形的岸线为水生生物提供了更多的栖息空间，这一点从自然环境中河道的蜿蜒形态可以看出。当河流中水的流向与河道的走向不完全一致时，自然河道分为侵蚀岸和堆积岸。流水不断冲击侵蚀岸，这一侧水的流速比较快；而又为堆积岸带来大量泥沙，这一侧水的流速较慢。久而久之，原本接近直线形态的河道变成弯曲的河道，堆积岸由于营养物质丰富、水流缓慢，形成了适宜动植物栖息的河滩，为河流带来较高的生态效益。二是曲线形的岸线有利于污染物的净化，曲线形的岸线水体自净能力更好。衡量河流的曲线形态主要有两个指标：河流弯曲度和分形维数。水体形态的研究对园林水体设计有一定启示，可以将园林中的线状水设计为蜿蜒形态，做到"师法自然"，增强水体自净能力，同时为动植物提供更多的、适宜的栖息环境。

（3）水体面域组织

园林中的点状水、线状水和面状水都不是独立存在的，而是相互联系，形成一个可以流通的整体。园林水体的组织从平面构成的角度来看，可分为串联和并联。

从生态的角度来看，水体面域组织的最主要目标有两个：

①延长水体净化流线：水体净化流线越长，水净化能力也就越强。在水体设计时，通过串联、串联和并联相结合的方式将点状水、线状水和面状水组织在一起，使其发挥各自在水环境治理方面的优势。比如，将叠水、溪流和池塘串联在一起，叠水、溪流中的水体动能较大，可以进行跌水曝气，净化水中的污染物，溪流两侧的浅滩和池塘为生物提供栖息环境，增强生物净化的能力。

②增大生物栖息的面积：生物群落是水环境的重要组成部分，它们可以形成稳定的生态系统，同时进行生物净化，提升整个水体的自净能力。在水体面域组织时，应当考虑为生物群落提供尽可能多的栖息面积，河流浅滩、湖泊能够为生物群落提供面积较大的栖息环境，在设计时可以考虑河流、溪

流与湖泊串联的形式，形成面积较大、环境丰富多样的栖息环境。在针对自然河流的研究中，水利学家提出，在自然的河道中存在一种"深潭—急流—河滩"的结构序列单元，这种结构在河流上下游不断重复出现。这三个结构单元之间相辅相成，它们从产生、发展到形成互为因果。"深潭—急流—河滩"对水中污染物的分解十分有利，同时为生物的栖息提供了多样的环境。这一自然状态下存在的水体组织形式也为园林水体的组织关系提供了思考和范例。

综上所述，水体的平面形态对水体的净化、生态系统的建设都有重要的影响。在园林水体设计时，应当把握三个原则：一是多样与丰富的原则，园林中的水体不是单个存在的，而是相互联系的，园林中的水体类型，也不是单调的一类，点状水、线状水和面状水交互排列，在设计时做到"有收有放"，使水体净化流线丰富多样。二是生态性主导的原则，在设计时要注意水体的生态效能，不要只注重平面形状的美观。三是整个系统的联系与协调，各个水体之间应当相互联系，水体在其中流动，应当有清晰的流线。

3. 容体表面质地设计

园林水体周边区域通常存在着大量人类活动的空间，这些活动空间本身对园林水体并不造成影响。但是正如前文提到的，园林水体周边地形的塑造可以将地表径流进行汇集，并使之流入水体中，达到雨水收集的目的。园林水体周边区域的质地对园林水体的影响与上述类似，它会影响水体周边区域的地表径流，因此在设计时，应当多考虑生态的、透水的材料，增加雨水的下渗。

园林水体周边的道路和广场设计中常用的材料有木材、石材、透水混凝土和透水砖。

①木材

木材是园林中滨水步行道和亲水平台常用的材料，和石材相比，木材虽然使用成本更高，耐久性也略逊，却是一种更加自然的材料，其透水性也很好。园林中常用的木材是防腐木和塑木两类。

②石材

石材也是园林水体景观设计中常用的材料，石材所包含的范围十分广泛。从雨水下渗、自然生态的角度来看，常见的花岗岩、板岩铺装的透水性并不好，而卵石、青石板、毛石铺装的透水性更好一些。总体而言，石材铺装的透水性和石材之间的缝隙、道路广场的基础结构有关。石材之间的缝隙越多、越宽（在不影响铺装耐久性的情况下），透水性越好。

③透水混凝土

不同于木材与石材，透水混凝土的适用范围更加广泛，可以适用于园林车行路、人行路、广场、停车场等各种铺装区域。与传统混凝土相比，透水混凝土更加生态环保，除了可以用于铺装面层之外，还可以用于铺装基础上。透水混凝土还可以选择色彩和图案，是一种值得推荐的环保透水材料。

④透水砖

透水砖由碎石、混凝土、废旧陶瓷、风积砂等材料加工而成，具有良好的透水透气性能，在园林中的人行路、广场铺装中得到广泛的应用。除了透水迅速，透水砖不容易打滑，还可以吸收噪声，是一种很环保的园林铺装材料。

4. 水体边界质地设计

水体的边界，即通常意义上定义的"驳岸"。驳岸根据其结构和强度，可分为非结构性驳岸和结构性驳岸。结构性驳岸又可分为刚性驳岸和柔性驳岸。

①非结构性驳岸是指模拟自然驳岸的形式、运用自然材料构筑、坡度较缓的驳岸。非结构性驳岸的坡度一般低于土壤的自然安息角（约30°左右），其下层进行土壤的夯实，或者覆盖一层可降解的材料以增强其耐冲蚀的性质。然后铺设土壤、细砂、卵石等自然材料，形成与自然环境相似的草坡、石滩或沙滩。非结构性驳岸是模拟自然环境而构造的，因此具有较高的生态价值。非结构性驳岸十分有利于动植物群落的栖息，也为水体的净化提供了场所。非结构性驳岸的问题在于其占地面积大（坡地小于30°），这一点对城市环境来说较为不利。此外非结构性驳岸的强度不大，对于水流湍急、冲蚀严重的地区并不合适。在条件允许的情况下，非结构性驳岸可以创造最高的生态

价值。许多湿地、自然保护区的驳岸都是非结构性驳岸。

②刚性驳岸是结构性驳岸的一种。刚性驳岸是指用浆砌石块和卵石、现浇混凝土和钢筋混凝土等硬质材料构筑的驳岸，园林中又将其称为硬质驳岸。刚性驳岸是园林水环境中常见的驳岸类型，也是生态价值最低的类型。刚性驳岸能够使水体快速地流动，表面上看更利于泄洪，实则阻断了水体径流，增加了洪水危险。刚性驳岸表面光滑，植物和其他生物也很难在上面生长和栖息。当然，刚性驳岸也具备突出的优点：强度很高，非常耐冲蚀，同时较为节省空间。

③柔性驳岸与刚性驳岸不同，柔性驳岸是指将金属、石材等硬质材料与植物种植进行结合的驳岸。柔性驳岸的构筑材料一般有生态石笼、鱼巢砖、木桩以及一些混凝土构件。这些材料经过精心设计和结合，留有足够的孔隙，既能够保存泥土，又能为植物、动物的生长和繁衍提供足够的空间。柔性驳岸的生态价值高于刚性驳岸，而和非结构性驳岸相比，柔性驳岸具有节省空间、强度好耐冲蚀的特点。柔性驳岸应用范围广，在城市滨水区、湿地和自然保护区中都能够使用。材料的选择直接影响边界的类型，材料选择同样对水的流速、水质和动植物群落的生长造成了深远的影响。

根据驳岸的分类研究可知非结构性驳岸、柔性驳岸具有更高的生态价值，许多生态材料被应用到驳岸的建造中，包括生态石笼、鱼巢砖等构件、生态连锁块、椰壳纤维捆扎、木桩、生态袋等。

（1）生态石笼

生态石笼是现代水环境治理中得到广泛应用的一种构筑材料，石笼是将金属线材由机械将双线绞合编织成多绞状六角形网，制成网箱后填入卵石和碎石。和普通土壤相比，生态石笼砌筑的驳岸稳定性更高，能够一定程度上抵御洪涝灾害。和混凝土、传统石料等相比，石笼具有更高的生态价值，其孔隙状的结构既降低了水体的流速，又为湿生植物和水生生物提供了生存的环境。

（2）鱼巢砖

鱼巢砖又称作自嵌式植生挡土墙。长期的水力作用带起的泥沙等物遇到墙体的阻挡减速后，在重力的作用下会沉积在鱼巢砖的内孔，提供水生植物生长的土壤，水生植物和鱼巢砖本身多空的结构为鱼类产卵繁殖提供场所，起到"以鱼养水"的作用。鱼巢砖砌筑的驳岸具有良好的渗透性，增强了水分交换，还能有效地抑制藻类生长，提升水体的自净能力。鱼巢砖结构的驳岸强度较好，同时具有一定的抗洪强度。

（3）生态连锁块

生态连锁块护坡一般是在土质边坡上铺设一层土工布，土工布上铺设连锁式护坡砖，正常水位以上采用植生型生态护坡砖，护坡砖孔洞内填塞种植土和草籽（或草皮）。连锁式护坡整体性较好，安全牢固，在水流湍急的地方也可以使用，因此适用于各类缓坡河堤上。而连锁块中的缝隙又为动植物提供了栖息的空间，可谓兼顾了防洪和生态两种功能。

（4）木桩

木桩顾名思义，是用各类木材制作的、绑定在一起的短桩，常用的木材包括松木、杉木等，主要用于处理软地基、河堤等。松木含有丰富的松脂，能很好地防止地下水和细菌对其的腐蚀，有"水浸万年松"之说，因此不像其他植物材料那样容易受到腐蚀。著名水利工程——灵渠的基础处理即采用了松木桩。松木桩目前主要运用在水流较缓的水系沿岸，由于其取材于植物，可谓天然无污染，生态效益也相当好。

（5）生态袋

生态袋护坡是在生态袋里面装土，用扎带或扎线包扎好，通过规则式或有顺序的叠加和固定，形成的挡土墙。生态袋护坡中的土壤为植物的生长提供了基质，由于生态袋使用可降解的材料，不会造成任何污染。生态袋护坡比起单纯的土质河岸，更加牢固，不容易受到侵蚀。

5.水体底面质地选择

（1）水底糙率研究

糙率一般用 n 表示，又被称为曼宁系数，是描述地表下垫面对坡面流阻滞效果的重要参数。水体底面糙率对水体流速、流态及潜在侵蚀性能的影响效果显著。水底表面越粗糙，糙率越大，对水流的阻滞效果越强；边界表面越光滑，则糙率越小，对水流的阻滞效果越弱。糙率会影响水体的动能，糙率较大的情况下，水体受到的阻滞作用强，水体流速缓慢，并且容易形成涡流等，增强了水体中污染物的氧化分解。糙率较小的情况下，水体流速就越快，同时也具有更强的冲蚀性。

（2）水底材料

选择水体底面的材质可分为土壤和泥沙、砾石、块石、光滑硬质材料（混凝土、花岗岩铺砌等）。多数水体底面由其中一种及以上材质构成。

①土壤和泥沙是自然水体（尤其是湖泊、池塘、河流）中常见的水底材质，也被称为"底泥"。土壤和泥沙为大多数水生植物提供了生长的基质，同时也为水体中的鱼类和微生物提供了繁衍和栖息的场所。此类基质的生态效应好，但是稳定性不高，不耐冲蚀。在园林中，土壤和泥沙的基质通常用于河湾区域、湖泊、池塘和浅滩湿地中，这些水体中水流缓慢，动植物类型比较丰富。

②砾石

砾石是指风化岩石经水流长期搬运而成的粒径为 2 ~ 60mm 的无棱角的天然粒料，通常所说的卵石就属于这一类。与土壤相比，一部分的水生植物可以在砾石中生长。砾石形成的疏松多孔的结构，也为水体中的动物和微生物提供了栖息繁衍的场所。相比土壤和泥沙，砾石的稳定性稍好。砾石还是一种过滤性很好的材料，可以净化水体。在园林中，砾石的基质通常出现在池塘、溪流、部分河流中，也是较为生态自然的一种基质。

③块石

块石的直径要远大于砾石，块石的基质一般出现在人工水体中。与土壤和泥沙、砾石相比，块石的生态效应要弱一些。但是在其缝隙中，仍然可以生长水生植物，并为一些动物和微生物提供栖息环境。一些人工的块石基底会设计预留缝隙，并种植水生植物。块石比土壤和泥沙、砾石具有更高的稳定性，块石的基底十分耐冲刷，可用于流速快的河道中。同时，块石的形状各异，又耐冲蚀，更容易激发水的动能，在流速很快的浅溪和叠落的水体中布置块石，更容易产生跌水曝气的效果，加速水体的净化。与土壤和泥沙、砾石相比，块石的透水性能较差，但也正因为此，它可以被应用于小型水体和死水中，防止水体渗漏。

④光滑硬质材料

光滑硬质材料包括混凝土、花岗岩铺砌等，是人工水体中较常见的材料。光滑硬质材料的生态效能最低，动植物很难在上面生存。同时，光滑的表面加速了水的流动。光滑硬质材料也具有稳定性好、耐冲蚀的特点，同时其防渗性能最好，因此在城市的人工水体中依然能看到大范围的应用。

（二）水体地形坡度塑造

1. 周边区域地形塑造

在海绵城市的理论中，城市中的水体就是天然的"海绵体"，它们具有雨水汇集、水体净化、水环境调控的作用。所谓"海绵体"，指的是其对水的吸收和调控，在雨水集中、城市排涝困难的时期，"海绵体"能够有效吸收多余的水，减轻城市排水系统的负担，降低洪涝灾害的危险。在较为干旱的时期，"海绵体"蓄积着较多的水，能够使其周边环境保持湿润，调节小气候。在园林水体景观设计中，水体作为城市中"海绵体"的价值应当得到充分的重视，充分发挥其收集雨水、调节小气候的功能。通过对园林水体周边地形的设计，可以有效地将其打造成一个"海绵体"。这个设计的核心在于：园林水体应当位于其收集雨水的区域内地形最低洼的位置。这样雨水就可以借助重力作用，通过地表和地下径流汇集到园林水体中。

在园林设计时应当注意两点：一是当水体的位置可以选择时，将水体置于整个区域的低处，最好其四周有山体或起伏的地形，保证雨水可以沿着山形地势逐步汇入园林水体中；二是当水体的位置已经确定时，最好能够保证其周边区域的地势高于水平面，或者在水体周围设计微地形，促使雨水汇入园林水体中。

2. 水体边界地形塑造

（1）硬质边界地形塑造

水体硬质边界也就是所谓的"硬质驳岸"，处于城市中的水体常常由于行洪的需要，设计成规则式的硬质驳岸。相对于软质驳岸，硬质驳岸的生态效益较差，当然这也要视其材质情况而定。硬质驳岸按断面形式可分为立式驳岸、斜式驳岸和阶式驳岸。

①立式驳岸

立式驳岸是防洪河道两侧最常见的一种，即一面几乎直立入水的挡墙，材料通常是混凝土和块石。它占用空间小，排洪迅速，强度很高，当然也毫无生态效益可言。在条件允许的情况下，水环境治理中的园林设计不建议采用立式驳岸，当然，在空间狭窄、水流湍急的地方可以考虑部分使用。

②斜式驳岸

斜式驳岸是指从岸顶到水体先有一段缓坡，再有直立挡墙的驳岸。这类驳岸具有一定的生态价值，缓坡上利用植物增强驳岸的渗透性，以构建河道的水生动植物群落，相较于立式驳岸来说，材料选择上有一定的灵活性，也提供了人们亲近水的可能性，安全性也比立式驳岸好。但是占用了一定的空间。

③阶式驳岸

阶式驳岸即利用几层台阶来构建河道驳岸，对于水位变化大的河道很适用，可以满足不同水位变化时依旧可以有亲水的可能性。其在材料选择上也可以有更多的选择余地，以实现更好的生态效益，同样也可以有硬质与绿化等不同的灵活处理手法。但阶式驳岸对构造工程要求也很高，需要注意积水的问题以及可能的安全隐患。

（2）软质边界地形塑造

园林水体的软质边界一般指材质为土壤、砾石，并且缓慢放坡的边界，也就是常说的"软质驳岸"。软质驳岸是一种生态价值较高的边界，在自然状态下，它通常存在于河流的沉积岸上，由于河水带来大量营养物质淤泥，同时又不容易受到河水冲蚀，这里常常呈现一种浅滩湿地的状态，动植物在这里能够良好的生长。软质驳岸的设计需要注意以下三点：一是地点的选择。前面已经提到，自然状态下的软质驳岸常常出现在河流的沉积岸上。在园林水体设计中，软质驳岸应当选择岸线较为弯曲、水流平缓的地方，因为其并不耐冲蚀。二是坡度的确定。软质驳岸基本为缓坡地形,自岸顶缓慢放坡入水,其坡度不能大于土壤的自然安息角（约30°），根据《城市绿地设计规范》，这个坡度在 1 : 2 ～ 1 : 6 为宜。三是水深的确定，这和软质驳岸上种植的植物品种有密切的关系。

3. 水底地形塑造

水体边界的地形在长时间内受到关注，而人们对水底地形的关注却比较少。事实上，水底地形的塑造一样关系到水体的形态、水质情况和水生态系统的构建等。本节将从水底坡度塑造、水体深度确定、叠落地形的应用三方面进行探讨。

（1）坡度塑造

水底的地形和水面以上的地形一样，是高低起伏的。在《风景园林设计要素》中，诺曼 K. 布思认为："河流或溪流中的水流，直接反映了河底和溪底的坡度。任何坡度都能使水流动，坡度越陡，水的流速就越快。"水底的坡度从坡度的塑造来看，静水（池塘、湖泊等）和流水（溪涧、河流等）是有差异的。坡度对园林中静水的影响不大，除了底面平整的人工水体外，多数水体的底面自岸边向中心不断加深，呈缓坡状，模仿了自然水体的形态。静水对水底坡度没有过多要求，但是一般要低于土壤的自然安息角（约30°），根据《城市绿地设计规范》，参考驳岸的坡度要求，这个坡度在 1 : 2 ～ 1 : 6 为宜。坡度对园林中流水的影响比较明显，水的流速与坡度呈正相关，当然也受水底材质、植物生长情况的影响。

一般而言，坡度越缓，水体流速越慢；坡度越陡，水体流速越快，当坡度接近90°时，会形成垂直的落水，也就是我们常说的瀑布或跌水，它们具有较大的势能。一般而言，自然河道的地形较为复杂，其坡度也是不断变化的。而园林中的溪流和小型河道则是比较方便研究和设计改善的对象，在《居住区环境景观设计导则》中有类似的描述可作为借鉴：溪流的坡度应根据地理条件及排水要求而定。普通溪流的坡度宜为0.5%，急流处为3%左右，缓流处不超过1%。可见普通的流水其底面坡度在 0.5% ～ 1%，则水流比较平缓，坡度大于3%则流速较快，有一定的冲蚀性。

（2）深度确定

除了水体的坡度，水体深度也是园林设计时需要关注的对象。《公园设计规范》规定，硬底人工水体的近岸 2.0m 范围内的水深，不得大于 0.7m，达不到此要求的应设护栏。无护栏的园桥、汀步附近 2.0m 范围以内的水深不得大于 0.5m。这主要是出于对游客安全的考虑，而从水环境治理的角度来看，水体深度主要影响水质和水中动植物的栖息。

水体深度一定程度上影响了水质。水体越深，则水体的容积越大，也就意味着水量越多，这会对污染物有一定的稀释作用，同时水的自净能力也更好。当然，这也意味着被污染时，较深的水体比浅水更难治理。水体深度还影响了动植物的栖息。从水生植物的特性来看，多数沉水植物适宜生存的水深在 0.3 ~ 2.0m 之间，挺水植物则更浅。而鱼类通常栖息在 1.0 ~ 3.0m 的水中。《居住区环境景观设计导则》规定，溪流宽度宜在 1.0 ~ 2.0m，水深一般为 0.3 ~ 1.0m。对许多园林中湖泊的调查可知，水体较深处深度一般在 2.0 ~ 4.0m。以河流为例，河流的水底地形在深度方面是不断变化的。科学研究表明，自然河流每间隔一段距离就会有一个较深的区域，这种较为规律的深度变化是比较有利于河流中污染物的净化和水生生物多样性的。

（3）叠落地形应用

除了坡度和深度的确定，设置叠落的地形造成跌水曝气也是水环境治理中常见的园林设计手段。从水体缺氧是河道黑臭的根本原因，选择适当的曝气气水比是城市黑臭河道生物修复的重要技术环节。

水体中的溶解氧主要来源于大气复氧和水生植物的光合作用，单靠自然复氧，水体自净过程非常缓慢，对河道进行曝气充氧以提高溶解氧水平，恢复和增强水体中好氧微生物的活力，从而改善水体水质。不同气水比对模拟河道的增氧效果是不同的，河道出水口的溶解氧浓度随气水比的增大而增大，说明增大气水比可以增加溶解氧含量，并使水体中溶解氧维持在一个较高的水平。

跌水曝气技术在设计运用时应当注意以下几点：

①曝气充氧能够明显改善河道的水质状况，增加水体自净能力且不带来

二次污染。在实际工程中，为更好地发挥曝气充氧的实际效益，必须制订应用该技术的具体方案，得出可行的最优化组合，并充分考虑城市景观和经济性原则，从曝气充氧量、曝气方式、曝气机的安装位置等方面采取措施。

②在一定曝气充氧气水比基础上通过设置阻流板，延长了水体水力停留时间，增加了微生物与污染物的接触时间，可以提高有机物降解效果。在一项针对劣V类水体的实验中，在曝气充氧气水比为1∶1和水力停留时间为35min情况下对污染水体具有明显有效的修复作用。

综上所述，园林水体地形坡度的设计对水体的净化、水生生物群落的栖息都有重要的影响。从植物群落来看，水体边界和水底的地形和深度直接影响植物的生长。石菖蒲、海芋等湿生植物只能适应10cm左右的水深，黄花鸢尾、香蒲、千屈菜等适宜生长的水深在5cm～35cm，在常见挺水植物中，荷花适宜的水体深度较深，在10cm～100cm。在软质驳岸的地形设计时，应当结合水生植物种类的选择进行合理设计。也可以将软质驳岸设计为台地式，每个台地的高差在5～10cm，使不同水生植物拥有足够的生长空间。

（三）生物群落构建

1.植物种类选择原则

（1）适生原则

适生原则，即因地制宜的原则，选择的植物种类需要在该水环境中生长良好。这种"生长良好"包括两个方面：一是适应当地的气候条件，二是适宜自身所处的水环境。适应当地的气候条件，即选择当地气候条件下生长好的水生植物，乡土植物就是很好的选择。不同气候带的水生植物种类也不同。荷花、水葱、芦苇、千屈菜、荇菜、黑藻等常见水生植物就可以生活在我国南北各地；凤眼莲、伊乐藻等生活在黄河流域及以南地区；美人蕉、再厉花、水罂粟等生活在长江流域及以南地区；海芋、王莲最不耐寒，生活在华南地区。适宜自身所处的水环境，指植物在自身生活的小范围水环境中生长良好。前文将水生植物分为挺水植物、沉水植物、浮叶植物、漂浮植物和湿生植物，这也就意味着，即使处于同一气候带中，不同类型的水生植物也生活在不同类型的水体中或同一水体的不同位置。挺水植物根系发达，抗风浪和侵蚀，大多生活于溪涧、池塘、河湖沿岸的浅滩湿地上；沉水植物同样不惧流水，生活在有一定深度的水体中离岸边较远的位置；浮叶植物生活于池塘、河湖的浅水中；漂浮植物最不抗风浪，一般生活于较静止的水体，在水边和水体中心都能生长。湿生植物则广泛分布于水体岸边和浅滩湿地中。在前文地形的塑造中，已经对水体地形的塑造和水生植物适宜水深范围有较多的探讨。

（2）生态系统适宜原则

植物是水生态系统的重要组成部分，因此设计时，选择的植物种类需要与整个系统相适宜，这种适宜性主要体现在两个方面：一是为其他动植物提供良好的生态环境，包括作为食物，或提供生存的空间。沉水植物、漂浮植物大多数是水环境中草食性、杂食性动物的食物，因此它们作为生态系统中的生产者和第一营养级，其存在就显得十分必要。而多数挺水植物具有发达的根系，可以为水中的微生物群落和部分筑巢的鱼类提供生存空间。二是不能侵扰其他生物的生存环境。一些植物由于没有天敌而迅速繁殖，大量挤占其他生物的生存空间，被称为"入侵植物"，这类植物在设计中要谨慎使用。凤眼莲就是一种著名的入侵植物，在一些水体净化工程初期，它可以很好地去除水中的污染物，但是一旦过量的繁殖，就会大量消耗水中的氧气，并遮蔽阳光，使沉水植物无法进行光合作用，导致大量微生物和鱼类死亡。

（3）净化污染物原则

在水污染治理、水环境修复的过程中，园林植物起到了不可忽视的作用。园林水体中的主要污染物一般是营养物（主要是氮磷元素）和有毒污染物（主要是重金属），许多园林植物都对这几类污染具有显著的作用，在园林设计时，应当注意针对水体污染物的类型，选择适当的植物种类，治理水体的污染。生态学方面对不同种类植物对污染物的处理能力有很多研究，综合来看，浮叶和漂浮植物对氮磷元素的去除能力最好；沉水植物则可以固定重金属；挺水植物和一些湿生植物对氮磷元素和重金属均具有一定作用。沉水植物根部、叶部都可以蓄积很高含量的重金属（根部含量大于叶部含量），是很好的蓄积植物。轮叶黑藻、狐尾藻、龙须眼子菜和水池草等都是蓄积植物的典型。浮叶和漂浮植物夏季生长迅速，抗性较好，在水质净化的早期阶段，具有去污能力强、见效快的特点，是污水处理时常用的水生植物。比较典型的是浮萍，浮萍在早期生长阶段会吸收大量氮和磷，同时生成的生物量可多种方式利用。

研究表明，挺水植物中有许多种类可以净化氮磷，菖蒲、石菖蒲、美人蕉、千屈菜等都对氮磷具有很好的净化作用。挺水植物的根系发达，根系与水体接触的面积大，也为许多好氧微生物提供了生存空间，它们共同形成了一个净化体系。挺水植物的根部还可以蓄积大量重金属，其对重金属的蓄积作用根部明显大于叶部，水蕹就是一种很好的蓄积植物。挺水植物有许多种类，如风车草、鸢尾、石菖蒲、假马齿苋、席草、羽毛草和水薄荷等，被广泛应用于人工湿地、人工浮床等重金属废水处理系统中，都取得了良好的效果。

2. 植物群落构建

在植物物种合理选择的基础上，可以运用不同种类植物构成植物群落。针对水环境治理的园林水体设计常常有以下几种植物群落设计模式：

（1）物种多样化群落模式

陆生、湿生、挺水、浮水、沉水植物依序构成生态水景的组成部分，并逐步形成一个有机和谐统一的组合体，各组成部分比例协调，景观层次和色彩丰富。这是最常见的一类水生植物群落，一般来说，其分布比较有特点：沿岸边浅水向中心深水呈环带状分布，依次为湿生植被带、挺水植被带、浮叶植被带及沉水植被带。值得一提的是，在一些水环境治理的实践表明，早期采用过多的植物种类，其生态群落反而不稳定。根据生态系统的演替规律，生物群落会逐渐从低级到高级，从简单到复杂，最后趋于稳定。因此可以优先考虑部分沉水植物和挺水植物作为先锋植物类群，等到生态环境逐步改善，再添加更多种类的植物。

（2）优势种主导群落模式优势

种在水景中起主导作用，是景观的主体部分，也是景观的特色部分，其他物种为伴生物种。如大片的荷花形成的景观，点缀有香蒲、茭草和水葱。需要注意的是，优势种主导群落模式并不意味着植物种类单一，而是优势种植物在数量上占据优势，其他植物在设计时依然要做到种类丰富、比例合理。优势种植物在当地环境中生长良好，生态位稳定，不能是入侵植物。白洋淀湿地的芦苇荡广为人知，山东微山湖生态湿地也以其"无边荷景"而闻名。

（3）净化型群落模式

此类景观以大量的沉水植物和浮叶植物为主，水域内点缀少量其他水生植物，主要以保持水质良好、水体透明为主。水质净化型群落模式一般用于水体净化初期、水污染比较严重的环境中，沉水植物和浮叶植物抗性较好，又能够快速地吸收污染物，可谓良好的先锋植物。

（4）沉水植物配置原则

沉水植物在选择时主要满足以下几个原则：

a.根系发达。选择根系发达的品种，以固定沉积物、减少再悬浮，降低湖泊内源负荷。

b.净化效果好，去污能力强。选择对湖泊中氮、磷等污染物有较高的净化率的品种，以降低湖泊内源负荷，防止富营养化。

c.季节与空间搭配原则。根据沉水植物的生态习性选择不同类型的品种进行搭配，在季节转换过程中要选择适应当地气候的品种，并根据空间情况（如底质等）进行搭配，不仅能保证深水区沉水植物的正常生长，还能增加多样性。

d.生态安全。为防止外来物种入侵带来生态灾害，湖区植物尽量选取本土品种或外来本土安全品种。繁殖力强的、不易控制生长区域的品种不宜选择，应选择繁殖能力和生长区域均可控的品种。

e.有一定的美化景观效果。浅水区沉水植物由于生长在较浅的区域，直接影响人们的视觉效果，必须兼顾湖泊的景观功能，选择一些漂亮的、人们喜爱的品种。

f.容易管理。在满足以上要求的基础上，尽量使选择的品种容易管理，以减少维护的工作量。

3. 动物群落形成

在园林水环境中，当植物群落得以设计施工并逐步完善，下一步就需要考虑动物群落的设计和完善。这样才能形成一个完整的、稳定的生态系统。在园林水环境的设计中，主要有两种构建动物群落的方式，一是直接进行动物投放；二是设计动物的栖息环境，以吸引更多的动物类群。

（1）投放动物种类选择

在园林水环境中直接进行动物投放是一种快速而直接的方式，它可以在短时间内迅速建立一些简单的动物群落，有时还能有效地治理污染（一些水生动物类群对特殊的污染有很强的清理能力）。这种方式一般适合初期的、简单的水生态系统。直接投放动物的种类一般为浮游动物和鱼类，这两类动物对水环境的适应能力更强，也更容易对初期的水环境形成有益的改变。浮游动物大多以水体藻类为食，它们对藻类有较强的克制和调控作用。因此在许多由于藻类过量繁殖而引起的污染中，具有很好的效果。

鱼类是水生态系统中最重要的动物类群之一，也是动物投放时主要的选择。投放鱼类时需要把握两个原则：

①种类的选择应与生态环境、生态系统相适宜。

这一点与前面植物种类的选择原则相似。选择的鱼类首先要能够在水环境中良好地生长和繁殖，此外，该种类要与整个水生态系统中的其他种类相适宜，形成合理的食物网，并与其他种类在栖息空间和食性方面能够很好地互补，更好地利用水体空间和资源。

②控制动物投放比例阈值。

动物投放比例阈值没有统一的标准，不同水体的营养结构都是其在和环境协同作用后所形成的特有结构，因此需要分析不同食性鱼类对水生态系统的影响，控制其投放比例，并对其进行长期的追踪管理。在一些研究中，总结了我国人工湖泊的建议鱼类投放比例阈值：草食性鱼类 <6%，底栖食性鱼类 <6%，滤食性鱼类 10% ~ 20%，杂食性鱼类 10% ~ 20%，肉食性鱼类 40% ~ 50%。

（2）动物栖息环境设计

动物群落的构建与植物群落不同，植物群落更加易设计和管控，而动物具有活动能力，动物群落是无法在设计初期就进行全面构建的。一些简单且适应能力强的物种尚且能够在初期投放，但是更多种类需要合适的栖息地才能够被"吸引"到此地生存繁衍。因此在设计中，我们需要对动物的栖息环境进行设计和构建。对动物的栖息环境进行设计和构建需要考虑动物的行为需求，在园林水环境生存繁衍的动物类群包括鱼类、鸟类、两栖类、爬行类、哺乳类和无脊椎的甲壳类。其主要的行为需求包括栖息需求、觅食需求、繁殖需求和节律行为需求。

①栖息需求

栖息是包含范围最广的需求类型。大致是指动物在园林水环境中进行停留和行动的需求。满足动物栖息需求的空间需满足几个特点：有特殊的可供动物停留的设施；足够的安全性；良好的自然环境。

a. 可供动物停留的设施

停留设施类型因动物的类型而异。在园林水环境中，最常见的动物类型是鱼类和鸟类。大多数鱼类没有特殊的停留设施要求，只需要适当的水生植物即可。而鸟类所需要的停留设施则非常有特点：伸出水面的树枝和木桩，在自然环境中经常可以看到鸟类停在水面的树枝上。在园林设计中，人们也根据鸟类这一行为特点，在浅水区域和湿地中人为设计树枝和木桩，以此吸引不同鸟类前来停留。许多两栖类和爬行类也有停留的设施需求，但是和鸟类竖立的树枝木桩不同，这几类动物不能攀爬到高处，因此在园林水体设计中，常常在浅水区域和湿地中人为放置卧倒树桩和浮木，供两栖类和爬行类停留。前文中提到的浮叶植物，除了水体净化和植物群落的营造功能，也为一些两栖类和昆虫提供了水上的停留空间。

b. 足够的安全性

在园林水环境中，大多数动物对人类会进适当行回避，还有一些动物具有领域特征。因此如果希望动物长期停留和栖息，就需要为它们营造相对安全和私密的空间。这一点鸟类与爬行类表现的比较明显。它们喜欢栖息在具有一定封闭性的防护性浅水湾，所以在鸟类与爬行类经常活动的地方，需要适当种植一些具有遮挡性的植物，同时不要设计过多的人类活动设施。

c. 良好的自然环境

多数动物和人类一样，倾向于在自然环境更好的地方栖息。长势良好的植物、清洁的水体、湿润的小气候，都是吸引动物的特征。

②觅食需求

觅食需求是动物最基本的生存需求，有食物，才可能存在相应的动物群落。动物的食性主要分为草食性、肉食性和杂食性。其中，肉食性动物在设计初期是难以吸引和控制的，需要生态系统的整体构建和维护。草食性和杂食性的可以通过初期植物种类的选择和植物群落的构建来解决，这一点在上文中也有所提及。对草食性鱼类来说，多数沉水植物是它们食物的主要来源，因此种植和构建丰富的沉水植物群落可以为草食性鱼类提供良好的生存环境。也有一部分植物可以为鸟类提供食物来源，包括杨梅、枇杷、茭白、莼菜、慈姑等。而对一些昆虫而言，蜜源植物无疑是吸引它们的重要因素之一。

③繁殖需求

动物若长期生活在某一环境中，就对环境有繁殖空间的需求。繁殖需求最需要的空间就是筑巢产卵的空间。在园林水环境中，不同类群动物的巢穴一般位于植物、水底和水岸上。几乎所有的鸟类的巢穴都位于植物上，因此在园林水环境中，岸边最好能有较高大的乔木，要不就需要具有遮挡作用的植物（如芦苇、蒲苇等），为鸟类提供安全筑巢的空间。此外还有一些园林植物可以提供筑巢的材料，包括水杉、枫香、女贞等。一些鱼类的巢穴位于水底，一般需要丰富的沉水植物和挺水植物（根系发达），以及较为粗糙的底面质地（如卵石等）。而相当一部分鱼类、两栖类和爬行类的巢穴位于水岸的池壁上，它们一般需要自然的土壤、石壁以及粗糙的表面构造。前文提到的鱼巢砖、生态连锁块材料，就为这些动物提供了大量筑巢的空间。

（3）节律行为需求

节律行为是动物最常见的行为之一。在园林水环境中，部分鸟类有迁徙行为，而部分鱼类有洄游行为。鸟类的迁徙行为触发的主要需求是栖息需求，如上文中提到的一样，需要停留的设施和较为安全的环境。而针对鱼类的洄游，也有一些生态的设计手段，最常见的是鱼道。鱼道通常出现在水坝和桥梁中，由于这些设施影响了鱼类洄游的路线，因此人为开辟通道供鱼类通过。鱼道设计时，应当注意坡度和宽窄，以此控制水的流速，鱼道中水的流速应小于逆流而上的鱼类游动的速度，这样鱼类才能顺利实现洄游。值得一提的是，根据对动物行为需求的研究，发现园林水环境中最适宜动物生长的区域是水陆交错的区域。这里由于水体的不断侵蚀和营养物质的堆积，为多个物种的生存提供了良好的条件，这里往往生物种类丰富，生态系统也较为复杂和稳定。水陆交错区是许多两栖类和鸟类的栖息地，干旱季节的水陆交错区为水鸟提供了庇护区和繁殖地，它还可作为鸟类迁移途中的歇脚地。因此，对水陆交错区域各类特性的研究，有利于水生态系统的构建。

4. 生物群落构建

生物群落是生态系统物质循环的重要载体，群落的结构、物种等因素都影响生态系统的物质循环。河岸植被、水生植物、水生动物和微生物是水生生态系统的主要生物。微生物对水体中有机物和营养盐分解起着重要作用，但自然界中微生物种类复杂，稳定的微生物群落仅靠人工手段很难构建，往往需要为其提供适宜的生长环境。在园林水体设计中，需要有目的地考虑微生物生存环境的构建。常见的手段包括向水体中增加氧气、种植挺水植物、为微生物提供可以附着的介质等。在动植物、微生物都有良好的生存环境时，需要对生态系统中的各类生物进行调查和调整，一是要使它们形成关系稳定的食物网；二是使它们的生态位能够很好地互补，更好地利用水体空间和资源。

综上所述，水生态系统的构建是一个相对复杂的、长期的过程。在设计时，需要在对水环境进行足够的研究和了解的基础上，进行植物群落的设计、动物群落的构建。水环境中的生物群落在构建时需要考虑其自身适宜生长的特性，因地制宜。在水环境治理时，考虑水体的特性，选择可以发挥生态效能的动植物群落。

第四节 基于人类活动的园林水体设计

一、满足人类亲水性要求的设计

人类具有天然的"亲水性"，这一点我们的祖先很早就意识到了，在欧洲古典园林中，人们常常会在水池边举行集会宴饮活动，我国古典园林中更是把许多亭、廊、阁、榭都设在水边，并认为这些邻水建筑是园中最佳的观景点之一。

园林中的水环境设计，从人类活动的角度来说，首先要满足人们的亲水性需求。不过从另一个角度来说，人的"亲水性"不能够过度扰动水环境，给水生态系统带来负面的影响，这就要求在园林水体景观设计时，充分考虑亲水设施的地点布置、形态材料和施工方式，降低对生态环境的干扰，同时还要考虑这些设施的安全性，防止游客失足落水。常见的亲水设施有桥梁、亲水平台、亲水广场、码头、栈道、滨水道路、观景观测设施等，还有一些服务设施的设计也对水环境有一定的影响，譬如公共厕所的布置与设计。

（1）桥梁

园林水体景观设计中最常见的设施，桥梁是为连接水体两侧的通道而存在的。园林中的桥梁包括步行桥和车行桥。调查研究表明，桥梁在施工阶段会对水环境产生一些负面影响。因此在桥梁设计和施工时需要注意：一是选材的科学环保，尽量选择竹、木、石材等自然材料；二是桥梁设计阶段注意做到低能耗；三是在施工阶段注意管理，尤其是施工时的泥沙、混凝土不要大量混入水体造成污染，施工机械的污水也要进行适当处理。前文中提到生物群落的营造，水生生物的行为需求也是影响设计的因素之一。在近些年的设计中，能够看到一些不仅考虑人类通行需要，还能考虑水生动物栖息的"生态桥梁"出现，许多桥梁结合"鱼道"，为鱼类的洄游提供了方便。

（2）亲水平台和广场

亲水平台和广场是园林中人们进行亲水活动的最主要设施，传统意义上的亲水平台和广场为人们提供了一个近距离观水的空间，在现在的许多设计中，则增加了许多较为有趣的内容，人们可以更近距离地接触水体，增进对水环境的认识。值得一提的是，亲水平台和广场的设计在增进游客与水体亲密接触的同时，还需要考虑安全问题，防止游客失足落水。

（3）码头

人们在码头主要进行两类与水有关的活动：泊船和垂钓。这两项活动都对水环境具有较深远的影响。泊船本身对水体影响不大，但是行船时使用的动力可能会污染水体，因此需要使用清洁的能源。垂钓是一项古老的娱乐活动，在对鱼类生存繁殖影响不大的情况下可以进行，但是大多数园林水体中的生物群落其实比较脆弱，因此需要对游客的垂钓行为进行管理，避免过度的垂钓。

（4）栈道

栈道是人类进行亲水活动的重要设施之一，是园林水体设计中道路的一种特殊类型，在设计中占有重要的地位。"栈道"最早指沿悬崖峭壁修建的一种道路，后来泛指各类下层架空的通道。栈道本身就是一种对水环境比较友好的设施，其"下层架空"的结构意味着减小对水环境的影响。栈道在设计时一般也采用比较环保的材料，最常用的是木材，石材、竹、钢结构也经常使用。

（5）滨水道路

滨水道路一般分为人行路和车行路，人行路除了前文提到的栈道，其他基本上属于满足人类亲水需求、在水边设置的普通道路，这类道路对水环境基本无影响，唯一需要注意的是多使用生态环保的材料，比如使用透水材料，增加雨水的收集，使其汇入水体中得到净化和再利用。车行路与人行路相似，对水环境基本无影响，但是需要注意的是，车行路在设计时最好不要离水岸线太近，同时在车行路和水岸线之间的区域，可设计植被，减少汽车尾气对空气和水环境依然会造成的污染。

（6）观景观测设施

观景观测设施出现在许多湿地郊野公园和自然保护区内，最常见的如观鸟塔，这些设施大多采用生态材料构筑。此外，一些设计还别出心裁地将人的观测活动与动物的栖息放在一起考虑。仍然以观鸟塔为例，一些湿地保护区中的观鸟塔同时具有研究、观测、鸟类栖息的功能，既为部分鸟类提供巢穴，又为研究人员提供观测和科学研究的场所。

（7）公共厕所

公共厕所是园林中必备的服务设施，这里将其单独列出，主要是需要强调，公厕是生活污水重要的产生地之一，在设计时一定要有完善的给排水系统，并对生活污水进行妥善的引流和处理，避免对附近的水环境产生影响。

二、反映审美情趣的设计

景观是环境中具有普遍价值并能被人的视觉所感知到的外部形态的组合。简而言之，景观给人以美的感受。因此在园林水环境治理中，水环境治理的生态价值与美学价值需要相互平衡，我们应该以既有利人体健康的生理愉悦，又满足人们视觉感官美观的心理愉悦为出发点，通过生态设计、生态工程的科学方法，来建造美的"生态景观"。

美的园林设计一般遵循以下三个原则：

（1）统一与变化

统一与变化是形式美的主要关系。统一意味着部分与部分及整体之间的协调的关系，让人产生温和、稳定的感觉；变化则表明其中的差异，给人丰富多变的视觉体验。一个景观的整体应该是统一的，而变化是局部的。统一与变化表现在景观的形态、排列、质感、色彩等多个方面。对园林水体设计而言，水体平面边界的设计大致可分为曲线和直线两种，仅仅从美学的角度来看曲线形和直线形各有特点，曲线形代表着自然、柔和的形态，而直线形则更加富有现代气息。在实际应用中，曲线形则具有更大的生态效益，因此在设计时，可考虑曲线形为主，在人群活动较多的地区灵活运用部分直线形，达到生态价值与美学价值的平衡。此外，水体的植物设计同样遵循统一与变化的美之法则：湿生植物群落的配植主要考虑群落层次形态和季相变化两个方面。层次形态应注意高低错落，疏密有致；季相变化方面则要注意四季皆有景可赏、植物色彩的搭配和变化等问题。

（2）比例与尺度

比例是使构图中的部分与部分或整体之间产生联系的手段。比例与功能有一定的关系。空间的大小尺度不同，给人的感受也就不同，其功能各异。在自然界或人工环境中，但凡具有良好功能的东西都具有良好的比例关系。例如，人体、动物、树木、机械和建筑物等。就水环境而言，不同的水体形态给人以不同的感受，海洋给人深邃辽阔之感，湖泊给人宁静惬意之感，江河瀑布汹涌浩荡，山涧小溪轻快活泼，水体的不同尺度给人以不同的感受与美。地形设计也对水体的美学价值产生了重要影响，可以大大丰富场地的空间层次和景观的多样性。地形设计在水环境治理中又可以和跌水曝气、雨水收集等技术相结合，应用十分灵活。

（3）多方面的感官体验

视觉体验固然是景观的重要组成部分，但是听觉、嗅觉等体验也起到了不可忽视的作用。就听觉体验而言，水体是景观中重要的声音来源，高差造就的流水带来悦耳动听的水声，这是有别于视觉美感的另一种美。听觉、嗅觉等体验造就了景观不同层次的美，也使游客的体验更加丰富和完善，是园林水体设计中值得关注的一环。

三、实现科普教育价值的设计

在进行园林水体设计时，科普教育功能应当被纳入考虑范围中。目前已有多种科普展示设施可供游客选择。从互动的方式来看，大致可分为非互动式科普展示设施和可互动式科普展示设施。非互动式科普展示设施是最常见的类型，它包括绝大部分的科普展示牌和其他各类纯文字、图片和影像的展示设施。尽管它们比起可互动式科普展示设施，其科普教育的作用要小不少，也存在不容易被儿童等人群接受的问题，但是也有很多优点。其中最大的优点就是造价低廉且易于施工，大多数展示牌的制作比较方便，用料轻便，可批量化生产，科普教育的内容也可以方便在书籍和互联网上获取。另一优点是耐久性好，便于管理。在许多园林水环境中，科普展示设施需要长期暴露在自然中，受到风吹日晒，相比可互动式科普展示设施，非互动式科普展示设施可选择石材、金属、木材等作为材料，并且不会因为过度使用而快速损坏。可互动式科普展示设施是近些年来的研究与设计热点之一，"可互动"意味着游客不仅仅是被动地接受图片、文字等信息，而是可以主动地查阅自己感兴趣的内容，并通过对动态现象的观察、听觉视觉触觉的全面感知、交互游戏等方式更加深刻地体验科普教育的内容。

可互动式科普展示设施的优点是显而易见的，它更能激起游客的兴趣和求知欲，展示手段也更加活泼和多样化，其科普展示效果也大于非互动式科普展示设施。但是可互动式科普展示设施也存在一些问题，比如造价昂贵，维护也比较麻烦（一般需要专门维护，否则容易因为过量使用而造成损坏）。此外，目前的可互动式科普展示设施多为电子设备，一般只能放在室内或者半室内空间中，在野外环境中极易造成损坏，在园林水环境中，水就更容易对它们造成损坏了。

综上所述，人类虽然不是园林水生态系统的组成部分，却对园林水生态系统造成了深远的影响，人类参与水环境，在其中进行活动，得到娱乐、教育、美学方面的回馈，同时也根据自己的意志，对水环境进行改造。人与园林水环境是一个相互影响的关系，当人类将水环境治理得更好，水环境的审美价值也进一步提高，从而吸引更多人参与到水环境中，进行各类活动和科普教育，科普教育提高了人们对水环境的重视和爱护，又让更多的人投身到水环境的治理和保护中。

四、水体长效管控

（一）动态发展模式与分期治理规划

动态发展模式或者说可持续发展模式最早由美国著名设计师詹姆斯·康纳（JamesCorner）领导的菲尔德设计团队（FieldOperation）提出，被应用于美国纽约清泉公园的生态修复与设计中。FieldOperation 的规划不同于以往的固定化设计，它提供了一个建立在自然进化和植物生命周期基础之上的、长期的策略，以期修复这片严重退化的土地。该方案在尊重场地现状的基础上，既使环境得到了逐步改善，又为场地的长期发展赢得了资金。水环境治理的思路十分需要动态化的考量，可以说整个水生态系统的形成是一个长期的、需要不断调控的过程。因此在后期管理中，可以将水环境的恢复分为若干时期，为每个时期制定可行的目标，再依据每一阶段的治理成果，适当调整下一阶段的目标与计划。这既使水环境得到逐步改善，又节约了开支，为水体长期的良好发展创造了条件。

（二）设施维护与即时监测

在后期管理中，设施维护和即时监测是两个重要且基本的环节。设施维护主要是指污水管网和公共设施的维护。污水管网直接关系到水体外源污染的排放，因此需要严格把控。公共设施所涉及的面则比较广，包括环卫设施、交通设施和其他服务设施等。环卫设施在维护时处于相对重要的位置，包括化粪池、公共厕所、垃圾桶等，这些环卫设施一旦维护不当，容易对水环境造成污染，因此最好设立专属人员进行管理维护。即时监测可以说是检视水环境优劣的一双"眼睛"，它可以随时发现水环境可能面临的危机，或为后期的持续治理提供帮助。即时监测最基础的项目是水质监测，可以直观地地反映水体受污染的程度。此外，鱼类活动、底栖动物栖息、植物生长等情况等也是监测的常见项目，它们对水体生态系统的调控具有积极意义。

（三）生态保护与管理

生物 - 生态修复技术与传统的物理化学技术的一个显著不同，就是对后期的生态保护管理要求较高。生态系统的恢复是一个缓慢的过程，因此该地区的生态系统需要持续的保护与管理。对生态系统的保护管理主要体现在水生植被管理、动物群落管理和长效运行机制的建立。水生植被管理是在设计及并初步建成水生植物后进行的，此时的水生植物群落比较脆弱，可能会出现各种问题，如某一种类取得优势后，抑制其他种类的发展，群落趋向单一，生物多样性降低，从而降低了整个生态系统的稳定性。此时就需要对植物群落进行动态的调控，控制水生植物密度和优势度，以保证其稳定。

　　动物群落管理与水生植物群落的管理相似，一开始的动物群落相比植物群落，更加脆弱和不稳定，因此需要对动物群落进行监测与调控。此外，在生态系统构建的不同时期，需要保持不同的动物群落结构，对各种动物生物量与体积进行控制，以促进整个水体生态系统的良性发展。长效运行机制的建立是针对整个水体生态系统而言，在系统优化调整过程中，通过对系统中各个要素的连续监测来分析影响生态系统正常运行的内外因素，同时优化水生高等植被结构、食物网结构和底栖生态系统结构，统筹协调生态系统各营养级，最终建立稳定、长效的清水型生态系统。

第十四章 基于感官体验的环境艺术设计及应用

第一节 环境艺术设计中感官体验的现状分析

随着社会和经济的迅速发展，人们对精神文化层面的需求日益迫切，更加注重与环境的交流和感知来释放和缓解生活压力。在人们更加注重环境和景观所带来的享受的同时，更加要求在景观环境设计中能够结合人体感受系统进行引起人与环境交流对话的人性化的景观设计作品，满足更多人群结构和使用需求的设计作品。所以目前的园林景观设计发展的方向是研究如何营造多感官的园林景观环境。

一、感官与感知

感官就是在感受外部的一些刺激的情况下使用的人体的感觉器官，主要是鼻子、眼睛、舌头、耳朵和皮肤等。所谓的"五感"，即鼻子产生的嗅觉、皮肤产生的触觉、舌头产生的味觉、耳朵产生的听觉和与眼睛产生的视觉。但是随着我国医学水平的进步、我国科技生产力的进步与发展、对生物学的研究和人类大脑及大脑皮层的研究发现探索的深入，人们在五感这些传统感官的基础上又有了新的发现，下面介绍几种传统的"五大"感官外的感觉：

平衡感。平衡感是指人体在行走或站立奔跑时能够一直保持平衡，处于站立状态而不会因此摔倒。通过科学研究发现，人体平衡感是由位于人体内耳的淋巴液这种物质所控制，再通过与视觉等感觉器官相互配合使用，才使人能平稳不摔倒地四处奔跑走动。

本体感觉。研究发现当我们闭上眼睛抬起手进行手部活动，不用眼睛去看我们的手部在哪里，我们也知道我们手所在的位置。这种现象就是人体的本体感受在发挥它的作用。本体感受让人可以不用去看自身器官就能知道自身身体部位所在的空间位置。这种能力虽然听起来好像没很大用处，但是如果人体没有这一感官进行感受，在日常生产活动中人们就需要一直不停地低头看着自己的脚才能正常行走，一直看着自己的手才能正常工作等。

热觉感受。热觉感受是指当我们坐在炉火旁时，我们能够明显地感觉到炉火的热量。当我们将一根冰棍从冰箱里拿到外面，我们可以非常明显地感受到冰棍带给我们的"冷"。所以说我们皮肤上的热感受器能感知周围环境中的温度变化。人体能够感知冷和热的这种能力被分类到人体触觉感知之下，主要是因为人们日常社会工作中也无须完全亲自用皮肤去接触某高温物体去感受它所存在的热度（如我们坐在热烘烘的炉火边，我们的身体无须亲自碰到炉火，但是我们还能够很明显地感觉到来自炉火的热量）。因此，热觉感受在后续的研究中被研究者单独归纳为一种身体感官。

疼痛感。疼痛感可以使人体感知所遭受的疼痛。研究者发现，以往的研究中身体的热觉感受与人身体的伤害感受在研究中常被混淆在一起进行研究。那是因为在某种程度上，人身体的这两种感觉感官在感受到环境外部刺激之后都会传送到我们人体相同的皮肤感官神经元中。深入的研究发现伤害感知器存在的位置不仅分布在人体皮肤，而且分布在人体的骨头、内脏和关节等部位。随着科学的发展，人体的奥秘被不断地解开，我们对感官有了新的认识，也对人体自身有了更多的了解。

二、园林构成要素的五感设计

根据对构成园林环境中各种事物的研究，园林景观的构成要素大致分为五类：首先是构成园林景观的骨架——山水地形；其次是普遍存在于园林景观环境中的植物；再次是园林建筑，以及分割园林空间和组织游览的广场与道路；最后是对园林环境进行点缀的园林景观小品。

（一）地形

在园林景观中，地形是构成园林骨架的重要因素，营造园林中的地形能够起到划分和营造园林空间，构建宜人的小气候环境以及成为视线范围内的构成风景等多种功能。地形还能影响园林特色和它的园林特征。地形的设计能够从视觉上对使用者产生感官和活动的影响，不同的地形特征能够对不同的人群引起不同的视觉感受，进而营造出不同的景观环境空间。

1. 平坦的地形

平坦的地形在地形的变化上较少，事物的遮挡较少，人在平坦的地形环境中很容易一望无际，具有较长的视野。在平坦的景观地形中，园林中所涉及的景观事物都很容易被人观测到，引起人的视觉感受，园林中的景观还可以在视觉上形成相互的关联；在地形平坦的景观空间中，与平坦的地形形成垂直关系的景观事物更容易被人观察到，越高的事物越容易引起人的关注。这类景观环境在园林实践中主要由开阔草地和广场等。

2. 凸起的地形

凸起的地形是平坦地形的基础上的局部地区在海拔上抬升形成的，这类地形因为凸起的顶部和形成的坡面对景观环境形成了空间分割，阻挡了视线的出入从而限制了空间。在凸起地形的顶部形成一个高于平坦地形的视点，所以在凸起地形的顶部向外观望视野非常好，容易形成鸟瞰景观，而且凸起地形的顶部自身也可以作为一个平坦地形中的焦点，成为景观环境中的一景，具有较高的景观支配地位。凸起的景观地形可以在园林景观中作为一个突出的地标性标志，在园林景观环境中起到导向或者定位的作用。这种凸起的景观地形在园林中的实践有丘陵、土丘和小山峰等。

3. 凹陷的地形

凹陷的地形在园林环境中能够使人的视野向内引导，形成一个聚焦的空间。在凹陷的地方视野水平方向受周边地形的限制，而在垂直方向上的视野能够使感官感受中的比重得到加强，所以凹陷的地形能够给游览者提供具有垂直方向的视觉焦点，可以成为理想的表演舞台。在园林景观环境中，关于具有表演类需聚焦视线的活动空间宜使用凹陷地形来达到目的。

（二）水体

水体在园林环境中能够营造出良好的听觉环境，而构成水体的水则可以极大地引发人的触觉共鸣，当然水体依旧能够带给人极大的视觉体验。园林中水的流动及开阔的水面能够给园林环境营造出极好的视觉感知环境，流水的声音亦能在人的听觉感官上营造出动听的旋律。并且人是具有亲水性的，触碰和抚摸流水能够引起人体触觉的感知。园林环境中水体通过它的流动以及变化能够给人视觉、听觉和触觉上的感受，使人心情愉悦，这种感受也是人体躯体感官独特的体验。

（三）园路和广场

在园林景观中园路和广场是园林使用者活动和参与园林的主要场地。园林中的园路在游览时能够引导游客的视线，广场中的景观亦是游客视线的焦点。广场和园路的色彩和肌理能引起游览者视觉和触觉的双重感受，不同材质和纹理的景观铺装材料能给游览者不同感受的游览体验。对园路实际设计中感知的景观设计要紧紧抓住特点，对园路铺装的纹理和触感、色彩和肌理等都要加以严格的要求和精心的设计。例如，园路在设计时除去要考虑指向性明确简捷的要求之外，还可以增加曲径通幽的改变，铺装的变化亦能在引导游览者方向的同时，增加感官体验。

（四）植物

植物景观能够在园路环境中以各种各样的形式存在，在游览过程中我们感受植物时是通过植物整体的形象，从植物的叶片色彩和空间大小等方方面面进行观测感受。植物的色彩和大小引发人体视觉的感知，风吹树叶形成的沙沙声引发人体听觉的感知，花朵和树叶释放的香气引发人体嗅觉的感知，果树所结出的果实引发人体的味觉感知，植物本身不同的纹理和树干等又能引起人体的触觉感知。综上所述，园林景观环境中，植物是最能同时激发人体五官感受的景观构成要素。

（五）园林建筑及基础设施

建筑及设施是园林环境中协调人与自然环境关系之间的纽带，游览者想要亲近自然，而自然又与人在某些方面具有不适应性，所以园林建筑就成为搭建人与自然的桥梁。在园林中，园林建筑与设施的加入是为了更加亲近自然，然而，不合理地增加建筑与设施反而会达到不合理的效果。

第二节　视觉要素在环境艺术设计中的分析

一、视觉感知在园林景观设计中的研究现状

自古以来，人们通过视觉感知来欣赏自然美景，探索与捕捉外界事物，所以以往的园林景观设计主要集中在视觉景观设计的表达上。在视觉景观设计的表达与探索中，国内外地形园林景观设计积累了丰硕成果。视觉元素在景观环境设计中运用已久，园林环境是通过将环境中引起人情感共鸣的景物建造在生活环境中，所以园林环境是首先为人们提供视觉享受的，无论何种风格的园林形式都是在视觉设计的基础上发展而来的。

二、视觉要素在环境艺术设计中的应用

视觉景观的设计主要由颜色、形体和纹理三个视觉要素组成。

（一）颜色

颜色是人体五种感觉中最容易引起注意的元素，它能引起人们对人体器官的关注。一方面，人体的生理感受将极大地使人们对周围事物的颜色产生心理感受，如温暖感、距离感和严重性感；另一方面，作为使用园林景观的人接受的文化意识。在园林景观环境的设计中，植物的颜色和周围的结构作为园林景观的背景色是园林景观的主体。除此之外，一些雕塑和街道标志是园林景观的基本颜色；移动人群车辆和公共交通是园林景观的前景颜色。对所有这些不同颜色的应用和控制，将会在园林景观环境和园林景观文化的环境中起到非常重要的作用，在塑造人的身体和环境的情感方面起到决定性的作用。

（二）形体

在园林景观设计中，道路周围的景观环境，小如路灯、街道标志、道路节点，到大的绿色景观、道路，这些看似不同的景观元素，均有各自不同的组成元素：点、线、面、体。在路上的风景，"点"是相对较小的园林景观环境，和它的位置、颜色、材料和其他属性相对独特，可以很容易地被感知；"线"是园林景观环境中具有连续性和方向性的视觉元素。线性景观元素有一个独特的线性形状，主要包括道路、绿色道路、街道树、地平线、天际线和其他一些线性元素。线性景观元素在园林景观中的应用首先突出了道路的线性视觉元素，用户首先视觉感知的是形状；"面"景观元素是一种视觉元素，在景观中，一种物质是同质的，在所有的方向上延伸，形成一层或一块。园林景观中景观元素的把握与园林景观的整体效果有关。例如，园林景观设计中的路边绿地是代表地表元素的景观范例；"体"景观要素是指在园林景观环境中，以点与线相结合的三维物理景观要素。"身体"景观元素可以是现实的真实的质粒，如园林景观中的街道雕塑，或者是相对开放的空间主体，如园林景观支撑施工。换句话说，园林景观的所有景观元素都是通过"景观"的元素，在园林景观中呈现出来的，然后通过人体视觉感知器官感知到。

（三）纹理

纹理是指观察对象表面的触觉和视觉识别特征。纹理主要包括观察对象的纹理和观察对象的纹理，物体的条纹、网格或网格纹理；而肌理指的是人体表面的一些立体特征，即触感、表面光滑或粗糙表面。当我们感受事物的质地时，我们就能从微观、中观和宏观三个层面上把握园林景观环境的纹理，这取决于我们所感知的距离。首先，微观层面主要是针对不同基础材料的质地。例如，园林景观中不同路面材料所产生的视觉感知在机制层面上是不同的；其次，中观水平，即是园林景观的主要材料；最后的在宏观层面，主要是在道路主体之间的景观与绿化的整体把握的纹理之间的道路。通过这种方式，对三种不同层面的纹理的感知可以使园林景观环境更加丰富和合理。

三、注重视觉感知的营造

在景观环境设计中，设计的目的就在于营造一个供使用者观赏游览的活动空间，而环境的使用者在观赏游览过程中通过自身感官器官来感知周边环境。其中，眼睛是整个感受过程的开始，也是最重要的部分。当人进入某一园林环境中时，眼睛可以首先在几十米外看到园内景观，这时其他一些感觉器官还没有发挥作用。所以整个环境的感知首先由视觉感知来完成，通过视觉感知来体验景观环境中景观事物的形体、空间、色彩以及所产生的光和影。

（一）光影的构建增强视觉感知

光影是当光照穿过环境中构筑物在地面形成的阴影，当构筑物具有孔洞和镂空或造型奇特等情况时光影产生奇妙的变化。在景观环境中光影的产生是构成景观环境的要素之一，游览者对光影的感知首先由眼睛产生视觉感知，视觉感知引起人体大脑的响应，进而对其产生意识识别。在感知的过程中，美轮美奂的光影环境还可以进一步引起游览者心灵的共鸣，产生意境感知。

光影在景观中的应用主要在于景观中建筑、植物和水体中的应用。在建筑方面主要通过增加透光和滤光的构筑物来增加景观建筑空间中的光影变化；在景观植物中的应用主要是利用一些植物的树枝树叶等在自然光照下产生树影斑驳的美丽景观；在水体中主要利用在水边构筑建筑和种植形态优美的植物来在水中形成倒影。

（二）色彩的渲染增强视觉感知

环境是由所处空间中的事物构成的，人在欣赏环境中通过观测事物表面的颜色来了解和认识事物。所以在景观环境中，人们偏向于观察有色彩的事物，事物表面的色彩也最能引起景观空间使用者的注意。于是色彩成了园林景观环境设计的要素。通常在园林景观环境设计中，根据事物色彩的构成方式可以把园林景观中的事物的色彩分成两种，分别是事物的装饰色和事物的原本色。我们所讲的事物的原本色就是指园林景观环境中物体本身所固有的基本颜色；园林景观环境中各设计要素通过人工装饰的方式使其才有的颜色我们称之为园林景观环境的装饰色。

设计要素的固有色是事物原来所具有的本来色彩，所以更容易与园林空间中其他环境相融合；而装饰色具有人工修改的痕迹，与自然环境格格不入，所以在园林景观环境设计中，我们可以根据不同的情形选择不同的设计色彩表达景观环境的内涵。若想要使园林景观环境与环境自然融合展现其自然美和植物本质的美，就需要我们在景观环境设计中对事物本身固有色的使用尽量加强；若想突出景观环境中的某个景观节点，则可以使用人工装饰色使其突出鲜艳，从而达到引起使用者注意的效果。园林景观环境中人工装饰色的引用主要应用于园林景观环境中铺装、园林景观环境小品、园林景观环境建筑等硬质铺装部分。

在园林景观中通过各种景观构筑物和景观环境中光线的变化形成色彩丰富、变化多姿的环境景观。与此同时，园林景观环境还受环境中游览者视野的变化，景观环境中时间的变化和季节的更替产生具有时间和空间差异的环境色彩变化。于是在进行景观环境设计营造的过程中设计者应当根据游览者的需求从环境的时间因素和游览者的生理特征等方面进行景观环境的色彩搭配和设计。

随着季节的变化，园林植物的色彩随之发生改变，不同的植物色彩表现出景观环境中不同的季节特色。例如，春季，桃花、迎春花等植物复苏，生长开花发芽，五颜六色；夏季，杨柳、梧桐等植物亭亭如盖，绿树成荫；秋季，银杏、枫树等植物落叶萧索，红遍山野；冬季，植物的枝条苍劲有力，色彩各异。人体长时间地观看园林景观环境中比较单一的色彩，会容易产生生理和心理上的疲倦，进而对园林景观环境的欣赏感知能力急剧下降。只有通过对园林植物和景观构筑物不同色彩进行艺术的搭配，才能缓解游人在单一环境下产生的疲倦感，使人在景观环境中感受到更多的乐趣并享受其中。

（三）空间和形态的差异提升视觉感知

园林景观环境中景观设计同样也在营造园林景观环境的形态与空间。园林景观环境空间中的色和彩、形和态、线和条以及阴影等都是构成园林景观环境空间的重要元素。环境色彩让景观空间变得更加丰满，事物形态使环境空间更加有趣丰富，事物的线条结构架构了园林景观空间的骨架，事物的阴影使园林景观环境空间出现秩序和层次。园林景观环境中的景观空间是一个综合了平面视觉、立面设计等经过艺术加工处理后的多维景观概念。园林景观环境中，眼睛产生的视觉上的体验感受在身体感受过程中占有相当大的比重，景观设计中设计者如何有效地利用并营造出园林景观环境中全新的体验感是园林景观设计的重点。不同的园林景观形态和园林景观环境空间给人体的视觉体验全然不同的。

在园林景观环境设计中，作为设计师应避免将园林景观环境体验和空间分割开来。应该把使用者——人和园林景观环境中的景观相结合，来思考和做出判断，然后再进行园林景观环境设计。尤其是在园林景观环境中一些小空间的设计中，两者的融合显得更加重要。

第三节　现代环境设计中感官体验设计的发展应用

一、发展背景

随着人民物质生活水平的不断提高和我国社会主要矛盾的改变，人们的欣赏水平也不断增强，对美学欣赏、休闲保健和健康疗养等方面提出了更高的要求。道路作为城市的动脉，是城市人流活动与利用最频繁的场所，是城市园林景观设计中使用者参与最多的环境空间。在当今社会形势下，城市居民生活以及工作压力大，需要一些使其生活和工作得到满足的场所，而道路环境则是城市居民生活工作中接触停留次数最多、时间最长的场地。目前，在我国大部分城市中的公共休闲空间，包括主要城市的公园和绿地，大多数城市景观道路设计主要体现在使用者视线感受层次，当使用者长期处于这样一个视觉上色彩缤纷的园林景观环境中，周围环境就会变得单调和乏味。使用者和环境缺乏情感的沟通，便无法从其他感官来感受。随着居民生活水平的提升，人们更加迫切地需要一个从多感官来使人愉悦的园林景观环境，所以从"五感"以及人的多重感官着手进行园林景观设计是现代社会形势下满足城市居民生活需求的必然发展趋势。

二、五感设计

人体在景观体验活动中产生的感受其实是比较综合、立体的，五感设计是指将人体五官的感知感受（鼻子的嗅觉、舌头的味觉、皮肤的触觉、眼睛的视觉和耳朵的听觉）综合全面考虑到所设计的产品和作品当中，能够充分、综合、全面地提高人体对景观环境体验的舒适度和满意度。通常情况下，人们了解某种事物都是首先通过眼睛的观察来形成初步的印象，然后在整个过程中用单一感官去感受事物。然而，每一件具体的事物都可能由不同的感官要素构成，当人们通过不同的感官去体验事物，就会形成与以往不同的感受和想法。

在一些平面设计作品中，设计者所表达信息的手法已经不再仅仅是通过单一的眼睛所带来的视觉上的表现，更是在充分利用了人体的五感——包括皮肤的触觉、舌头的味觉、鼻子的嗅觉、眼睛的视觉、耳朵的听觉的设计信息表达作品情感反思的模式，从而以非常愉快、强烈、刺激的方式来激发人体以前未曾感受感知的作品表达的信息元素。

三、现状分析

（一）听觉感知在园林景观设计中的现状

在中国古典园林设计过程中，设计者注重环境中不同种类声音信息的捕捉，所以整个过程中听觉感知与景观环境密不可分。从古代文化社会和古典艺术审美的共同角度来看，园林景观环境的设计始终是在研究景观环境中人与景观中声音的直接关系与间接关系。现代园林中，研究者着重研究游览者所在的景观环境中的声响及声音对人体自身生理及心理产生好的抑或坏的影响的研究。研究者对景观环境和自然环境及城市环境中存在的声音进行了很多的研究，通过对现代都市中声音对景观环境的响应机制的研究来评价和衡量景观设计在何种程度上抑制噪声在城市环境中的传播，从而建设美好的生活环境。

自然风景类的环境景观设计者通过研究自然声景观在自然环境中的变化规律，从而充分挖掘，科学利用，进而结合实践对比园林景观设计源于声音要素的研究，创新得出关于听觉感知景观表达的新的设计手法。园林中通过展现痛觉元素来进行景观设计的例子比比皆是，但是主要通过流水、植物和园林动物来展现。如在我国古代园林中无锡寄畅园的八音洞，利用地形上西高东低的优势，引来院外之泉水，在园林环境中流淌，水声变化多端，形成如八种乐器合奏的声音效果。再如，苏州留园中的古藤绕廊，"风休花尚落"等优美景色，通过风吹动植物形成如此美妙的声音。园林动物如青蛙、小鸟等都能形成优美的听觉环境。

（二）嗅觉感知在园林景观设计中的现状

嗅觉感知在景观设计的研究中主要以芳香植物的研究为主，在芳香植物释放芳香物质成分的研究基础上进行不同植物间的搭配研究。在前期研究中，主要是对现有的芳香类植物根据生长习性、形态大小和自身特色进行分类。在丰富的植物资源的基础上建立了园林景观设计中嗅觉感知环境的构建要素，进而能够营造多样性和地域性的嗅觉感知环境。刘金等人通过对我国丰富的芳香植物进行分类归纳总结研究，使我国丰富的植物资源通过营造嗅觉感知环境在园林景观环境设计中奠定牢固的基础。

（三）触觉感知在园林景观设计中的现状

关于触觉感知在景观设计中的研究发展较视觉和听觉的研究晚。在 20世纪 50 年代之后，一些景观设计作品中开始使用关于触觉感知为主要出发点的景观设计方案。这些设计作品中关于触觉增强的设计手法和理念，其主要目的是解决盲人在道路和景观环境中困难的城市规划和道路设计。

随着现代园林的发展，园林规划设计中越来越需要考虑到不同使用人群的需求，如儿童主题的景观设计中设计师需要考虑环境对孩子的触觉感知的影响和成长的开发促进作用，在进行一个适合他们游戏玩乐的景观空间时考虑小孩的活动需求和探索需求，需要通过建立触觉感知构造出更为人性化和有趣的儿童空间。具体来说，就是利用形态特殊的植物营造触觉感知环境，可以让孩子感受植物叶子与树皮的不同质感，接触到不同粗糙程度的植物叶片和树干纹理，通过对不同触觉感知的感受提高对外部事物的认知。当然不仅仅是植物，在园林景观中，景观小品、构筑物、铺装道路等都可以利用不同景观材质的触觉感知来营造人性化的感知环境。

（四）味觉感知在园林景观设计中的现状

在以往的园林景观设计中，味觉感知的实际应用非常少见，在人体五感感受中对味觉感知的设计并未得到足够的重视。就现代园林景观设计而言，味觉感知的营造仍然没有得到设计者的足够重视，不过相对而言，在生态农场和采摘类的园林景观环境设计中却另辟蹊径地形成一种独特的景观环境设计手法。所以在考虑人体五感的全面体验的设计中，尤其是对儿童等特殊群体的设计中，为了增加人群与环境的交流感知，应当着重给予味觉感知足够的重视。

通过对五感在园林景观中的研究分析可以发现，对五感设计的研究理念在园林景观中主要侧重于视觉方面的研究。在园林景观环境的设计中，设计者主要考虑了使用者在环境中的视觉感受，重在营造一个视觉感知空间。对听觉感知空间的营造略有考虑，但是对触觉、嗅觉和味觉的空间营造考虑甚少。通过分析可以看出，园林景观对于五感设计的研究理念仍处于起步阶段，尚缺乏成熟而完善的理论体系，现有的一些理论研究成果仍需要在实践中检验。

四、设计理念

（一）增强听觉感知的营造

耳朵作为园林景观环境中感知之一的听觉器官，能够感受到景观活动过程中身边所产生的所有声音。在景观环境的营造中，对听觉景观的设计尤为重要。在接受外界环境的感知活动中，虽然听觉上的感知次于视觉上的感知，但是听觉感知是人体其他身体感知所不能替代的。听觉感知具有极其神秘的特点，能够更加真实地反映身体所处的环境，与其他感知器官相比具有发现更加惊喜和意外的特点，能够直击人体心灵深处。

随着城市化的急剧发展，人们所处的环境发生巨大的改变，与自然环境相脱节，从此耳边充斥着重复不断的人工的、机械的和繁杂的声音，失去了原有的自然之声。于是在城市生活的人们开始厌烦城市的生活环境，厌烦城市繁杂的噪声，渴望获得来自园林景观环境中大自然的声响。通过对自然声音的感知来获取心灵的宁静，寻求身心的放松。在景观环境设计中就需要我们进行更加注重能够表达自然声景观的设计，将声景观通过听觉的感知放大化以达到提升景观感受的目的。例如，在景观环境中风吹过树林沙沙的声响、溪流跌落石头发出的哗哗的流水声、各种鸟类在枝头发出的鸣叫声等。这些自然声能极大地引起游人的听觉感知，引发游人与景观环境的情感共鸣。

1. 创建景观中的自然声来体验

听觉世界自然环境中"声音"无处不在，是由环境中各系统内所有事物发出的声音共同组合在一起所形成的综合体。本书通过对声音在自然环境中存在的方式分析研究，将我们听到的声音分为两大类：第一类是自然声，自然声从名称中就可以看出，主要是包括自然界中的自然现象产生的声音。如风吹过树林产生的声音、水流经过溪谷产生的水声等；第二类是人工声，人工声是通过人为创造产生的声音，如汽车喇叭产生的鸣笛声，音响播放的优美歌曲。

我们能够聆听自然界所产生的各种各样的声音，通过各种变化"听"到时间的序列。平常人们说的时间其实是无形的，无法琢磨，看不见也摸不着。

而自然界中的声景则可以给我们创造出声音的时间感，比如清晨的第一声公鸡的啼叫往往意味着新的一天的开始，一天的来临。季节的变化使得环境中彩色叶植物的枝叶颜色发生巨大变化，比如春天植物的枝叶在徐徐微风的吹拂中发出哗啦啦的自然声响，夏天植物的枝叶在夏季狂风暴雨中发出浑厚而有力的巨大声音，秋天植物的枝叶在瑟瑟的秋风中飘飘荡荡，冬天植物的枝叶在北方寒风中发出吱吱呀呀的树枝摩擦的自然声。

2. 人工声带来听觉感知的意境

我们所说的人工声是与自然声相对而言的，现实中很多人工声都来源于自然声，如人类通过模仿自然而创造产生的各种各样的乐器等。

（二）嗅觉感知环境在景观设计中的营造

文献调查显示，人体嗅觉感官能够带给人产生的记忆。微气候指的是环境中的小范围内气候环境的细微变化，人与环境之间的关系通常是非常密切的，人身体的各个组成部分都要与周围的环境相互作用。园林景观环境空间中产生的气味能够直接影响到环境空间参与者们的嗅觉感受。如果你闭上自己的眼睛，进入一个空间环境，进入后你所能感知到的应该首先是嗅觉上的体验。如这个空间是否新鲜、芳香或有臭味。在一个好的优秀的景观空间中，它的微气候环境也一定是宜人的，舒适的。它的环境温度、环境湿度可以达到参与者人体的舒适指数。

以嗅觉为主导，人们则更愿意探索所设计的景观空间，嗅觉具有很强的情感属性，同时研究发现情绪也往往会影响我们的嗅觉。看画展时，也许你的心情突然会变得很愉快，无以言表，但是这些画的味道在你缺乏嗅觉感知的情况下是没有感情的。在景观空间里，植物元素是整个空间环境的灵魂。植物的味道引起了空间环境的变化和空间参与者生理和心理的变化。

人类感知的嗅觉很敏锐，可以识别各种不同的香味，非常敏感地判断出闻到的香味属于哪种植物所释放出来的，如在景观环境中种植一些香水百合、李子、桂花等，可以让人感到非常愉快。在景观环境设计中，芳香类植物是建立嗅觉感知环境的主要构成要素，所以在景观空间设计中搭配芳香植物能够在嗅觉感知的营造中使人身心愉悦。

（三）触觉感知环境在景观设计中的营造

触觉把各种各样的环境信息传达给人们。与此同时，景观空间中的微气候也对皮肤感觉非常敏感。周围环境的温度、湿度和风向都对人的皮肤感觉有轻微的影响。

1.用"手"的触感构建肤觉环境与视觉和感知

相比来说，皮肤感觉在空间范围有一定的局限性。它没有感知到遥远的事物或声音作为视觉和听觉，它只能在我们的手接触物质或接近触碰的物体的时候才会产生知觉。当然这种对事物触碰的感觉肯定是不能通过眼睛产生的视觉和耳朵产生的听觉来实现。皮肤的感觉会直接引导人们产生各种生理反应，如温暖的握手、温暖的拥抱等。手在皮肤的景观空间体验中感觉占据了主要位置，在有双手感觉的环境中，人们能够感知到植物的质地、质感等。

2. 用"脚"的触感营造肤觉环境

脚在景观空间体验上的感受也占据着重要的位置，它主要感觉地面的路面，不同的材料给人的感觉是不同的，材料加工技术和皮肤感觉感知是不可分割的联系。

3. 用"躯干"的触感构建肤觉环境

人能够通过皮肤对环境的感知来产生对今后行为的条件反应。例如，当一个人皮肤接触锋利产生刺痛的事物如尖刺等之后会对今后的行为产生影响，如果再次见到它，这个人会很紧张，避免接触它。这种心理感觉会在记忆中停留很长一段时间。周围的环境会有各种各样的皮肤刺激，皮肤感觉是一种感官系统，它融合了我们对世界和自我的体验。

与视觉或听觉相比，人的皮肤感觉是一种复杂的感觉，与人体器官、眼睛、皮肤的感觉相对应。知觉的皮肤感觉直观、真实，在当下人们接触到东西，人和事简要合并在一起，超越了空间和距离，并会觉得到对象；而反应液体扩散，从而达到共振的影响，裸体的空间将会意识到这些微妙的变化，或玻璃、木头与纺织品……在皮肤上的物质感知。

（四）味觉感知环境在景观设计中的营造

人们经常发现很难抵制食物的诱惑。在食物诱惑驱动的情况下，旅行的人们可能会去爬树采摘植物果实。大部分人会在景观游览过程中被引诱去寻找周边美味的食物。植物的果实等器官是景观中食物的最主要来源，同时也是景观环境设计不可或缺的重要元素。在我国有些植物树种在景观环境中既是设计要素同时也是美味的食物，景观中的带有果实的植物不仅是一种人体视觉上的盛宴，同时，更是一场舌尖味觉上的美妙盛宴。通常景观环境中的味觉体验的营造主要通过两个方面进行：第一种是将景观环境中设计用于人们品尝美味的体验区；第二种是在景观环境中种植一些果树。我们喜欢苹果中的花朵，想象苹果花将从苹果树花蕾中生长出来，然后想到美味的苹果；

蔬菜生长的时候，通常会想到蔬菜。这是一个从"无"到"有"的过程，这种体验生动地展示了品味。

五、应用分析

（一）听觉设计

常见的如圣诞节的欢歌，在竹林里的鸟儿的音乐、庙里的钟声等，来对比气氛。这种设计方法经常用于园林景观设计，以减少汽车引起的噪声。零设计，即根据原始保护和保存的听觉景观环境，没有任何变化。在这种方式下，为了反映听觉景观设计，往往设置触发装置或场景布局的声音，也可以称为间接设计。因此，道路在听觉设计中的设计是必不可少的，如路边的声音和风吹竹的沙沙声。

（二）触觉设计

草、沙、石路、卵石路、泥、木板材、大理石地板，脚踩不同的硬度、光泽度、摩擦，会给人一种微妙的心理感受。首先，上半身（尤其是手）所触碰的景观是触觉设计的第二大客体。在石材、玻璃、花岗石、木材、不锈钢、金属等环境中，其质地、温度、透明度、凹凸度、安全性等都将会引起人们对环境的不同认识。例如，儿童空间的园林景观设计首先需要注意使用硬质材料，以确保儿童的安全。其次，为了让孩子感受到丰富的触觉感受，可以在设计中使用多种触觉材料来促进儿童早期感知。景观设计鼓励人们参与，以满足人们的需求。此外，触觉设计还来自对人性的关怀——弱势群体设计的可及性。除了普遍的城市盲道，还有盲文识别标志和语音系统，反映了道路前方所有人的平等。

（三）嗅觉设计

在现实生活中，每一个环境空间都有其独特的味道，比如鲜花市场的芳香气味、海边的咸味。最常见的是嗅觉设计是对芳香植物的应用，如桂花、薰衣草、荷花、结香等。其中，苏州留园的文穆香轩与更有气息的景观相结合。消极设计，就是去除或隔离环境中不和谐的气味。特定的方法如空气净化、植物吸收和过滤可用于去除原有的气味，或使用植物、墙壁及空间屏障等，来部分隔离或添加第三种气味，以达到分离原始气味的目的。

（四）味觉设计

味觉设计主要是饮食道路空间环境设计的结合。客观地说，空间环境会对人类的口味产生影响。比如在喧闹的大街上人们很难有食欲，而在精致的餐厅里，人们会受到优雅环境的刺激而胃口大开。例如，在炎热的环境里，葡萄藤前面的葡萄被精致的枝叶覆盖着，让过路的人从此地通过，从而达到身体和头脑的愉悦，使人们从各种感官中得到满足。

在公共空间园林景观设计中首先要从人的视觉感受开始，分别从光影、色彩感知、明暗感知、视觉的光视效能、视觉的适应性和视觉感受的形态机理等方面来进行园林景观的构筑物和植物设计；其次，通过营造听觉环境的时间感、空间感和收集自然声音、增加人工声音等方式来进行园林景观环境的听觉空间设计；再次，利用微环境和芳香植物来营造园林景观环境设计；最后，利用营造手、脚和躯干触摸的触觉环境进行园林景观环境设计，利用果树和食品品尝来增加园林景观环境的味觉环境。

参考文献

[1] 赵雷.环境艺术设计在园林景观建筑设计中的应用研究 [J].工业建筑，2023，53（03）：223.

[2] 魏菲宇.城市园林景观环境中立体构成艺术设计的应用分析 [J].环境工程，2023，41（02）：328.

[3] 陈灵风.基于景观园林的环境艺术设计专业教学实践 [J].江西电力职业技术学院学报，2022，35（04）：51-53+56.

[4] 汤泰."与水为友"理念下的城市公园绿地设计研究 [D].苏州大学，2021.

[5] 刘菁.现代环境艺术设计中中国传统文化元素的渗入探究 [J].现代园艺，2021，44（04）：104-106.

[6] 李昆鹏.植物造景在环境艺术设计当中的运用探究——以园林景观设计为例 [J].美术教育研究，2020，（18）：108-109.

[7] 刘珊珊.园林景观设计与室内环境艺术设计的结合——评《园林艺术及设计原理》[J].中国蔬菜，2020，（07）：114-115.

[8] 李琼.高职环境艺术设计专业乡土营建教学实践——以《园林景观电脑表现》课程为例 [J].广东蚕业，2019，53（11）：101+103.

[9] 廖莜.五年制高职环境艺术设计专业《园林景观设计》课程的教学方法实践 [J].居舍，2018，（12）：109+2.

[10] 宋宇辰.基于信息化技术的环境艺术课程教学设计研究——以"园林景观亭设计表现"课程为例 [J].美与时代（上），2016，（12）：127-128.

[11] 张秋实. 高职院校环境艺术设计（景观）专业园林绿化设计课程教学模式改革与探索 [J]. 当代教育实践与教学研究，2016，（09）：219.

[12] 黄晖，王云云. 黄晖；王云云. 园林制图 [M]. 重庆大学出版社：2016.

[13] 张大为. 张大为. 景观设计 [M]. 人民邮电出版社：2016.

[14] 许童. 环境艺术设计中的"混沌之美"解读 [J]. 中外建筑，2016，（06）：63-64.

[15] 梁伟. 建筑速写在环境艺术设计中的应用探析 [D]. 河北师范大学，2015.

[16] 李万洪，赵华，岳子煊. 地域文化情感与理想图式——环境艺术设计专业园林景观教学探讨 [J]. 文艺评论，2015，（08）：159-160.

[17] 刘磊，朱晓霞，唐贤巩，付晓渝. 刘磊；朱晓霞；唐贤巩；付晓渝. 园林设计初步 [M]. 重庆大学出版社：201508.253.

[18] 杜春兰. 杜春兰. 中外园林史 [M]. 重庆大学出版社：2014.

[19] 张彪. 张彪. 环境设计与数字效果图表现 [M]. 人民邮电出版社：2013.

[20] 孙迪. 环境艺术设计中的装置意象 [D]. 北京交通大学，2011.

[21] 钟妍. 桂林高校环境艺术设计课程教学与开发 [D]. 广西师范大学，2009.

[22] 熊莹. 南方地区建筑屋顶的环境艺术设计与研究 [D]. 湖南大学，2007.

[23] 于冬波. 生态城市规划中环境艺术设计的研究 [D]. 东北师范大学，2006.

[24] 邱松. 展现世界环境艺术设计的精华——评"世界园林、建筑与景观丛书" [J]. 全国新书目，2004，（05）：56.